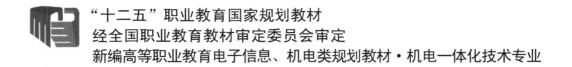

"十二五"职业教育国家规划教材

经全国职业教育教材审定委员会审定

新编高等职业教育电子信息、机电类规划教材·机电一体化技术专业

电机与电力拖动

（第4版）

李 明　胡庆芳　主　编

周谷珍　王　政　副主编

韩　军　主　审

电子工业出版社

Publishing House of Electronics Industry

北京·BEIJING

内 容 简 介

本教材主要介绍交、直流电动机，变压器结构、原理、维护修理以及电机拖动的有关知识。全书共分 9 章：直流电机、直流电机的电力拖动、变压器、三相交流异步电动机、三相异步电动机的电力拖动、单相异步电动机、同步电动机、电动机的选择、控制电机。

本教材编写时力求把握高职教育的特点，淡化电机内部电磁场理论；减少公式的推导；注意分析其结构对公式中参数的影响；简化电机原理分析；加强实际应用的举例。本书可作为高职高专院校机电类和自动化类专业的教材以及变压器、电动机使用维护中的工具书。

图书在版编目（CIP）数据

电机与电力拖动 / 李明主编. —4 版. —北京：电子工业出版社，2015.4

新编高等职业教育电子信息、机电类规划教材·机电一体化技术专业

ISBN 978-7-121-25831-2

Ⅰ. ①电…　Ⅱ. ①李…　Ⅲ. ①电机－高等职业教育－教材②电力传动－高等职业教育－教材

Ⅳ. ①TM3 ②TM921

中国版本图书馆 CIP 数据核字（2015）第 071250 号

策　　划：陈晓明
责任编辑：郭乃明　　特约编辑：范　丽
印　　刷：北京天宇星印刷厂
装　　订：北京天宇星印刷厂
出版发行：电子工业出版社
　　　　　北京市海淀区万寿路 173 信箱　邮编：100036
开　　本：787×1092　印张：15.75　字数：403 千字
版　　次：2003 年 8 月第 1 版
　　　　　2015 年 4 月第 4 版
印　　次：2025 年 1 月北京第 1 版第 16 次印刷
定　　价：48.00 元

第 4 版前言

《电力与电力拖动》教材自 2003 年第 1 版问世以来，今天已经做到了第 4 版，全得益于各位同仁的支持与厚爱。该教材不仅包含了编者的心血劳动，同时也凝聚了编辑们的辛勤劳作和众多老师在使用中回馈的意见和建议。在此，仅代表参加教材编写的全体教师向给予我们关心、关照的兄弟院校的老师以及出版社的编辑们表示由衷的感谢。

本教材第 4 版进一步体现了"淡化理论，拓展知识，培养技能，重在应用"的编写原则。教材内容充分体现实用性和技术先进性的特点，编写中进一步弱化了电机电磁理论的分析和一些工程计算，增加了软启动、变频启动、电动机保护、电动机节能技术等新知识介绍，增加了单相电动机使用技术的介绍，一定程度上拓展了深度和广度。增加了电动机、变压器使用维护知识的介绍，在控制电机一章里增加了各种控制电机性能比较，便于掌握和选择。

由于第 2 版、第 3 版教材得到较为广泛的认同，为了便于老师的授课，在第 4 版中我们保留了与第 2 版、第 3 版完全一致的风格和章节排列，但对章节的内容进行了精心的修改，使内容既有较强的逻辑条理性，又不至于有过强的理论性。第 4 版对习题进行了进一步的优选，题型有填空题、判断题、选择题、简答题和计算题等多种形式，能让学生用不同的方式去巩固所学知识技能。本书配有电子课件，为老师进行多媒体讲课提供了方便。

本教材是将《电机学》、《电力拖动》、《控制电机》等课程内容有机地结合在一起进行编写的。在编写过程中我们始终坚持编写原则，把内容的重点放在使用较多的电动机及其应用上。在内容的叙述上，强调电动机的结构、基本工作原理、主要性能和实际应用意义，对理论的分析采用淡化的手段，均在阐述物理意义的基础上给出公式，而不是通过理论推导得出。

本书由重庆工程职业技术学院李明和胡庆芳担任主编，重庆工程职业技术学院周谷珍和王政担任副主编。黄崇福、赵清、陈建国、雷勇参加了本书的编写。全书由重庆赛力盟电机有限责任公司主任工程师韩军担任主审，他对本书提出了大量宝贵意见和建议。

由于编者水平所限，书中错误或不当之处在所难免，恳请读者批评指正。如有赐教请发至邮箱 714520275@qq.com。如有需求也可通过该邮箱联系。

编　者

2015 年 1 月

目　　录

绪　论

1. 电机、电力拖动技术在国民经济中的作用

电能是现代能源中应用最广的二次能源，它的生产、变换、传送、分配、使用和控制都较为方便经济，而要实现电能的生产、变换和使用等都离不开电机。

电机是利用电磁感应原理和电磁力定律，将能量或信号进行转换或变换的电磁机械装置。它应用广泛，种类繁多，性能各异，分类方法也很多。常见的分类方法为：按功能用途分，可分为发电机、电动机、变压器和控制电机4大类。

按照电机的结构或转速分类，可分为变压器和旋转电机。根据电源的不同，旋转电机又分为直流电机和交流电机两大类。交流电机又分为同步电机和异步电机两类。

综合以上分类方法，可归纳如下：

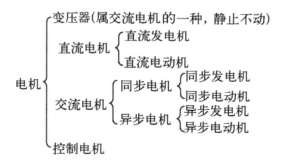

在电力工业中，产生电能的发电机和对电能进行变换、传输与分配的变压器是电站和变电所的主要设备。在机械制造、冶金、纺织、石油、煤炭、化工、印刷及其他工业企业中，人们利用电动机把电能转换成机械能，去拖动机床、轧钢机、纺织机、钻探机、电铲机、起重机、传输带等各种生产机械，从而满足生产工艺过程的要求。在交通运输业中，需要大量的牵引电动机和船用、航空电机。随着农业机械化的发展，电力排灌、播种、收割等农用机械中，都需要规格不同的电动机。在伺服传动、机器人传动、航天航空和国防科学等领域的自动控制技术中，各种各样的控制电机作为检测、定位、随动、执行和解算元件。在日益走进百姓家庭的小轿车中，其内装备的各类微特电机一般已超过60台。在医疗仪器、电动工具、家用电器、办公自动化设备和计算机外部设备中，也离不开功能各异的小功率电动机和特种电机……综上所述，电机在一切工农业生产、交通运输、国防、科技、文教领域以及人们日常生活中，早已成为提高生产效率和科技水平以及提高生活质量的主要载体之一，因此电机在国民经济的各个领域起着重要的作用。

同样，以电动机为动力拖动生产机械的拖动方式——电力拖动，具有许多其他拖动方式（如蒸汽机、内燃机、水轮机等）无法比拟的优点。

电力拖动具有优良的性能，起动、制动、反转和调速的控制简单方便、快速性好且效率高。电动机的类型很多，具有各种不同的运行特性，可以满足各种类型的生产机械的要求。电力拖动系统各参数的检测、信号的变换与传送方便，易于实现最优控制。因此，电力拖动已成为现代工农业生产、交通运输等中最广泛采用的拖动方式。而且随着自动控制理论的不断发展，电力电子器件的普遍应用，以及数控技术和计算机技术的发展与应用，电力拖动装置的性能得以大为提高，极大地提高了劳动生产率和产品质量，提高了生产机械运转的准确性、可靠性和快速性，提高了电力拖动系统的自动化控制程度，所以电力拖动已成为国民经济中现代工农业等领域电气自动化的基础。

电力拖动的发展过程，交、直流两种拖动方式并存于各生产领域，各时期科学技术的发展水平不同，它们所处的地位也有所不同。在交流电出现以前，直流电力拖动是唯一的一种电力拖动方式。随着经济实用交流电动机的研制成功，使交流电力拖动在工业中得到了广泛的应用。但是随着生产技术的发展，特别是精密机械加工与冶金工业生产过程的进步，对电力拖动在启动、制动、正反转以及调速提出了新的、更高的要求。由于交流电力拖动比直流电力拖动在技术上难以实现这些要求，所以从 20 世纪以来，在可逆、可调速与高精度的拖动领域中，在相当长一个时期内几乎都是采用直流电力拖动，而交流电力拖动则主要用于恒转速系统。

虽然直流电动机具有调速性能优异这一突出优点，但是由于它具有电刷与换向器，这使得它的故障率较高，电动机的使用环境受到限制（如不能在有易燃、易爆气体及尘埃多的场合使用），其电压等级、额定转速、单机容量的发展也受到限制，所以在 20 世纪 60 年代以后，随着电力电子技术的发展，交流调速的不断进步和完善，在调速性能方面由落后状态直到可与直流调速相媲美。今天，交流调速在很多场合已取代直流调速。在不远的将来，交流调速将完全取代直流调速，可以说这是一种必然的发展趋势。

2．本课程的性质、任务和内容

本课程是电气自动化控制、供用电技术和机电一体化等专业的一门专业基础课。它是将《电机学》、《电力拖动》和《控制电机》等课程有机结合而成的一门课。

本课程的任务是使学生掌握变压器、交直流电机及控制电机的基本结构和工作原理以及电力拖动系统的运行性能、基本分析计算、电机选择、使用和维护方法，为今后的工作打下必要的基础，同时也培养学生在电机及电力拖动方面分析和解决问题的能力。

本课程的内容有直流电机、直流电动机的电力拖动、变压器、三相交流异步电动机、三相交流异步电动机的电力拖动、单相异步电动机、同步电机、电动机的选择、控制电机等。

3．本课程的特点及学习方法

电机与电力拖动既是一门理论性很强的技术基础课，又具有专业课的性质，涉及的基础理论和实际知识面广，是电学、磁学、动力学、热学等学科知识的综合，所以理论性较强。而用理论分析各种电机及拖动的实际问题时，必须结合电机的具体结构、采用工程观点和工程分析方法。在掌握基本理论的同时，还要注意培养学生的实验操作技能和计算能力，因此实践性也较强。鉴于以上原因，为学好电机及电力拖动这门课，学习时应注意以下几点：

（1）要抓主要矛盾，忽略一些次要因素，抓住问题的本质。

（2）要抓住重点，即应牢固掌握基本概念、基本原理和主要特性。

（3）要有良好的学习方法，可运用对比的学习方法，找出各种电机的共性和特点，以加深对各种电机及拖动系统性能和原理的理解。

（4）学习时要理论联系实际，重视试验和到工厂实践。

（5）要站在应用的角度看电机，把电机视为拖动系统中的一个器件来学习，不宜过多地耗时于电机的内部电磁关系上。

第1章 直流电机

内容提要

直流电机是实现直流电能与机械能之间相互转换的电力机械，按照用途可以分为直流电动机和直流发电机两类。将机械能转换成直流电能的电机称为直流发电机；将直流电能转换成机械能的电机称为直流电动机。直流电机最大特点是拖动性能良好，所以它是工矿、交通、建筑等行业中的比较常见动力机械，是机电行业人员的重要工作对象之一。熟悉直流电机的结构、工作原理和性能特点，掌握主要参数的分析计算，正确并熟练地操作使用直流电机是电气技术工作的重要内容。

本章主要介绍直流电机的用途、基本结构及工作原理，讨论直流电机的磁场分布，分析影响感应电动势和电磁转矩大小的因素，电枢反应及其对电机的影响，电机的换向及改善换向的方法并从应用的角度分析直流电动机的励磁方式和工作特性，以案例的形式介绍直流电动机典型故障的分析处理。

1.1 直流电机的基本工作原理与结构

1.1.1 直流电机的特点和用途

1. 直流电机的特点

直流电动机与交流电动机相比，具有优良的调速性能和启动性能。直流电动机具有宽广的调速范围，平滑的无级调速特性，可实现频繁的无级快速启动、制动和反转；过载能力强，能承受频繁的冲击负载；能满足自动化生产系统各种不同的特殊运行要求。而直流发电机则能提供无脉动的大功率直流电源，且输出电压可以精确地调节和控制。

直流电机也有它显著的缺点：一是制造工艺复杂，消耗有色金属较多，生产成本高；二是运行时由于电刷与换向器之间容易产生火花，因而可靠性较差，维护比较困难。所以在一些对调速性能要求不高的领域中已被交流变频调速系统所取代。但是在某些要求调速范围大、快速性高、精密度好、控制性能优异的场合，直流电动机的应用目前仍占有较大的比重。

2. 直流电机的用途

由于直流电动机具有良好的启动和调速性能，常应用于对启动和调速有较高要求的场合，如大型可逆式轧钢机、矿井卷扬机、宾馆高速电梯、龙门刨床、电力机车、内燃机车、城市电车、地铁列车、电动自行车、造纸和印刷机械、船舶机械、大型精密机床和大型起重机等生产机械中。

直流发电机主要用作各种直流电源，如直流电动机电源、化学工业中所需的低电压大电流的直流电源、直流电焊机电源等。

1.1.2 直流电机的基本工作原理

从能量转换的角度可以将直流电机分为直流电动机和直流发电机两大类，其工作原理可通过直流电机的简化模型进行说明。

1. 直流发电机的工作原理

如图 1-1 所示为直流发电机的简化模型。图 1-1 中 N，S 为固定不动的定子磁极，abcd 是固定在可旋转的导磁圆柱体上的转子线圈，线圈的首端 a，末端 d 连接到两个相互绝缘并可随线圈一同转动的导电换向片上。转子线圈与外电路的连接是通过放置在换向片上固定不动的电刷来实现的。在定子与转子间有间隙存在，称为气隙。当有原动机拖动转子以一定的转速逆时针旋转时，根据电磁感应定律可知，在切割磁场的线圈 abcd 中将产生感应电动势。两条有效边（ab、cd）导体中产生的感应电动势大小应为：

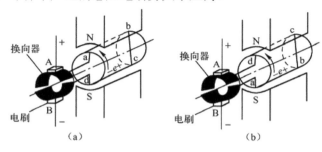

图 1-1　直流发电机模型

$$e = B_x L v \tag{1-1}$$

式中，B_x 为导体所在处的磁通密度，单位为 Wb/m²；

　　　L 为导体 ab 或 cd 的有效长度，单位为 m；

　　　v 为导体 ab 或 cd 与 B_x 间的相对线速度，单位为 m/s；

　　　e 为导体感应电动势，单位为 V。

导体中感应电动势的方向可用右手定则确定。在逆时针旋转情况下，如图 1-1（a）所示，导体 ab 在 N 极下，产生的感应电动势极性为 a 点高电位，b 点低电位；导体 cd 在 S 极下，感应电动势的极性为 c 点高电位，d 点低电位，在此状态下电刷 A 的极性为正，电刷 B 的极性为负。当线圈旋转 180° 时，如图 1-1（b）所示，导体 ab 在 S 极下，感应电动势的极性为 a 点低电位，b 点高电位，而导体 cd 则在 N 极下，感应电动势的极性为 c 点低电位，d 点高电位，此时虽然导体中的感应电动势方向已改变，但由于原来与电刷 A 接触的换向片已经与电刷 B 接触，而与电刷 B 接触的换向片同时换到与电刷 A 接触，因此电刷 A 的极性仍为正，电刷 B 的极性仍为负。

从图 1-1 中可看出，导体 ab 和 cd 中感应电动势方向是交变的，而与电刷 A 接触的导体总是位于 N 极下，与电刷 B 接触的导体总是在 S 极下，因此电刷 A 的极性总为正，而电刷 B 的极性总为负，在电刷两端可获得直流电动势输出。

2．直流电动机的工作原理

若把电刷 A，B 接到一直流电源上，电刷 A 接电源的正极，电刷 B 接电源的负极，此时在电枢线圈中将有电流流过。如图 1-2（a）所示，设线圈的 ab 边位于 N 极下，线圈的 cd 边位于 S 极下，则导体每边所受电磁力的大小为：

$$f = B_x L I \tag{1-2}$$

式中，B_x 为导体所在处的磁通密度，单位为 Wb/m^2；

　　L 为导体 ab 或 cd 的有效长度，单位为 m；

　　I 为导体中流过的电流，单位为 A；

　　f 为电磁力，单位为 N。

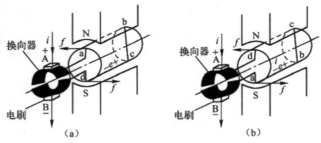

图 1-2　直流电动机的模型

导体受力方向由左手定则确定。在图 1-2（a）的情况下，位于 N 极下的导体 ab 受力方向为从右向左，而位于 S 极下的导体 cd 受力方向为从左向右。该电磁力与转子半径的乘积即为电磁转矩，该转矩的方向为逆时针。当电磁转矩大于阻转矩时，线圈按逆时针方向旋转。当电枢旋转到图 1-2（b）所示的位置时，原来位于 S 极下的导体 cd 转到 N 极下，其受力方向变为从右向左；而原来位于 N 极下的导体 ab 转到 S 极下，其受力方向变为从左向右，该转矩的方向仍为逆时针方向，线圈在此转矩作用下继续按逆时针方向旋转。这样虽然导体中流通的电流为交变的，但 N 极下的导体受力方向和 S 极下导体所受力的方向并未发生变化，电动机在此方向不变的转矩作用下转动。

实际直流电机的电枢根据实际应用情况有多个线圈。线圈分布于电枢铁芯表面的不同位置上，并按照一定的规律连接起来，构成电机的电枢绕组。磁极 N，S 也是根据需要交替放置多对。

1.1.3　直流电机的基本结构

直流电机由固定不动的定子与旋转的转子两大部分组成，定子与转子之间有间隙，称为气隙。

定子部分包括机座、主磁极、换向极、端盖、电刷等装置；转子部分包括电枢铁芯、电枢绕组、换向器、转轴、风扇等部件。

直流电机主要部件的基本结构与作用，如图 1-3 所示。

1．定子部分

（1）机座　机座用以固定主磁极、换向极、端盖等，又是电机磁路的一部分（称为磁轭）。

机座一般用铸钢或厚钢板焊接而成，具有良好的导磁性能和机械强度。

（2）主磁极　主磁极的作用是产生气隙磁场，由主磁极铁芯和主磁极绕组（励磁绕组）构成，如图1-4所示。主磁极铁芯一般由1.0～1.5mm厚的低碳钢板冲片叠压而成，包括极身和极靴两部分。极靴做成圆弧形，以使磁极下气隙磁通较均匀。极身上面套有励磁绕组，绕组中通入直流电流。整个磁极用螺钉固定在机座上。

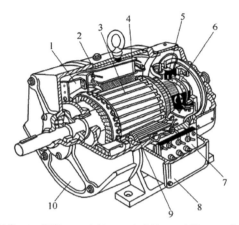

1—风扇；2—机座；3—电枢；4—主磁极；5—刷架；6—换向器；
7—接线板；8—出线盒；9—换向极；10—端盖

图1-3　直流电机的结构图

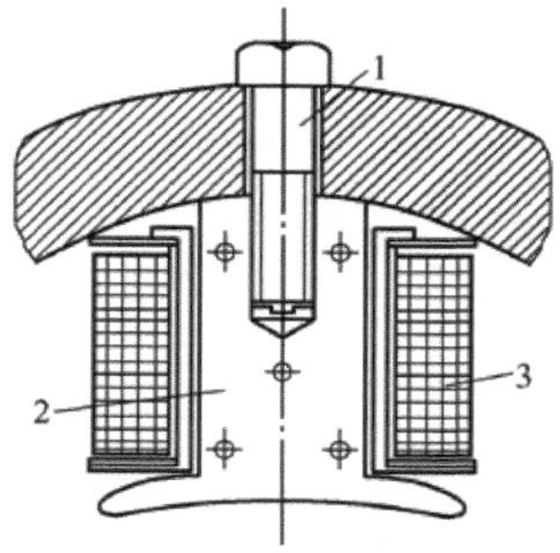

1—固定主磁极的螺钉；
2—主磁极铁芯；3—励磁绕组

图1-4　直流电机的主磁极

（3）换向极　换向极用来改善电机的换向，由铁芯和套在铁芯上的绕组构成，如图1-5所示。换向极铁芯一般用整块钢制成，如果换向要求较高，则用1.0～1.5mm厚的钢板叠压而成，其绕组中流过的是电枢电流。换向极装在相邻两主极之间，用螺钉固定在机座上。

（4）电刷装置　电刷与换向器配合可以把转动的电枢绕组电路和外电路连通并把电枢绕组中的交流量转变成电刷端的直流量。电刷装置由电刷、刷握、刷杆、刷杆架、弹簧、铜辫等构成，如图1-6所示。电刷的数量，一般与主磁极的数量相同。

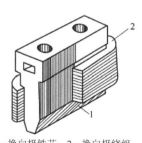

1—换向极铁芯；2—换向极绕组

图1-5　直流电机的换向极

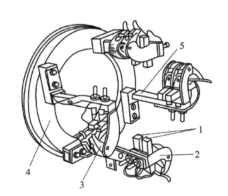

1—电刷；2—刷握；3—弹簧压板；4—座圈；5—刷杆

图1-6　直流电机的电刷装置

2．转子部分

（1）电枢铁芯　电枢铁芯是电机磁路的一部分，其外圆周开有槽，用来嵌放电枢绕组。电枢铁芯一般用 0.5mm 厚、表面涂有绝缘漆的硅钢片冲片叠压而成，如图 1-7 所示。电枢铁芯固定在转轴或转子支架上。铁芯较长时，为加强冷却，可把电枢铁芯沿轴向分成数段，段与段之间留有通风孔。

（2）电枢绕组　电枢绕组是直流电机的重要组成部分，其作用是感应电动势、通过电枢电流，它是电机实现机械能与电能转换的关键。通常用绝缘导线绕成的线圈（或称元件），并按一定规律连接而成。

（3）换向器　换向器是由多个紧压在一起的梯形状铜片构成的一个圆筒，片与片之间用一层薄云母绝缘，电枢绕组各元件的始端和末端与换向片按一定规律连接，如图 1-8 所示。换向器与转轴固定在一起。

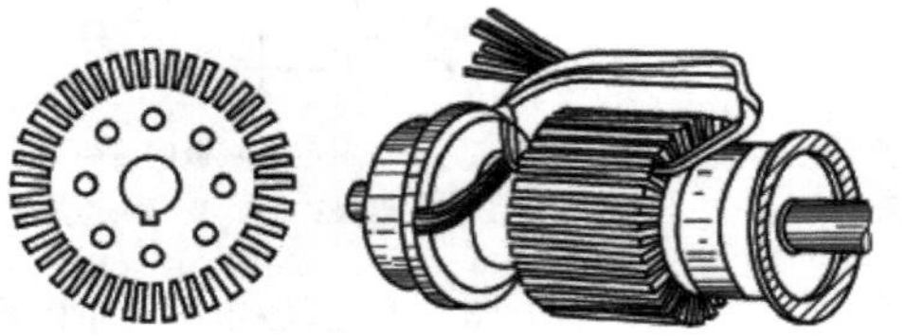

图 1-7　电枢铁芯

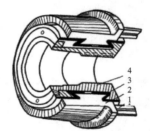

1—连接片；2—换向片；3—云母环；4—V 形套筒

图 1-8　换向器

1.1.4　直流电机的铭牌数据及主要系列

每台直流电机的机座上都钉有一块铭牌，如图 1-9 所示，它类似于每个人的身份证，上面标注了直流电机的型号和一些重要技术数据，这些技术数据称为额定值。

直流电动机			
型号	Z4-112/2-1	励磁方式	并励
额定功率	5.5kW	励磁电压	180V
额定电压	440V	励磁电流	0.4A
额定电流	15A	额定效率	81.2%
额定转速	3000r/min	绝缘等级	B级
定额	连续	出厂日期	×××年××月
××××电机厂			

图 1-9　直流电动机的铭牌

1．型号

电机型号由若干字母和数字所组成，用以表示电机的系列和主要特点。根据电机的型号，便可以从相关手册及资料中查出该电机的有关技术数据。电机型号的含义如下：

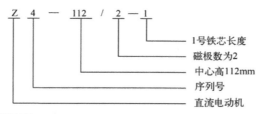

常见的电机产品系列见表 1-1。

表 1-1 常见电机产品系列

代　号	含　义
Z3	一般用途的中、小型直流电机，包括发电机和电动机
Z、ZF	一般用途的大、中型直流电机系列。Z 是直流电动机系列；ZF 是直流发电机系列
ZZJ	专供起重冶金工业用的专用直流电动机
ZT	用于恒功率且调速范围比较大的驱动系统里的宽调速直流电动机
ZQ	电力机车、工矿电机车和蓄电池供电电车用的直流牵引电动机
ZH	船舶上各种辅助机械用的船用直流电动机
ZU	用于龙门刨床的直流电动机
ZA	用于矿井和有易爆气体场所的防爆安全型直流电动机
ZKJ	冶金、矿山挖掘机用的直流电动机

2. 额定值

额定值是电机制造厂对电机正常运行时有关的电量或机械量所规定的数据。额定值是正确选择和合理使用电机的依据。根据国家标准，直流电机的额定值有以下几个。

（1）额定功率 P_N。电机在额定情况下允许输出的功率。对于发电机，是指输出的电功率；对于电动机是指轴上输出的机械功率，单位一般都为 kW 或 W。

（2）额定电压 U_N 在额定情况下，电刷两端输出或输入的电压，单位为 V。

（3）额定电流 I_N 在额定情况下，电机流出或流入的电流，单位为 A。

额定功率 P_N、额定电压 U_N 和额定电流 I_N 三者之间的关系如下：

直流发电机：$P_N = U_N \cdot I_N$

直流电动机：$P_N = U_N \cdot I_N \cdot \eta_N$

式中，η_N——额定效率。

（4）额定转速 n_N。在额定功率、额定电压、额定电流时电机的转速，单位为 r / min。

（5）额定励磁电压 U_{fN}。在额定情况下，励磁绕组所加的电压，单位为 V。

（6）额定励磁电流 I_{fN}。在额定情况下，通过励磁绕组的电流，单位为 A。

有些物理量虽然不标在铭牌上，但它们也是额定值，例如在额定运行状态时的转矩、效率分别称为额定转矩、额定效率等。若电机运行时，各物理量都与额定值一样，称为额定状态。电机在实际运行时，由于负载的变化，往往不是总在额定状态下运行。如果流过电机的电流小于额定电流，称为欠载运行；超过额定电流，称为过载运行。长期过载或欠载运行都不好。长期过载有可能因过热而烧坏电机；长期欠载，电机没有得到充分利用，效率降低，

• 9 •

不经济。电机在接近额定状态下运行，才是最经济、合理的。

例 1-1　一台直流电动机的额定数据为：P_N=13 kW，U_N=220 V，n_N=1 500 r / min，η_N=87.6%，求额定输入功率 P_{1N}、额定电流 I_N 和额定输出转矩 T_{2N}。

解：已知额定输出功率 P_N=13 kW，额定效率 η_N=87.6%，所以

额定输入功率为：
$$P_{1N} = \frac{P_N}{\eta_N} = \frac{13}{0.876} = 14.84\text{kW}$$

额定电流为：
$$I_N = \frac{P_{1N}}{U_N} = \frac{14.84 \times 10^3}{220} = 67.45\text{A}$$

由于输出功率 $P_N = T_{2N} \cdot \omega_N$，而角速度 $\omega = \dfrac{2\pi n}{60}$，所以，

额定输出转矩为：
$$T_{2N} = \frac{60P_N \times 10^3}{2\pi n_N} = 82.77\text{N} \cdot \text{m}$$

1.2　直流电机的电枢绕组

1.2.1　电枢绕组的基本知识

电枢绕组是直流电机的一个重要组成部分，电机中能量的变换就是通过电枢绕组而实现的，直流电机的转子也称为电枢。电枢绕组的结构对电机基本参数和性能都有重要影响，因此对电枢绕组提出了一定的要求，即在允许通过规定的电流和产生足够的电动势的前提下，尽可能地节省材料并且要结构简单、运行可靠。

电枢绕组是由结构、形状相同的线圈组成的，线圈有单匝、多匝之分，分别如图 1-10（a）、（b）所示。不论单匝或多匝线圈，它的两条边分别安放在不同的槽中，如图 1-11 所示，用来产生电动势和电磁转矩，故称为线圈的有效边。而处于槽外部分，仅起连接作用，称为端部接线。线圈的两个端头称为首端和尾端。电枢绕组大多做成双层绕组，将线圈的一条有效边放在槽的上层，称做上层边（画成实线）；另一条有效边放在有一定距离的另一槽的下层，称为下层边（画成虚线），线圈的一条有效边若嵌放在某槽的上层边，则另一条有效边则嵌放在另一槽的下层边，如图 1-11 所示。

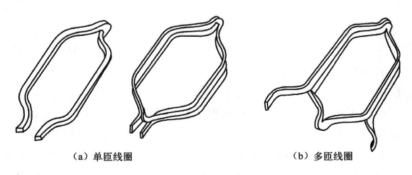

（a）单匝线圈　　　　　　　　　　（b）多匝线圈

图 1-10　线圈结构

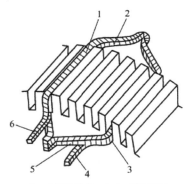

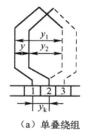

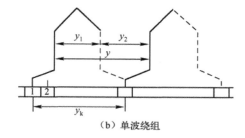

1—上层有效边；2,5—端接部分；
3—下层有效边；4—线圈尾端；6—线圈首端

图 1-11　线圈在槽内安放示意图

（a）单叠绕组　　　（b）单波绕组

图 1-12　绕组画法和节距

电枢绕组的端线是通过换向片进行连接的，电枢绕组的线圈数和换向片数、槽数之间应有如下的关系：因为每一个线圈有两个边，而每一换向片总是把一个线圈的尾端与紧跟的另一个线圈的首端焊接在一起，因此，线圈数与换向片数相等；如果电枢铁芯每个槽内只安排一个上层边和一个下层边（称为一个单元槽），这样，线圈数又与单元槽数相等。由此可知，一台直流电机的线圈数 S 与换向片数 K、槽数 Z 之间有如下关系：

$$S=K=Z \qquad (1\text{-}3)$$

为了正确地把各元件安放在电枢槽内，并且和相应的换向片按一定规律连接起来，就必须先了解绕组和换向器的一些基本概念。

1. 极距 τ

极距是一个磁极在电枢表面的空间距离，用 D 表示电枢直径，p 表示磁极对数，则：

$$\tau = \frac{\pi D}{2p}$$

通常用一个磁极在电枢表面占多少个槽来计算极距，即：

$$\tau = \frac{Z}{2p} \qquad (1\text{-}4)$$

式中，Z 为电枢槽数。

2. 第一节距 y_1

第一节距 y_1 是指一个线圈两有效边之间在电枢表面上的跨距，以槽数表示，如图 1-12 所示。由于线圈边要放入槽内，所以 y_1 应是整数。而为了让绕组能感应出最大的电动势，应使 y_1 接近或等于极距，即：

$$y_1 = \frac{Z}{2p} \mp \varepsilon \qquad (1\text{-}5)$$

式中，ε——正分数，是将 y_1 补成整数的一个分数。若 $\varepsilon =0$，则 $y_1=\tau$，称为整距绕组。若取

正号，则 $y_1 > \tau$，称为长距绕组；若取负号，则 $y_1 < \tau$，称为短距绕组。为了节省铜线及方便工艺，一般多采用短距或整距绕组。

3．第二节距 y_2

第二节距 y_2 是指相串联的两个相邻线圈中，第一个线圈的下层边与相邻的第二个线圈的上层边之间的距离，y_2 用槽数表示，如图 1-12 所示。

4．换向片节距 y_k

换向片节距 y_k 是线圈两端所连接的换向片之间的距离，用该线圈跨过的换向片数来表示，如图 1-12 所示。

5．合成节距 y

合成节距 y 是指相串联的两个相邻线圈对应的有效边之间的距离，用槽数来表示，如图 1-12 所示。

1.2.2 单叠绕组

单叠绕组的特点是相邻元件（线圈）相互叠压，合成节距与换向节距均为 1，即：$y = y_k = 1$。

1．单叠绕组的节距计算

第一节距 y_1 计算公式如下：

$$y_1 = \frac{Z}{2p} \pm \varepsilon$$

单叠绕组的合成节距和换向节距相同，即 $y = y_k = \pm 1$，一般取 $y = y_k = +1$，单叠绕组多为右行绕组，元件的连接顺序为从左向右进行。

第二节距 y_2 计算　单叠绕组的第二节距 y_2 由第一节距和合成节距之差计算得到：

$$y_2 = y_1 - y \qquad\qquad\qquad\qquad （1\text{-}6）$$

2．单叠绕组的展开图

电机的绕组展开图是把放在圆形铁芯槽里、构成绕组的元件剖开，画在平面图上，其作用是展示元件相互间的电气连接关系。展开图中除元件外，还要反映主磁极、换向片及电刷的相对位置关系。在画展开图前应根据所给定的电机磁极对数 p、槽数 Z、元件数 S 和换向片数 K，计算出各节距值，然后根据计算值画出单叠绕组的展开图。

下面通过一个具体的例子说明绕组展开图的画法。

例 1-2　已知一台直流电机的磁极对数 $p=2$，$Z=S=K=16$，试画出其右行单叠绕组展开图。

解：第一步　计算绕组的各节距：

$$y_1 = \frac{Z}{2p} \pm \varepsilon = \frac{16}{4} = 4$$

$$y = y_k = +1$$
$$y_2 = y_1 - y = 4 - 1 = 3$$

第二步　画绕组元件。用实线代表上层边元件，虚线代表下层边元件，虚线靠近实线，实线（虚线）根数等于元件数 S，从左向右为实线编号，分别为 1 至 16。

第三步　放置主磁极。两对主磁极应均匀的、NS 两极交替地放置在各槽之上，每个磁极的宽度约为 0.7 倍的极距。

第四步　放置换向片。用带有编号的小方块代表各换向片，换向片的编号也是从左向右顺序编排并以第一元件上层边所连接的换向片为第一换向片号。

第五步　根据计算所得各节距值连接绕组。第一号元件上层边连接第一号换向片，根据第一节距找到第一号元件的下层边（本例中编号为 5 的虚线），下层边的端线按换向片节距 $y_k=1$ 连接到第二换向片上。根据合成节距 $y=1$，第二号元件的上层边连接到第二号换向片上，其下层边连接第三号换向片上。其余元件与换向片的连接关系依此类推。

第六步　放置电刷。在展开图中，直流电机的电刷与换向片的宽度相同，电刷数与主磁极数相同。放置电刷时应使正负电刷间的感应电动势最大，或被电刷短接的元件感应电动势最小。当把电刷放置在主磁极的几何中心线处时，被电刷短接元件的感应电动势为零，同时正负电刷间的电动势也最大。当电枢按图示方向转动时，电刷间的电动势方向根据右手定则可判定为 A_1、A_2 为正，B_1、B_2 为负。单叠绕组的完整展开图如图 1-13 所示。

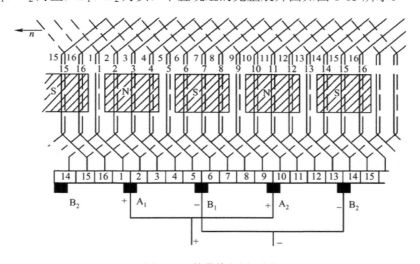

图 1-13　单叠绕组展开图

在实际生产过程中，由于电枢反应的影响，直流电机电刷的实际位置需要在电机制造好后通过试验的方法进行调整。

3．单叠绕组的元件连接顺序及并联支路图

根据图 1-13 可以看出绕组中各元件之间是如何连接的。在图 1-13 中，根据第一节距值 $y_1=4$ 可知第 1 槽元件 1 的上层边，连接到第 5 槽的元件 1 的下层边，构成了第 1 个元件；根据换向节距 $y_k=1$，元件 1 的首、末端分别接到第 1、2 号两个换向片上；根据合成节距求得 $y_2=3$，第 5 槽的元件 1 的下层边连接到第 2 槽元件 2 的上层边，这样就把第 1、2 两个元件连

接起来了。其余元件的连接依此类推，如图 1-14 所示。

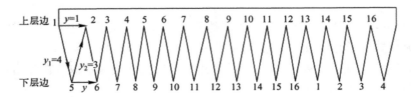

图 1-14 单叠绕组元件连接顺序图

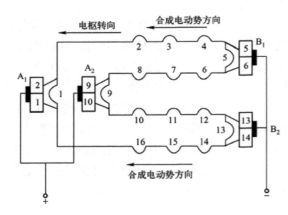

图 1-15 单叠绕组并联支路图

从图 1-14 中可看出，从元件 1 开始，绕电枢一周，把全部元件边都串联起来之后，又回到元件 1 的起始点。可见，整个绕组是一个串联的闭合电路。

根据图 1-13 和图 1-14 可得到绕组的并联支路电路图，如图 1-15 所示。电刷短接元件为元件 1、5、9 和 13，并联支路对数 a 与主磁极对数相同，即 $a=p$。

综上所述，单叠绕组有以下特点：

（1）同一主磁极下的元件串联在一起组成一个支路，有几个主磁极就有几条支路。

（2）电刷数等于主磁极数，电刷位置应使支路感应电动势最大，电刷间电动势等于并联支路电动势。

（3）电枢电流等于各并联支路电流之和。

1.2.3 单波绕组

1. 单波绕组的节距计算

单波绕组的第一节距 y_1 的计算方法与单叠绕组的计算相同。

合成节距 y 和换向器节距 y_k：选择 y_k 时，应使相串联的元件感应电动势同方向。为此，得把两个相串联的元件放在同极性磁极的下面，此时它们在空间位置上相距约两个极距。其次，当沿圆周向一个方向绕了一周，经过 p 个串联的元件后（p 为主磁极对数），其末尾所连的换向片必须落在与起始的换向片相邻的位置，这样才能使第二周元件继续往下连，此时换向总节矩数为 py_k，即：

$$py_k = K \mp 1$$

式中，K 为换向片数。

因此，由上式可得换向节距为：

$$y_k = \frac{K \mp 1}{P} \tag{1-7}$$

在式（1-7）中，正负号的选择首先应满足使 y_k 为整数，其次考虑选择负号。选择负号时的单波绕组称为左行绕组，左行绕组端部叠压少。单波绕组的合成节距与换向节距相同，即

$y = y_k$。

第二节距 y_2 的公式如下：

$$y_2 = y_1 - y$$

2．单波绕组的展开图

单波绕组的展开图可见下例。

例 1-3 已知主磁极对数 $p=2$，$Z=S=K=15$，试绘制单波左行绕组展开图。

解：首先计算各节距：

$$y_1 = \frac{Z}{2p} \mp \varepsilon = \frac{15}{4} + \frac{1}{4} = 4$$

$$y = y_k = \frac{K-1}{p} = \frac{15-1}{2} = 7$$

$$y_2 = y - y_1 = 7 - 4 = 3$$

参照单叠绕组的展开图画法，可做出单波绕组的展开图如图 1-16 所示。

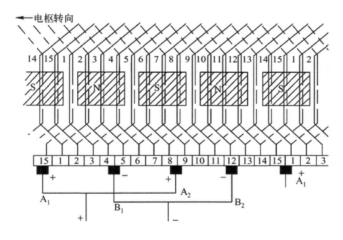

图 1-16　单波绕组的展开图

3．单波绕组的连接次序及并联支路图

根据绕组的节距可以画出它的连接次序表，如图 1-17 所示。可见，单波绕组也是一个串联的闭路电路。

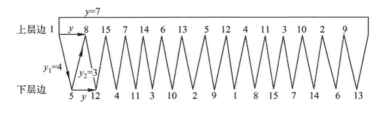

图 1-17　单波绕组连接次序表

单波绕组的并联支路图如图 1-18 所示。从图 1-18 中可以看出，单波绕组是把所有 N 极下的全部元件串联起来形成一个支路，把所有 S 极下的元件串联起来形成另外一条支路。

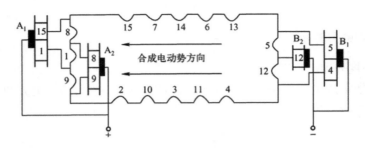

图 1-18　单波绕组并联支路图

单从支路对数来看，单波绕组有两个电刷就能进行工作，在实际使用过程中，仍然要安装和主磁极数相同的电刷，这样做有利于直流电机的换向以及减小换向器轴向尺寸。只有在特殊情况下可以少用电刷。

单波绕组有以下的特点：

（1）同极性下各元件串联起来组成一个支路，支路对数 $a=1$，与磁极对数 p 无关。

（2）当元件的几何形状对称时，电刷在换向器表面上的位置对准主磁极中心线，支路电动势最大（即正、负电刷间电动势最大）。

（3）电刷杆数也应等于磁极数（采用全额电刷）。

（4）电枢电动势等于支路感应电动势。

（5）电枢电流等于两条支路电流之和。

以上简单介绍了直流电机的单叠绕组和单波绕组。从上面分析单叠绕组与单波绕组来看，当电机的极对数、元件数以及导体截面积相同的情况下，单叠绕组并联支路数多，每个支路里的元件数少，支路合成感应电动势较低；单叠绕组并联支路数多，所以允许通过的总电枢电流就大，因此单叠绕组适合用于低电压、大电流的直流电机。而单波绕组，支路对数与主磁极对数无关，即永远等于 1，每个支路里含的元件数较多，支路合成感应电动势较高；由于并联支路数少，在支路电流与单叠绕组支路电流相同的情况下，单波绕组能允许通过的总电枢电流就较小，所以单波绕组适用于较高电压、较小电枢电流的直流电机。

以后在分析电机的运行原理及绘制电机应用原理图时，为了方便起见，不再画出那些复杂的定、转子结构以及各种电枢绕组，而是用如图 1-19 所示的示意图表示，图 1-19 中 A 代表电枢部分（转子），F 代表励磁部分（定子）。

在直流电机中，电枢绕组是容易出故障的部件。电枢绕组常见故障有：断路、短路接地及绕组接反等故障，如何检查和修理，下面举一例加以说明。

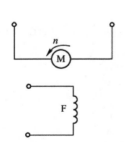

图 1-19　直流电机示意图

例 1-4　若单叠电枢绕组的个别线圈断线或与换向片焊接不良，即出现断路故障，一般采用测量换向片片间电压降的方法来检查。如图 1-20 所示，在相邻换向片上接入低压直流电源，用直流毫伏表测量相邻两换向片间的电压降。若测得各换向片片间的电压降相同或电压平均值的偏差在±5%范围内，说明连接正常，若在相连接的换向片上，测得压降比平均值显著增大，则该处电枢绕组断线或焊接不良，试解释其中道理。

解： 根据单叠绕组的嵌放规律，两相邻换向片之间有一个线圈，若线圈无断线故障，则电枢线圈、可变电阻 R 与电源形成闭合回路，如图 1-21 所示。由于线圈电阻较小，故电源电压大部分降落在可变电阻 R 上，毫伏表指示的绕组压降值较小。若线圈出现断路故障，大部分电压均降落在线圈上，毫伏表指示为接近电源电压值，比正常值大很多，故能判断故障所在线圈。

断线线圈也可从外观上寻找。电枢绕组应是闭合绕组，若电枢线圈出现断线，则当该线圈转到电刷下时，电流就通过电刷接通，而离开电刷时，电流被切断，在电刷接触和离开的瞬间出现较大的点状火花，使断路线圈两侧的换向片灼黑，根据灼黑的换向片就可以找出断线线圈的位置。

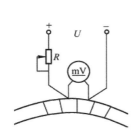

图 1-20　测量换向片间电压降接线图

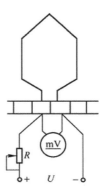

图 1-21　判断单叠绕组断路故障原理图

1.3　直流电机的电枢反应

　　直流电机的磁场是由主磁极产生的励磁磁场和电枢绕组电流产生的电枢磁场合成的一个合成磁场，它对直流电机产生的电动势和电磁转矩都有直接的影响，而且直流电机的运行特性在很大程度上也取决于磁场特性。因此，认识直流电机的磁场是十分必要的。

1．直流电机的空载磁场

　　直流电机空载（发电机与外电路断开，没有电流输出；电动机轴上不带机械负载）运行时，其电枢电流等于零或近似等于零。因而空载磁场可以认为仅仅是励磁电流通过励磁绕组产生的励磁磁通势所建立的。

　　如图 1-22 所示为四极电机空载时磁场分布，当励磁绕组通入直流电流后，主磁极产生磁场，以 N，S 极间隔均匀地分布在定子内圆周上，此时只有励磁磁动势单独建立的空载磁场。每对磁极下的磁通所经过的路径不同，根据它们的作用可以分为两类，其中占绝大部分的磁通是从主磁极的 N 极出来经过气隙进入电枢的齿槽、电枢的磁轭，然后到达电枢铁芯另一边的齿槽，再穿过气隙，进入主磁极的 S 极，通过定子磁轭回到 N 极，形成闭合磁回路。这部分磁通同时交链励磁绕组和电枢绕组，是直流电机进行电磁感应和能量转换所必需的，称为

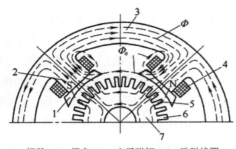

1—极靴；2—极身；3—定子磁轭；4—励磁线圈；
5—气隙；6—电枢齿；7—电枢磁轭

图 1-22　直流电机空载时磁场分布

磁极的几何中性线 *n—n* 重合。

主磁通 Φ。此外，还有一小部分磁通从 N 极出来后并不进入电枢，而是经过气隙直接进入相邻的磁极或磁轭，它对电机的能量转换工作不起作用，相反，使电机的损耗加大，效率降低，增大了磁路的饱和程度，这部分磁通称为漏磁通 Φ_σ，一般 $\Phi_\sigma=$（15%~20%）Φ。

如图 1-23（a）所示为主磁场在电机中的分布情况。按照图中所示的励磁电流方向，应用右手螺旋定则，便可确定主极磁场的方向。在电枢表面上磁感应强度为零的地方是物理中性线 *m—m*，它与

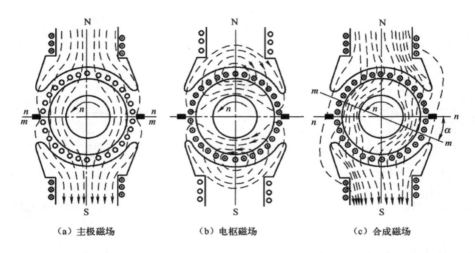

（a）主极磁场　　　　　（b）电枢磁场　　　　　（c）合成磁场

图 1-23　直流电动机气隙磁场分布示意图

2．直流电机的电枢磁场

直流电动机在带负载运行时，电枢绕组中有电流通过产生电枢磁场。电枢磁场与主极磁场共同在气隙里建立合成磁场。

如图 1-23（b）所示为以电动机为例的电枢磁场，它的方向由电枢电流根据右手螺旋定则来判断。由图可以看出，不论电枢如何转动，电枢电流的方向总是以电刷为界限来划分的。在电刷两边，N 极面下的导体和 S 极面下的导体电流方向始终相反，只要电刷固定不动，电枢两边的电流方向就不变，电枢磁场的方向不变，即电枢磁场是静止不动的。根据图上的电流方向用左手定则可判定该台电动机旋转方向为逆时针。

3．电枢反应

所谓电枢反应是指电枢磁场对主磁场的影响，电枢反应对电机的运行性能有很大的影响。如图 1-23（c）所示为主极磁场和电枢磁场合在一起而产生的合成磁场。与图 1-22（a）比较可见，由于带负载后出现的电枢磁场，对主极磁场的分布有明显的影响。电枢反应对磁

场的影响如下：

（1）电枢反应使磁极下的磁力线扭斜，磁通密度分布不均匀，合成磁场发生畸变。磁场畸变的结果，使原来的几何中性线 n—n 处的磁场不等于零，磁场为零的位置，即物理中性线 m—m 逆旋转方向移动 α 角度，物理中性线与几何中性线不再重合。

（2）电枢反应使主磁场削弱，电枢磁场使每一个磁极下的磁动势发生变化，如 N 极下的左半部分主极磁动势被削弱，右半部分的主极磁动势被增强。每个磁极下的合成磁通似乎仍应与空载时的主磁通 Φ 相同。但在实际工作时，电机的磁路总是工作在接近饱和的非线性区域，因此增强的磁通量小于减少的磁通量，故负载时每个磁极合成磁通比空载时每个磁极主磁通 Φ 小，称此为电枢反应的去磁作用。因此，负载运行时的感应电动势略小于空载时的感应电动势。

电动机拖动的机械负载越大，电枢电流越大，电枢磁场越强，电枢反映的影响就越大。在实际的工作中，由于负载大小不可能是恒定不变的，所以电枢反映的强弱也不是一成不变的；从直流电机的工作原理上看，电枢电流与主磁场的相互作用是必然的，所以电枢反映是直流电机中客观存在的现象，对运行的影响程度是随负载的变化而变化的。

1.4 直流电机的电枢电动势和电磁转矩

1.4.1 直流电机的电枢电动势

电枢绕组处在磁场中转动时将产生感应电动势，称电枢电动势。电枢电动势是指直流电机正、负电刷之间的感应电动势，也就是每条支路里的感应电动势。

每条支路所含的元件数是相等的，而且每条支路里的元件都是分布在同极性磁极下的不同位置上的。这样，先求出一根导体在一个极距范围内切割气隙磁通密度的平均感应电动势，再乘以一条支路里总的导体数，就是电枢电动势。

一根导体中的感应电动势 e_a 可通过电磁感应定律求得，其表达式为：

$$e_a = B_a L v \tag{1-8}$$

式中，B_a 是一个主磁极下的平均气隙磁通密度，B_a 与每极主磁通 Φ 的关系为：

$$\Phi = B_a L \tau$$

由此导得：

$$B_a = \frac{\Phi}{L\tau} \tag{1-9}$$

线速度 v 可以表示为：

$$v = 2p\tau\frac{n}{60} \tag{1-10}$$

式中，τ 为极距；p 为磁极对数；n 为电枢转速；L 为导体的有效长度。

将式（1-9）和式（1-10）代入式（1-8）中可得每根导体的电动势为：

$$e_a = 2p\Phi\frac{n}{60}$$

每条支路中的感应电动势为：

$$E_a = \frac{N}{2a} e_a = \frac{pN}{60a} \Phi n = C_e \Phi n \qquad （1-11）$$

式中，$C_e = \frac{pN}{60a}$ 为电动势常数，当电机制造好后仅与电机结构有关。N 为电枢导体总数。

磁通 Φ 的单位为 Wb，转速的单位为 r/min，感应电动势的单位为 V。式（1-11）表明直流电机的感应电动势与电机结构、气隙磁通和电机转速有关。当电机制造好以后，电机结构常数 C_e 不再变化，因此电枢电动势仅与气隙磁通和转速有关，改变转速和磁通均可改变电枢电动势的大小。

1.4.2　直流电机的电磁转矩

当电枢绕组中有电枢电流流过时，通电的电枢绕组在磁场中将受到电磁力，该力与电机电枢铁芯半径之积称为电磁转矩。一根导体在磁场中所受电磁力的大小可用下式计算：

$$f_a = B_a L i_a \qquad （1-12）$$

式中，$i_a = \frac{I_a}{2a}$ 为一根电枢导体中流过的电流；

　　I_a 为电枢总电流；

a 为电枢并联支路对数。

一根电枢导体产生的电磁转矩为：

$$T_a = f_a \frac{D}{2}$$

总的电磁转矩为：

$$T_{em} = N T_a = N f_a \frac{D}{2} = N B_a L i_a \frac{D}{2} = B_a L \frac{I_a}{2a} N \frac{D}{2}$$

将式（1-9）代入上式得：

$$T_{em} = \frac{pN}{2\pi a} \Phi I_a = C_T \Phi I_a \qquad （1-13）$$

式中，C_T 为转矩常数，也仅与电机结构有关；

$D = \frac{2p\tau}{\pi}$ 为电枢铁芯直径。

当电枢电流的单位为 A，磁通单位为 Wb，电磁转矩的单位为 N·m。

C_T，C_e 都是电机的结构常数，两者之间的数量关系为：

$$C_T = 9.55 C_e \qquad （1-14）$$

由式（1-13）可看出，直流电机的电磁转矩与电机结构、电枢电流和气隙磁通成正比。

例 1-5　一台直流发电机，$2p=4$，电枢绕组为单叠绕组，电枢总导线数 $N=216$，额定转速 $n_N=1\,460$r/min，每极磁通 $\Phi = 2.2 \times 10^{-2}$Wb，求：

（1）该发电机电枢绕组的感应电动势。

（2）该发电机若作为电动机使用，当电枢电流为 800A 时，能产生多大电磁转矩？

解：（1）首先求出电动势常数：$C_e = \dfrac{pN}{60a} = \dfrac{2 \times 216}{60 \times 2} = 3.6$

感应电动势为：$E_a = C_e \Phi n = 3.6 \times 2.2 \times 10^{-2} \times 1460 = 115.6\text{V}$

（2）转矩常数为：$C_T = 9.55 C_e = 9.55 \times 3.6 = 34.4$

转矩为：$T_{em} = C_T \Phi I_a = 34.4 \times 2.2 \times 10^{-2} \times 800 = 605\text{N} \cdot \text{m}$

1.5 直流电机的换向

1.5.1 换向过程

直流电机的结构中存在着它特有的部件——电刷和换向器，它们的作用是将电机内部的交流电转变成外部的直流电。这套装置在工作中有一个换向过程，当电枢旋转时，电枢绕组每条支路里所含的元件数目是基本不变的，但组成每条支路的元件在依次循环地更换。一条支路中的某个元件在经过电刷后就成为另一条支路的元件，并且在电刷的两侧，元件中的电流方向是相反的，如图 1-24 所示。因此直流电机在工作时，绕组元件连续不断地从一条支路退出而进入相邻的支路。电枢绕组元件从一条支路经过电刷转入另一条支路，元件中的电流改变方向，称为换向。图 1-24 所示是表示单叠绕组换向过程的示意图。

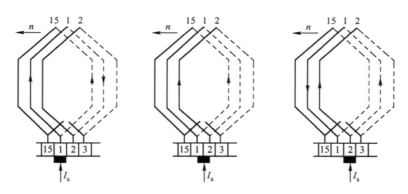

图 1-24　直流电机电枢绕组元件的换向过程

如果换向不良，将会在电刷与换向片之间产生有害的火花，直接影响电机的安全运行。当火花超过一定程度，就会烧坏电刷和换向器表面，使电机不能正常工作。此外，电刷下的火花也是一个电磁波的来源，对附近无线电通信有干扰。直流电机工作时火花的大小，按照国家标准可以分为 5 个等级，见表 1-2。

表 1-2　直流电机工作时的火花等级

火花等级	1 级	$1\frac{1}{4}$级	$1\frac{1}{2}$级	2 级	3 级
火花现象	无火花	少量蓝色火花	大量的蓝色火花	大量黄色火花	换向器圆周都是火花即环火

注：直流电机正常运行时，火花等级不应越过 $1\frac{1}{2}$级。

1.5.2 产生火花的原因

直流电机的电路中由于存在电刷和换向器之间的动接触，因此在运行时难免会出现或多或少的火花。产生火花的原因是多方面的，除了电磁原因外，还有机械原因，换向过程中还伴随有电化学、电热等因素，它们互相交织在一起，所以相当复杂。

从电磁理论方面看，换向元件在换向过程中，电流的变化必然会在换向元件中产生自感电动势。电刷宽度大于换向片宽度时，几个元件同时在进行换向，换向元件与换向元件之间会有互感电动势产生。自感电动势和互感电动势的合成称为电抗电动势。根据楞次定律，电抗电动势的作用是阻止电流变化的，即阻碍换向的进行。另外由于电枢磁场的存在，使得处于几何中性线上的换向元件会切割电枢磁场，在其中产生旋转电动势，称为电枢反应电动势。从图 1-23 可以看出，根据右手定则，电枢反应电动势的方向与元件换向前的电流方向一致，所以它也起着阻碍换向的作用。电抗电动势和电枢反应电动势都在换向元件中产生阻碍换向的附加电流，使得换向元件出现延迟换向的现象，造成换向元件离开一个支路瞬间尚有较大的电磁能量，这部分能量以火花形式释放出来，因而在电刷与换向片之间出现火花。

直流电机的电枢绕组与外电路之间是通过电刷和换向器进行连接的，因此，电刷与换向器之间的接触不良也是产生火花的重要原因。电刷压力过小肯定会造成接触电阻过大产生火花，电刷压力过大除了增加机械阻力外，同样会使得电刷跳动而产生火花。换向器存在一定的椭圆度、与转轴不同心、表面不光滑等原因都会使电刷的压力时大时小而产生火花。换向器表面灰尘多也会使电刷接触不良增大火花。

直流电机在腐蚀性气体的环境中工作时，或者在高海拔地区工作时，换向器表面容易受腐蚀或磨损而变得粗糙，使电刷接触不良，因此电机要减小容量使用。

1.5.3 改善换向的方法

改善换向、减小火花就是要设法减小换向元件中的附加电动势和附加电流，越小越好，常用的方法有以下几种。

1. 安装换向极

这是目前改善换向最有效的方法。从产生火花的电磁原因看，要有效地改善换向，就必须减小，甚至抵消换向元件中的电抗电动势和电枢反应电动势。换向极装设在相邻两个主磁极之间，换向极绕组产生的磁动势方向与电枢反应磁动势的方向相反，大小比电枢磁动势略大。这样换向极磁动势除了抵消电枢反应磁动势在几何中性线处的作用外，剩余的磁动势在换向元件中产生感应电动势，这个电动势可以抵消换向元件中的电抗电动势，这样就能消除电刷下的火花，达到改善换向的目的。现在容量在 1 kW 以上的直流电机都装有换向极。

由于换向元件中的电抗电动势和电枢反应电动势均与电枢电流成正比，所以换向极绕组中应通以电枢电流，即换向极绕组与电枢绕组串联。只要换向极设计和调整得合适，就能保证换向元件中总电动势接近于零，使负载运行时电刷与换向器之间基本上没有火花。图 1-25 所示为一台直流电机换向极绕组与电枢绕组的连接方法和换向极的极性布置。

不论是直流电动机还是直流发电机，换向极的极性都应该与电枢反应的磁通方向相反。在直流电动机中，换向极极性应与逆转向的主磁极极性相同。在直流发电机中，换向极极性应与顺转向的主磁极极性相同。

装有换向极的直流电机，绕组元件对称时，电刷的实际位置一般都应放在换向极表面的主磁极中心线上。

2．正确移动电刷

在小容量没有安装换向极的直流电机中，常用适当移动电刷位置的方法来改善换向。将电刷从电枢几何中性线移动一个适当角度，用主磁场来代替换向极磁场，也可改善换向。正确移动电刷的方法是：当电机运行于电动机状态时，电刷应逆着电枢旋转方向移动；而运行于发电机状态时，电刷则应顺着电枢旋转方向移动。如电刷移动的方向不正确，不但起不到改善换向的作用，反而会使电机换向更加恶化。

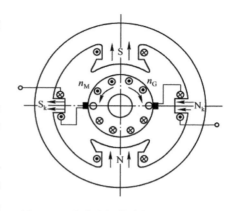

图 1-25　直流电机换向极电路与极性

3．正确选用电刷

不同牌号的电刷具有不同的接触电阻，选择合适的电刷能改善换向。例如小容量直流电机用石墨电刷；在换向问题突出的场合，采用硬质电化石墨电刷。在更换电机的电刷时，应注意选用同一牌号的电刷，以免造成电刷间电流分配不均。

4．装设补偿绕组

直流电机负载运行时的电枢反应使主磁极下的气隙磁场发生了畸变，这样就增大了某几个换向片之间的电压，在负载变化剧烈的大型直流电机中可能出现环火现象。所谓环火，是指直流电机正、负电刷之间出现电弧，电弧被拉长后，直接从一种极性的电刷跨过换向器表面到达相邻的另一极性的电刷，使整个换向器表面布满环形火花。直流电机出现环火，可在很短时间内损坏电机。为避免出现环火现象，采用补偿绕组是有效方法之一。补偿绕组嵌置在主磁极表面的槽内，其中流过的是电枢电流，所以补偿绕组应与电枢绕组串联，其电流方向与对应磁极下电枢绕组的电流方向相反，显然它产生的磁动势与电枢反应磁动势方向相反，从而抵消了电枢反应的影响。由于装设补偿绕组大大增加了成本，因此只用于大型直流电机中。

1.6　直流电动机

1.6.1　直流电动机的励磁方式

根据直流电动机励磁绕组和电枢绕组与电源连接关系的不同，直流电动机可分为他励、并励、串励、复励电动机等类型。

1．他励电动机

励磁绕组和电枢绕组分别由两个独立的直流电源供电，励磁电压 U_f 与电枢电压 U 彼此无关，如图 1-26（a）所示。

2．并励电动机

励磁绕组和电枢绕组并联，由同一电源供电，励磁电压 U_f 就是电枢电压 U，如图 1-26（b）所示。并励电动机的运行性能与他励电动机相似。

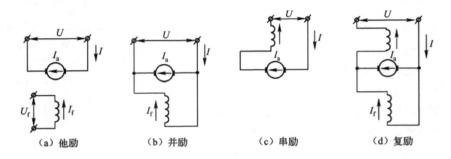

图 1-26　直流电动机的励磁方式

3．串励电动机

励磁绕组与电枢绕组串联后再接于直流电源，此时的电枢电流（即负载电流）就是励磁电流，如图 1-26（c）所示。负载大小的变化将会影响磁通大小。

4．复励电动机

电动机有并励和串励两个励磁绕组。并励绕组与电枢绕组并联后再与串励绕组串联，然后接于电源上，如图 1-26（d）所示。复励电动机兼顾了并励电动机和串励电动机的性能。

1.6.2　他励直流电动机的基本方程式

1．电动势平衡方程式

他励直流电动机在稳定运行时，加在电枢两端电压为 U，电枢电流为 I_a，电枢电动势为 E_a，由电动机工作原理可知 E_a 是反电势，若以 U、E_a、I_a 的实际方向为正方向，则可列出直流电动机的电动势平衡方程式：

$$U = E_a + I_a R_a \qquad (1-15)$$

式中，R_a 为电枢电阻。

该平衡方程式表示了电源电压除一小部分被电枢电阻消耗外，其余被电动机吸收转换为反电动势去带动电动机转动。

2．转矩平衡方程式

他励电动机的电磁转矩 T_{em} 为拖动性转矩。当电动机以恒定的转速稳定运行时，电磁转矩 T_{em} 与负载转矩 T_L 及空载转矩 T_0 相平衡，即：

$$T_{em} = T_L + T_0 \qquad (1-16)$$

由此可见，电动机轴上的电磁转矩一部分与负载转矩相平衡，另一部分是空载损耗。

3. 功率平衡方程式

直流电动机工作时，从电网吸取电功率 P_1，除去电枢回路的铜损耗 p_{Cua}，电刷接触损耗 p_{Cub} 及励磁回路铜耗 p_{Cuf} 外，其余部分功率转变为电枢上的电磁功率 P_{em}。

电磁功率并不能全部用来输出，它的一部分是运行时的机械损耗 p_ω、铁损 p_{Fe} 和附加损耗 p_{ad}，剩下的部分才是轴上对外输出的机械功率 P_2：

$$P_1 = p_{Cua} + p_{Cub} + p_{Cuf} + P_{em} = p_{Cua} + p_{Cub} + p_{Cuf} + p_\omega + p_{Fe} + p_{ad} + P_2 = \Sigma p + P_2 \qquad (1\text{-}17)$$

其功率流程如图 1-27 所示。

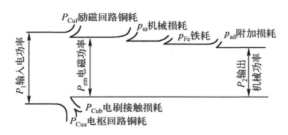

图 1-27　直流电动机的功率流程图

1.6.3　他励直流电动机的工作特性

他励直流电动机的工作特性是指在 $U = U_N$，励磁电流 $I_f = I_{fN}$，电枢回路不串电阻时，电动机的转速 n、电磁转矩 T_{em} 和效率 η 分别与输出功率 P_2 之间的关系，分述如下。

1. 转速特性

转速特性是指在 $U = U_N$，励磁电流 $I_f = I_{fN}$，电枢回路不串电阻时，电动机的转速与输出功率之间的关系，即：

$$n = f(P_2)$$

由 $U = E_a + I_a R_a$ 和 $E_a = C_e \Phi n$ 得转速公式：

$$n = \frac{U_N - I_a R_a}{C_e \Phi} \qquad (1\text{-}18)$$

当输出功率增加时，电枢电流增加，电枢压降 $I_a R_a$ 增加，使转速下降，同时由于电枢反应的去磁作用，使转速上升。上述两者相互作用的结果，使转速的变化呈略微下降趋势，如图 1-28 所示。

电动机转速随负载变化的程度用电动机的额定转速调整率 $\Delta n_N \%$ 表示：

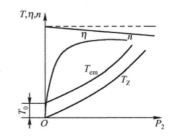

图 1-28　并励电动机的工作特性

$$\Delta n_{\mathrm{N}}\% = \frac{n_0 - n_{\mathrm{N}}}{n_{\mathrm{N}}} \times 100\% \qquad (1\text{-}19)$$

式中，n_0——空载转速；

n_{N}——额定负载转速。

他励直流电动机的转速调整率很小，$\Delta n_{\mathrm{N}}\%$约为 3%~8%，即速度的稳定性好。

2．转矩特性

转矩特性是指在 $U = U_{\mathrm{N}}$，励磁电流 $I_{\mathrm{f}} = I_{\mathrm{fN}}$，电枢回路不串电阻时，电动机的电磁转矩与输出功率之间的关系，即 $T_{\mathrm{em}} = f(P_2)$。

输出功率 $P_2 = T_{\mathrm{Z}}\omega$，所以 $T_{\mathrm{Z}} = \dfrac{P_2}{\omega} = \dfrac{P_2}{2\pi n / 60}$。由此可见当转速不变时，$T_{\mathrm{Z}} = f(P_2)$ 为一通过原点的直线。实际上，当 P_2 增加时转速 n 有所下降，因此 $T_{\mathrm{Z}} = f(P_2)$ 的关系曲线将稍微向上弯曲。而电磁转矩 $T_{\mathrm{em}} = T_{\mathrm{Z}} + T_0$，因此只要在 $T_{\mathrm{Z}} = f(P_2)$ 的关系曲线上加上空载转矩 T_0，便可得到 $T_{\mathrm{em}} = f(P_2)$ 的关系曲线，如图 1-28 所示。

3．效率特性

由功率平衡方程可知，电动机的损耗主要是可变的铜损和固定的铁损。当负载 P_2 较小时，铁损所占比例不小，效率低；随着负载 P_2 的增加，铁损不变，铜损增加，但总损耗的增加小于负载功率的增加，效率上升；负载继续增大，铜损是按负载电流的平方增大的，使得效率又开始下降，如图 1-28 所示。

1.7　直流电机运行常见故障及解决方法

1.7.1　直流电机安装运行的注意事项

1．电动机安装场地的选择

若电动机安装场地选择不当，有可能缩短其使用寿命，成为故障产生的原因、损坏周围的器物，甚至给操作者造成伤害等重大事故。因此，必须慎重地选择电动机的安装场地。一般应尽可能注意选择具有以下条件的场所：

（1）潮气少的场所。

（2）通风良好的场所。

（3）比较凉爽的场所。

（4）尘埃较少的场所。

（5）易检查维修的场所。

2．电动机安装前的验收与保管

电动机在运达安装场地后，应立即进行初步验收。应仔细检查电动机有无零部件不完整或损坏的情况；备件是否齐全；随机文件有无遗漏；并根据检查的具体情况采取相应措施。验收后电动机若不立即安装，则应将电动机保存在室温不低于+5℃和不高于+40℃、相对湿度不大于75%、无腐蚀性气体的干燥而清洁的室内或仓库内。保存期间应定期检查电动机绕组、轴伸端、换向器和电刷，及其他主要零部件和备件等有无受潮、损坏或锈蚀的情况。

3．电动机安装的基础

电动机的安装场所，有地面、支柱、墙壁、负载机械等。对于安装位置固定的电动机，如果不是与其他负载机械配套安装在一起时，均应采用质量可靠的混凝土作基础，以免因基础过弱而使电动机在运行时引起振动和噪声。若为经常移动使用的电动机，可因地制宜采用合适的安装结构。但必须注意的是，不论在什么情况下其基础或安装结构都必须保证有足够的强度和刚度，以避免电动机运行时可能产生不正常的振动、噪声及造成人身、设备事故等。

4．电动机运行前的准备及试运转

（1）清除直流电机裸露部分的灰尘和污垢。

（2）用手转动转轴的轴伸端，检查电枢转动是否灵活轻便和有无呆滞卡阻现象，以及有无部件摩擦或撞击声。

（3）检查换向器表面是否清洁、光滑。如果其表面有杂质污垢，应用柔软干净的棉布蘸酒精或汽油将其擦除。

（4）仔细检查电动机、负载机械设备的所有螺栓、螺母类零件是否完全紧固、有无残次品等情况。

（5）检查电刷架固定是否正确；刷握固定是否牢固、可靠；电刷在刷握内是否过紧或过松；电刷压力是否符合要求和均匀、正常；电刷与换向器的吻合及接触是否良好；电刷引线与刷握、刷架的连接是否牢固和接触良好等。

（6）将电机接线板处各绕组的引线接头用 0# 砂布打磨干净，并用电桥表测量各绕组的直流电阻，以检查该电机是否存在短路或断路故障。

（7）测量直流电机各绕组对机壳（也称对地）及各绕组之间的绝缘电阻，以检查电机各绕组对机壳和各绕组间的绝缘强度。若用 500V 兆欧表进行测量，测得绝缘电阻值如小于 $1M\Omega$，则应将电动机作烘干处理。

（8）检查电源及操作电路的配线是否合理、完好。

（9）不通电试操作一下闸刀开关、接线用断路器、电磁开关、漏电断路器等的开关动作是否可靠。此外，确定该设备中所安装的熔断器额定值，过电流继电器的动作整定值和漏电断路器的动作整定值等数值是否合适等。

（10）电动机若未经试运转就进行负载运行是非常危险的。因此，对小型负载机械可先试着用手进行转动检查；若电动机是采用皮带传动或联轴器传动方式时，则应先拆除电动机与负载之间的机械连接，然后再进行空载试验运行。当不能拆除负载机械时，则应尽可能先进行轻载试运行。

（11）应确认电源电压是否与电动机的额定电压相符，电压波动率是否保持在±10%的范围内。

如果在上述检查中发现直流电机存在故障，则应在对故障进行彻底修复后才能让电动机重新进入启动程序，以免故障扩大而造成更大的损失。

1.7.2 直流电动机常见故障的原因分析和解决方法

1. 直流电动机的电刷火花故障

直流电动机电刷处火花过大是最常见、原因最复杂的故障。它既有机械原因也有电气的原因。

直流电机电刷处火花过大的原因有以下几种：

（1）电刷位置偏离中性线，致使可逆转运行直流电动机在某一转向上火花明显加大，对不可逆转运行的电动机也可造成一定程度的火花过大。

（2）各电刷盒在电刷架上的距离不相等，造成电枢反应不平衡而引起过大的火花。

（3）换向器表面粗糙、片间云母凸出或换向器失圆等导致其偏摆超过正常允许值，从而引起强烈火花。

（4）电动机电枢绕组线圈元件的脱焊或断线，造成断路线圈元件线端两侧换向片发生较大的火花。

（5）电动机电枢绕组短路或换向片间的短路故障，引发的严重火花甚至沿换向器圆周产生环火。

（6）电动机的换向磁极的极性接反或断路，也将造成换向器上有强烈火花。

由于电刷质量的好坏及合理匹配是影响换向器运行中火花大小的重要因素之一。因此，重新更换的全套电刷应进行认真的检查。解决电刷火花的方法如下：

（1）更换的全套新电刷最好使用与该台电动机同一厂家生产的，同一型号、规格和尺寸的电刷。

（2）电刷与其刷辫线的连接应牢固可靠，不得有接触不良和松动的现象，并应在刷辫线上套以绝缘套管。

（3）电刷与换向器应有良好的接触，其接触面应不少于电刷截面的 75%，并且电刷还不得有缺角、破裂的现象。

（4）更换的每个电刷均应进行电测量，将阻值相等或相近的电刷配对进行并联使用，以保证并联电刷之间的电流能均匀分配。

例 1-6 有一台 P_N =30kW、U_N=220V、n_N=1 500r/min 的直流并励电动机，运行时发生电刷下火花过大的故障。

分析处理：经对该直流并励电动机全面测试，发现电刷下火花过大是由于换向极绕组两根线端接反，将其对调连接后该电动机顺利启动并转入正常运行。

例 1-7 有一台 P_N =40kW、U_N=220V、n_N =1 500 r/min 的直流并励电动机，在更换全部电刷后出现换向器火花过大的现象。

分析处理：经对该直流并励电动机全面测试，发现更换的全套新电刷在型号、规格、尺寸方面均与旧电刷相同。但新电刷磨削的弧度不对，从而造成换向器火花过大。重新磨削电刷接触面，使其与换向器吻合面大于电刷的 80% 以上，通电运行后，该电动机换向器上的过大火花排除。

2．直流电动机的发热故障

直流电动机的发热故障情况比较复杂，其主要原因大体上分为：电刷与换向器之间产生过热、电枢绕组在运行中出现过热、换向器表面出现烧伤、励磁绕组产生过热等。下面分别作简要介绍。

（1）直流电动机电刷与换向器之间产生过热的主要原因如下：

① 电动机长期超载运行或堵转而引起严重发热。

② 电刷弹簧压力过大，因严重摩擦而发热。

③ 换向器上因其他原因产生的强烈火花而致发热。

④ 电刷的型号、规格、尺寸不对而造成的发热。

例 1-8　有一台 Z3-83-4，P_N=75kW、U_N=220V、n_N=1500 r/min 的直流并励电动机，运行中出现电刷与换向器温度很高的故障。

分析处理：经过对该直流并励电动机进行全面检测，发现电刷弹簧压力过大。通过重新选配更换新弹簧并仔细调整压力，电刷与换向器温度高的故障得到了排除。

（2）直流电动机电枢绕组在运行中出现过热故障的主要原因如下：

① 电源电压过高或过低。

② 电枢绕组线圈元件或换向器片间发生短路。

③ 电动机的定子与转子大面积相擦。

④ 电枢绕组重绕时部分线圈元件线端被接反或接错。

例 1-9　有一台 Z3-83-4，P_N=75kW、U_N=440V、n_N=1 500 r/min 的直流他励电动机，运行中出现电枢绕组过热的故障。

分析处理：经对该直流他励电动机详细检查后，发现电枢绕组过热是由换向器片间短路所引起的。采取用一直流电压加在相对两换向片间，并用直流毫伏表依次测量换向片间电压的方法进行测试（参看图 1-21）。若所测得的电压数相同且有规律，表明绕组及换向器良好；如果所测电压值突然变小，说明这两个换向片间或接于其上的线圈元件有短路；若所测电压值为零即说明此处换向片短路。通过依次测量换向器的全部相邻换向片间电压，找到了片间短路位置并将其片间 V 形沟槽中的金属屑、电刷粉等彻底消除。接着再用云母粉加胶合剂仔细填入沟槽，经干涸后测试换向片间电压已恢复正常，说明换向片间短路被修复。该直流他励电动机重新投入运行后，其电枢绕组过热现象得以消除并发热正常。

（3）直流电动机换向器表面出现烧伤的故障的主要原因如下：

① 电枢绕组线圈元件线端与换向片焊接处脱焊或断线。

② 电动机的电刷刷距、极距不相等。

③ 电枢的换向器失圆变形、换向片间云母绝缘凸出。

④ 电刷位置偏移中性线。

⑤ 电刷型号不对以致换向性能差。

（4）直流电动机定子励磁磁极绕组过热故障的产生原因如下：

① 电源电压超过电动机端电压额定值。

② 励磁电流大幅超过额定值（常因降低转速而引起）。

③ 电动机并励绕组存在匝间短路。

④ 励磁绕组的线径及匝数错误致使铜损增加（多发生在重换绕组后）。

⑤ 励磁绕组对地绝缘电阻太低。

⑥ 电动机冷却条件恶化。

例 1-10 有一台 Z2-91-4，P_N=55kW、U_N=220V、n_N=1 500 r/min 的直流并励电动机，运行中其定子磁极绕组出现过热的现象。

分析处理： 经仔细检测该直流并励电动机，查明磁极绕组过热故障是由励磁电流严重超过额定值所致。通过对电源电压、电动机励磁电阻和转速的综合调整，电动机磁极绕组过热现象消除。

3. 直流电机的机械故障

（1）振动故障。直流电机运行中产生振动通常多为机械原因所引起的，一般常见原因有以下几种：

① 电枢铁芯支架上的平衡块发生位移或脱落。

② 转轴弯曲或气隙不均匀或轴承损坏。

③ 联轴器没有校正或螺栓未拧紧。

④ 安装电机的地基不牢或地脚螺栓松动。

⑤ 电机在重换电枢绕组或车削换向器后未做动平衡试验。

例 1-11 有一台 Z2-101-4，额定功率 P_N=55kW、额定电压 U_N=220V、额定转速 n_N=1 000r/min 的直流并励电动机，在运行中出现了振动故障。

分析处理： 经对该直流并励电动机仔细检查，发现电动机的振动是由地脚螺栓松动所致，在重新校正紧固地脚螺栓后，电动机的振动现象完全消除。

（2）电枢与定子相擦的故障。产生此类故障的主要原因是：

① 电枢上的捆扎钢丝或无纬玻璃丝带、槽楔和绝缘垫等松动或甩脱而引起相擦。

② 定子磁场固定主磁极或换向极的螺栓松动。

③ 机座止口或端盖止口磨损变形。

④ 轴承严重磨损或损坏。

例 1-12 有一台 Z3-72-4，额定功率 P_N=22kW、额定电压 U_N=220V、额定转速 n_N=1 500r/min 的直流他励电动机，运行中发生电枢与定子铁芯相擦（也称扫膛）的故障。

分析处理： 经对该直流他励电动机仔细检测，发现电枢与定子相擦是由端盖止口严重磨损和变形引起的。在重新更换新端盖以后，电动机电枢与定子相擦的故障得以消除。

4. 直流电机绕组故障

直流电机绝大多数电气故障均发生在高速旋转的电枢绕组上，如图 1-29 所示为直流电机电枢绕组各种故障的示意图，电枢绕组常见的故障主要有接地、短路、断路和接错等。同时，因电枢绕组的单个绕圈元件是通过换向器而连接成一个整体绕组的，故换向器本身发生的接地、短路和脱焊等故障也就必然会影响到电枢绕组，现分别介绍如下。

（1）接地故障。

① 绕组接地故障原因。

a. 绝缘严重受潮。

b. 超载运行使绕组发热致使绝缘受损接地。

c. 机械碰撞使电枢绕组受损。

d. 制造存在质量缺陷。

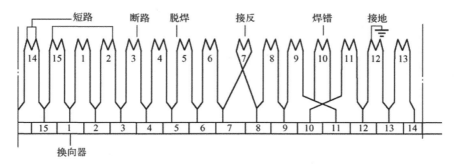

图 1-29　电枢绕组各种故障的示意图

② 检查方法。

a. 外观检查：目测检查定子主磁极线圈、换向极线圈、补偿绕组线圈和连接线、引出线端等，看其有无绝缘破损、烧焦和电弧痕迹等现象，以及是否有绝缘烧焦的气味等。如果目测找不出故障，可以采用其他检测方法继续查找。

b. 兆欧表检查：对额定电压在 440V 以下的直流电动机可用 500V 级的兆欧表检测。测量时可将兆欧表的火线接直流电动机的励磁绕组，而另一根地线则接电动机的金属外壳。然后按照兆欧表规定的转速（通常为 120 r/min）转动手柄，此时若表的指针指向零就表明绕组绝缘被击穿而通地；若表的指针始终在零值附近摇摆不定，则说明电动机绕组仍具有一定绝缘电阻值，如图 1-30 所示即为用兆欧表检查励磁绕组接地故障的情况。

c. 220V 试灯检查：若手头没有兆欧表则可以采用 220V 电源串接灯泡进行检查，如图 1-31 所示。测试时若灯泡发亮，则表明励磁绕组绝缘可能已损坏而直接通地，这时可拆开端盖取出整个转子并检查和修复励磁绕组的故障。但是，采用这种检测方法时应特别注意人身安全，以免不慎造成触电伤人的事故。

d. 万用表检查：此时用万用表 R×10k 挡进行，测量时可将万用表的一根表线接绕组的引线端，而另一根表线接该电动机外壳。如果测出的电阻数值为零即说明该绕组已接地；当万用表上测出有一定电阻数值时，要根据具体情况和经验来判断绕组是受潮还是绝缘已被击穿。

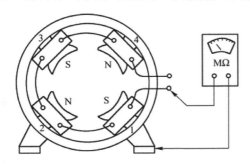

图 1-30　兆欧表检查励磁绕组接地故障

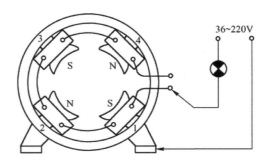

图 1-31　用试灯检查绕组接地故障

③ 绕组接地故障的处理。当用上述方法还不能找到接地绕组的准确位置时，故障可能出在某磁极线圈与铁芯的直接接触上。此时应先找出主磁极绕组、换向极绕组及补偿极绕组中哪套绕组接地，然后再将有接地故障的这套绕组按对半分组淘汰的方法，逐级查出该套绕组的接地故障点。在查出故障绕组后，再根据接地绕组的故障范围大小、绝缘材料老化程度和返修的难易程度等具体情况，做出局部修补或更换接地故障线圈的处理。

例 1-13 有一台 Z3-61-4，额定功率 $P_N=17kW$、额定电压 $U_N=220V$、额定转速 $n_N=3\,000r/min$ 的直流并励电动机，其励磁绕组绝缘电阻低。

分析处理： 受过雨淋、水浸或环境潮湿而又长期闲置未用的直流电动机，其励磁绕组绝缘均可能因受潮而导致绝缘电阻过低或为零。因此，对这类直流电动机在重新使用前，均必须用 500V 兆欧表（俗称摇表）来检查励磁绕组的绝缘电阻。其主磁极绕组、换向极绕组和补偿绕组对机壳的绝缘都要检测，并且这几套绕组之间的绝缘状况也要检测。所测出的绝缘电阻值若小于 $0.5M\Omega$，则说明该直流电动机励磁绕组绝缘已经受潮或严重老化。此时，电动机就需要烘干或浸漆烘干处理，并经再次检测合格后方能投入使用。直流电动机励磁绕组绝缘的烘干可采用灯泡、电炉、电吹风和烘箱、烘房进行。有些使用时间较长励磁绕组绝缘老化的直流电动机，则可在烘干后对励磁绕组再浸漆处理一次，以增强其绝缘能力和提高直流电动机的使用寿命。

经对该直流并励电动机励磁绕组绝缘电阻的检测，用 500V 兆欧表测量的绝缘电阻值为 $0.1M\Omega$ 左右。并发现该电动机有很长一段时间未开机运行，因为绕组受潮而导致绝缘电阻降低。通过对该电动机励磁绕组作烘干处理后，绝缘电阻值上升到 $12M\Omega$ 以上，这时就可以安全地投入运行。

（2）短路故障。直流电动机电枢绕组发生短路故障的情况比较常见，造成电枢绕组及换向器短路故障的主要原因有以下几点。

① 绕组产生短路故障的原因。

a. 电动机长期超载运行使绕组严重发热，绝缘受损而短路。

b. 电刷与换向器之间摩擦下的炭粉、铜屑等残留物累积在换向片之间的沟槽中而产生片间短路。

c. 电枢绕组线圈组之间的高电压，以及换向器激烈换向过程而感生的极高电动势，都很容易击穿绕组绝缘而造成短路。

d. 机械性碰撞导致电枢绕组严重损伤而短路。

e. 被拖动机械轴承损坏或卡住，致使直流并励电动机相当于超载运行，使绕组发热受损短路。

② 检查方法。

a. 外观检查：励磁绕组短路可分为主磁极线圈、换向极线圈、补偿极线圈的匝间短路。绕组发生短路时将会在短路线圈内产生很大的短路电流，并导致线圈迅速发热冒烟、发出焦臭气味以及绝缘物因高温而变色等。除一些极轻微的匝间短路外，较严重的磁极线圈短路故障经仔细目测一般均能找到其位置。

b. 电阻法检查：用电阻法检测时，应先确定主磁极绕组、换向极绕组和补偿极绕组是哪套绕组短路。然后用电桥表逐一测量该套绕组各磁极线圈的电阻值，当某一磁极线圈的电阻值明显比其他线圈的电阻小时，该磁极线圈内就极可能存在短路故障。电阻法适用于小型直流电机的并励或串励绕组的短路故障检查。当励磁绕组较大时可用万用表或单臂电桥测量，若其电阻值相差 5% 以内一般不必处理。

c. 直流电压降法：将励磁绕组主磁极线圈按正常连接后再与直流电源相接，然后用直流电压表测量每个主磁极线圈两端的电压降，正常无短路故障时其读数应该相等。若某一个主磁极线圈的电压降偏小，则说明它极可能存在有匝间短路路障，应该返修或更换。当检测时所采用的直流电压较高且其电流接近额定值，则检测的准确性也将越高。如图 1-32 所示，由于这种接线法与极性检查时的接法相同因而经常被采用。

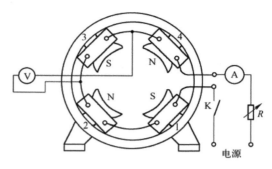

图 1-32　用电压降法检查绕组匝间短路

d. 交流电压降法：其与直流电压降法判断匝间短路的接法完全相同，只不过其采用的是交流电源和交流仪表而已。交流电压降法对匝间短路故障的反应特别灵敏，因而适用于大、中型直流电机的各种励磁绕组和小型电机的串励绕组及换向绕组。这些绕组往往由于匝数少和电阻小，所以用直流电压降法检查其匝间短路时，读数不明显，就不易鉴别其是否存在匝间短路现象。但当采用交流电压降法测量时则只要其中有一匝短路，便会形成一个二次侧短路的自耦变压器电路，其电压降将显著减小，在电压表上就可以明确显示出来。

小型直流电机并励绕组的匝间短路故障检测方法，可以采用交流电压降法进行检测。不过，由于并励绕组常用漆包圆铜线绕制，其中往往容易产生少数并不影响运行的匝间短路。如果用交流电压降法来检查将会反映出很大的电压差，因而招致一些不必要的怀疑，所以小型直流电机并励磁绕组还是以用电阻法或直流电压降法为好。

③ 绕组短路故障的处理。直流电机励磁绕组短路故障的处理应视其故障位置、损坏情况和绝缘老化程度而定，一般多采取局部修复和整体更换两种方式。如果绕组绝缘并未整体老化且短路线匝又处于线圈表层，那么可对短路的磁极线圈做局部修补处理；如果励磁绕组长年使用，线圈的绝缘已呈老化易碎状态，且短路故障位置又在磁极线圈深层之内，那么此时应重新绕制励磁线圈予以整体更换。励磁绕组短路故障的处理方法如下：

a. 换向极和补偿极绕组的磁极线圈多为粗大的扁铜导线弯制而成，并且一般匝数都比较少。对此类有短路故障的磁极线圈可采取在不变形情况下烧去其旧绝缘层，然后用与原绝缘等级相同的绝缘材料仔细垫放或包扎，并经整形、浸漆和烘干后套上磁极铁芯，重新装入直流电动机的机座即可。

b. 主磁极绕组的磁极线圈均为圆铜线或较小的绝缘扁铜线绕制而成，其匝数较多且为多层分布。如果磁极线圈的短路故障是发生在线圈表层或易于返修的位置，则可采取将短路线匝分离开并以同等绝缘垫隔离或包扎好即可；若短路磁极线圈的绝缘已整体老化、碎裂且其短路点又深处线圈内部，此时局部修补已无法解决问题，只有重绕更换新磁极线圈。

例 1-14　有一台 Z2-91-4，额定功率 $P_N=55kW$、额定电压 $U_N=220V$、额定转速 $n_N=1\ 500r/min$ 的直流并励电动机，其电枢绕组发生短路故障。

分析处理：经对该直流并励电动机做详细检测后，查明其电枢绕组短路故障是由换向片间炭粉、铜屑引起的短路，从而使电枢绕组个别线圈形成短路。将短路两换向片间沟槽用锯条清理干净后，发现电枢绕组的短路线圈损伤轻微不影响继续使用，故该电动机投入运行后，短路现象消失。

（3）断路故障。直流电动机励磁绕组由于受到机械碰撞、焊接不良和严重短路等原因，均可能使励磁绕组磁极线圈出现断路故障。

① 直流电动机电枢绕组产生断路故障的原因。

a. 电动机长期超载使换向器过热造成接线端脱焊而形成断路。

b. 电枢绕组因发生短路、接地故障而将线圈线匝烧断。

c. 机械性碰撞将电枢绕组撞断。

d. 制造工艺不良，在将电枢绕组线圈元件接至换向片被拉得过紧或线端在去除绝缘漆膜时受到损伤。

② 检查方法。绕组断路故障的检查则比较容易，它可以用兆欧表、万用表或试灯等多种方式进行检查。如图 1-33 所示用万用表检查时，将万用表的开关转至电阻挡，然后从直流电动机的接线板各套绕组的出线端查起，先找出是哪套励磁绕组已断路，接着再采用分组淘汰法检查各磁极线圈。检测时应拆开有断路故障那套绕组连接线的绝缘，测量各个磁极线圈，依次测量直至最后找出有断路故障的磁极线圈。如果断路故障点是发生在引线端、线圈之间

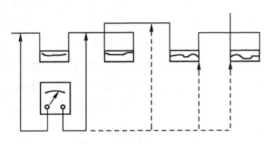

图 1-33　用万用表检查励磁绕组断路故障

连接线、线圈的表层等易于修复的地方，这时就只须将断路处的线端重新接线、焊接和包好绝缘即可；若断路故障是发生在磁极线圈的深层内，就只能更换磁极线圈。

③ 绕组断路故障的处理。按上述检查方法找出故障点，将绕组断路点重新焊接，并用绝缘材料包扎好，然后滴漆烘干即可。

例 1-15　有一台 Z2-92-4，额定功率 P_N=75kW、额定电压 U_N=220V、额定转速 n_N=1 500r/min 的直流并励电动机，其电枢绕组发生断路故障。

分析处理：经对该直流并励电动机电枢绕组所进行的全面检测，发现其断路故障是因为电动机长期超载运行，从而使换向器过热而造成线端脱焊所致。在找出脱焊的断路点并重新焊接牢固后，该电动机电枢绕组断路的故障得以排除。

本 章 小 结

通过本章的学习，主要应从以下几个方面来掌握直流电机的相关内容：

直流电机是由定子和转子两大部分组成的，定子部分包括机座、主磁极、换向磁极、补偿绕组和电刷装置，其主要作用是建立工作磁场。转子部分包括电枢铁芯、电枢绕组、换向器、转轴和轴承，其主要作用是传递电磁功率。

电枢绕组是直流电机中传递能量的关键元件，电枢绕组构成一个闭合回路并由电刷将这个回路分成几个并联支路，绕组中的电动势和电流是交流的，通过换向器和电刷输入（输出）的是直流电动势和直流电流。电枢绕组常见的连接方式有叠绕组和波绕组，不同的连接方式其允许的电压电流大小是不同的。

发电机工作的理论基础是通电导体在周围产生磁场和在磁场中运动的导体将产生感应电动势。电动机

工作的理论基础是通电导体在周围产生磁场和通电导体在磁场中受力。

电枢磁场对励磁磁场的影响叫电枢反应。电枢反应将使磁场削弱并产生畸变，其结果是使功率下降并造成换向的困难。

电机工作时在电枢绕组上将产生感应电动势，大小为 $E_a = C_e \Phi n$，对发电机而言是输出电动势，对电动机而言是反电动势。同时还将产生电磁转矩，大小为 $T_{em} = C_T \Phi I_a$，对发电机而言是阻转矩，对电动机而言是拖动转矩。

良好的换向是保证直流电机正常使用的重要因素，过大的换向火花会损坏换向器和电刷。直线换向是一种理想的换向，超前换向和延迟换向都会增大火花。安装换向磁极和补偿绕组以及选择合适的电刷都是为减小换向火花。

直流电动机按励磁方式的不同可分为他励、并励、串励和复励直流电动机，各种励磁方式的运行性能不同。直流电动机内部物理量之间的关系主要由电动势平衡方程式、转矩平衡方程式、功率平衡方程式来反映，外部运行性能主要由转速特性、转矩特性、效率特性来反映。

习　题　1

一、填空题

1.1　直流电动机主磁极的作用是产生_____，它由_____和_____两大部分组成。

1.2　直流电动机的电刷装置主要由_____、_____、_____、_____和_____等部件组成。

1.3　电枢绕组的作用是产生_____或流过_____而产生电磁转矩实现机电能量转换。

1.4　电动机按励磁方式分类，有_____、_____、_____和_____等。

1.5　在直流电动机中产生的电枢电动势 E_a 方向与外加电源电压及电流方向_____，称为_____，用来与外加电压相平衡。

1.6　直流电动机吸取电能在电动机内部产生的电磁转矩，一小部分用来克服摩擦及铁耗所引起的转矩，主要部分就是轴上的有效_____转矩，它们之间的平衡关系可用_____表示。

二、判断题（在括号内打"√"或打"×"）

1.7　直流发电机和直流电动机作用不同，所以其基本结构也不同。（　　）

1.8　直流电动机励磁绕组和电枢绕组中流过的都是直流电流。（　　）

1.9　电枢反应不仅使合成磁场发生畸变，还使得合成磁场减小。（　　）

1.10　直流电机的电枢电动势的大小与电机结构、磁场强弱、转速有关。

1.11　直流电动机的换向是指电枢绕组中电流方向的改变。（　　）

三、选择题（将正确答案的序号填入括号内）

1.12　直流电动机在旋转一周的过程中，某一个绕组元件（线圈）中通过的电流是（　　）。

　　A．直流电流　　　　　　　　B．交流电流　　　C．互相抵消，正好为零

1.13　在并励直流电动机中，为改善电动机换向而装设的换向极，其换向绕组（　　）。

　　A．应与主极绕组串联

　　B．应与电枢绕组串联

　　C．应由两组绕组组成，一组与电枢绕组串联，另一组与电枢绕组并联

1.14　直流电动机的额定功率 P_N 是指电动机在额定工况下长期运行所允许的（　　）。

　　A．从转轴上输出的机械功率　　B．输入电功率　　　C．电磁功率

1.15 直流电动机铭牌上的额定电流是。（　　）。

　　A．额定电枢电流　　　B．额定励磁电流　　　C．电源输入电动机的电流

四、简答题

1.16 有一台复励直流电动机，其出线盒标志已模糊不清，试问如何用简单的方法来判别电枢绕组、并励绕组和串励绕组？

1.17 为什么直流电动机的定子铁芯用整块钢材料制成，而转子铁芯却用硅钢片叠成？

1.18 写出直流电动机的功率平衡方程式，并说明方程式中各符号所代表的意义。式中哪几部分的数值与负载大小基本无关？

1.19 直流电机电枢绕组中的电动势和电流是直流吗？励磁绕组中的电流是直流还是交流？为什么将这种电机叫直流电机？

1.20 什么是电枢反应？电枢反应对电机气隙磁场有什么影响？

1.21 什么是直流电机的换向？研究换向有何实际意义？根据换向时电流变化的特点有哪几种形式的换向？哪种形式较理想？有哪些方法可以改善换向以达到理想的换向？

五、计算题

1.22 有一台 $P_N=100\ kW$ 的他励电动机，$U_N=220\ V$，$I_N=517\ A$，$n_N=1200\ r/min$，$R_t=0.05\ \Omega$，空载损耗 $\Delta P_0=2\ kW$。试求：

（1）电动机的效率 η；

（2）电磁功率 P；

（3）输出转矩 T_2。

1.23 一台并励直流电动机，铭牌数据为 $P_N=96kW$，$U_N=440V$，$I_N=255A$，$I_{fN}=5A$，$n_N=1\,550r/min$，并已知 $R_a=0.087\Omega$。试求：

（1）电动机的额定输出转矩 T_N；

（2）电动机的额定电磁转矩 T_{em}；

（3）电动机的理想空载转速 n_0。

第2章 直流电动机的电力拖动

内容提要

本章首先介绍电力拖动系统中联系电动机和负载的运动方程式，其次介绍了电动机的机械特性和生产机械的负载转矩特性，然后运用方程式和特性曲线来研究直流电动机运行的 4 个基本问题——启动、反转、制动、调速的性能和应用计算的问题；还介绍了实际多轴传动系统的简化方法。

电力拖动系统是由电动机来拖动生产机械系统，生产机械称为电动机的负载。电力拖动系统一般由控制设备、电动机、传动机构、生产机械和电源 5 部分组成，如图 2-1 所示。

电动机作为原动机，通过传动机构带动生产机械执行某一生产任务；控制设备是由各种控制电机、电器、自动化元件及工业控制计算机、可编程序控制器等组成的，用以控制电动机的运转，

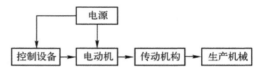

图 2-1 电力拖动系统组成示意图

从而对生产机械的运动实现自动控制；电源的作用是向电动机和其他电气设备供电。最简单的电力拖动系统如日常生活中的电风扇、洗衣机、工业生产中的水泵等，复杂的电力拖动系统如轧钢机、电梯等。

直流电动机的最大优点是具有线性的机械特性，其启动、制动和调速性能优异，因此，广泛应用于对拖动性能要求较高的电气自动化系统中。启动是拖动的第一个工作环节，如何使得启动电流的大小和启动转矩的大小符合要求、启动设备简单是分析的主要内容。

电动机拖动的生产机械，常常需要改变运动方向，例如起重机、刨床、轧钢机等，这就需要电动机能快速地正反转。

生产机械在必要时常需要限制运行速度或快速停车，例如电车下坡和刹车时，起重机下放重物时，机床反向运动开始时，都需要电动机进行制动。

调速是为了满足负载对拖动性能的要求、对效率的要求、对安全的要求等而提出来的，不同的调速方法适用于不同的负载要求，需要熟悉各种调速方法和性能特点。

对直流电动机启动、制动、正反转、调速的分析都是利用机械特性来进行的。所以，认识和熟悉直流电动机的机械特性是学习拖动性能的基础。

2.1 电力拖动系统的运动方程式

电力拖动系统是由电动机拖动并通过传动机构带动生产机械运转的一个动力学整体，它所用的电动机种类很多，生产机械的性质也各不相同，但从动力学的角度看，它们都服从动力学的统一规律，因此，需要找出它们普遍的运动规律，进行分析。首先研究电力拖动系统

的动力学，建立电力拖动系统的运动方程式。

2.1.1　单轴拖动系统的运动方程式

所谓单轴拖动系统是指电动机输出轴直接拖动生产机械运转的系统，如图 2-2 所示。

根据牛顿第二定律，物体做直线运动时，作用在物体上的拖动力 F 总是与阻力 F_L 以及速度变化时产生的惯性力 ma 所平衡，其运动方程式为：

$$F - F_L = ma$$

式中，F——拖动力（N）；

$\quad\quad F_L$——阻力（N）；

$\quad\quad m$——物体的质量（kg）；

$\quad\quad a$——物体获得的加速度（m/s^2）。

上式也可写成：

$$F - F_L = m\,\frac{\mathrm{d}v}{\mathrm{d}t}$$

式中，v——物体运动的线速度（m/s）。

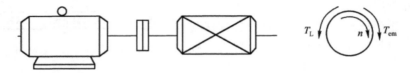

图 2-2　单轴电力拖动系统及轴上转矩

与直线运动时相似，做旋转运动的拖动系统的运动平衡方程式为：

$$T_{em} - T_L = J\,\frac{\mathrm{d}\omega}{\mathrm{d}t} \tag{2-1}$$

式中，T_{em}——电动机的拖动转矩（电磁转矩）（N·m）；

$\quad\quad T_L$——生产机械的阻力矩（负载转矩）（N·m）；

$\quad\quad \omega$——拖动系统的旋转角速度（rad/s）；

$\quad\quad J$——拖动系统的转动惯量（kg·m^2）。

转动惯量 J 可用下式表示：

$$J = m\rho^2 = \frac{G}{g}\left(\frac{D}{2}\right)^2 = \frac{GD^2}{4g} \tag{2-2}$$

式中，m——转动体的质量（kg）；

$\quad\quad G$——转动体所受的重力（N），$G = mg$；

$\quad\quad g$——重力加速度（m/s^2）；

$\quad\quad \rho$——转动体的转动半径（m）；

$\quad\quad D$——转动体的转动直径（m）。

将角速度 $\omega = \dfrac{2\pi n}{60}$ 和式（2-2）代入式（2-1）中，可得到在工程实际计算中常用的运动方程式：

$$T_{\mathrm{em}} - T_{\mathrm{L}} = \frac{GD^2}{375} \cdot \frac{\mathrm{d}n}{\mathrm{d}t} \qquad (2\text{-}3)$$

式中，GD^2——转动物体的飞轮矩（N·m^2）；

$GD^2 = 4gJ$，它是电动机飞轮矩和生产机械飞轮矩之和，为一个整体的物理量，反映了转动体的转动惯性大小。

电动机和生产机械各旋转部分的飞轮矩可在相应的产品目录中查到。

2.1.2 运动方程式中正负号的规定

在电力拖动系统中，随着生产机械负载类型和工作状况的不同，电动机的运行状态将发生变化，即作用在电动机转轴上的电磁转矩（拖动转矩）T_{em} 和负载转矩（阻转矩）T_{L} 的大小和方向都可能发生变化。因此，运动方程式（2-3）中的转矩 T_{em} 和 T_{L} 是带有正负号的代数量。在应用运动方程式时，必须考虑转矩、转速的正负号，一般规定如下：

（1）首先选定顺时针或逆时针中的某一个方向为规定正方向，为减少公式中的负号，一般多以电动机通常处于电动状态时的旋转方向为规定正方向。

（2）转速的方向与规定正方向相同时为正，相反时为负。

（3）电磁转矩 T_{em} 的方向与规定正方向相同时为正，相反时为负。

（4）负载转矩 T_{L} 与规定正方向相反时为正，相同时为负，如图 2-3 所示。

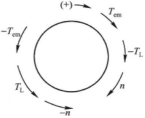

图 2-3　正方向规定

惯性转矩 $\dfrac{GD^2}{375} \cdot \dfrac{\mathrm{d}n}{\mathrm{d}t}$ 的大小及正负号由 T_{em} 和 T_{L} 的代数和决定。

2.1.3 拖动系统的运动状态分析

一个电力拖动系统是处于静止或匀速，还是加速或减速，可以根据运动方程式来判定。

先按规定确定运动方程式各转矩转速的正负号，再通过运动方程式来判断拖动系统的运动状态。

（1）当 $T_{\mathrm{em}} = T_{\mathrm{L}}$ 时，$\mathrm{d}n/\mathrm{d}t = 0$，则 $n = 0$ 或 $n = $ 常数，即电力拖动系统处于静止不动或匀速运行的稳定状态。

（2）当 $T_{\mathrm{em}} > T_{\mathrm{L}}$ 时，$\mathrm{d}n/\mathrm{d}t > 0$，电力拖动系统处于加速状态。

（3）当 $T_{\mathrm{em}} < T_{\mathrm{L}}$ 时，$\mathrm{d}n/\mathrm{d}t < 0$，电力拖动系统处于减速状态。

由此可知，系统在 $T_{\mathrm{em}} = T_{\mathrm{L}}$ 稳定运行时，一旦受到外界的干扰，平衡被打破，转速将会变化。对于一个稳定系统来说，要求具有恢复平衡状态的能力。

当 $T_{\mathrm{em}} \neq T_{\mathrm{L}}$ 时，系统处于加速或减速运动状态，其加速度或减速度 $\mathrm{d}n/\mathrm{d}t$ 与飞轮力矩 GD^2 成反比。飞轮力矩 GD^2 越大，系统惯性越大，转速变化就越小，系统稳定性好，灵敏度低；惯性越小，转速变化越大，系统稳定性差，灵敏度高。

2.1.4 多轴拖动系统中的运动方程式

在生产实际中，许多生产机械为了满足工作的需要，工作机构的速度往往与电动机的转速不同，因此在电动机与工作机构之间须装设变速机构，如皮带变速、齿轮变速和蜗轮蜗杆变速等。这时的电力拖动系统就称为多轴的拖动系统，如图 2-4 所示。

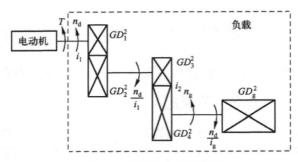

图 2-4　多轴电力拖动系统

对于多轴电力拖动系统，一般不用详细研究每一根轴上的力学问题，而只须以电动机轴为研究对象，这时就需要把工作机构与传动机构合起来等效为一个负载。这样，一个实际的多轴拖动系统就可简化等效成如图 2-2 所示的单轴拖动系统。

等效单轴拖动系统的运动方程式为：

$$T_{em} - T_L = \frac{GD^2}{375} \cdot \frac{dn}{dt}$$

式中，T_{em} 为电动机的电磁转矩；

　　　T_L 为折算到电动机轴上的等效负载转矩；

　　GD^2 为电动机轴上的总飞轮矩，它包括电动机转子本身的飞轮矩 DG_d^2、折算到电动机袖上的传动机构飞轮矩 DG_i^2 和负载飞轮矩 DG_L^2。

转矩和飞轮矩的折算将随工作机构运动形式的不同而不同，下面分别加以讨论。

1．旋转运动

（1）转矩的折算。工作机构为旋转运动的例子如图 2-4 所示。若不考虑传动机构的损耗，则折算前后功率应保持恒定，也就是说，工作机构折算到电动机轴上的功率应等于工作机构的功率，即：

$$T_L \Omega = T_g \Omega_g$$

$$T_L = \frac{T_g \Omega_g}{\Omega} = \frac{T_g n_g}{n_d} = \frac{T_g}{i} \tag{2-4}$$

式中，T_L 为工作机构折算到电动机轴上的转矩；

　　　T_g 为工作机构的实际负载转矩；

　　　Ω 为电动机转轴的角速度；

　　　Ω_g 为工作机构转轴的角速度；

　　　n_d 为电动机转轴的转速；

　　　n_g 为工作机构转轴的转速。

$i = i_1 \cdot i_2 = \frac{n_d}{n_g}$ 为传动机构的总转速比，其中 i_1、i_2 分别为第一、二级转速比。通常传动机构是减速的，即 $n_g < n_d$，故 $i > 1$；若传动机构是增速的，则 $n_g > n_d$，$i < 1$。

若考虑传动机构的传动效率，损耗应由电动机提供，即总的负载转矩应大于输出的负载转矩，则：

$$T_L \Omega = \frac{T_g \Omega_g}{\eta_c}$$

$$T_L = \frac{T_g \Omega_g}{\eta_c \cdot \Omega} = \frac{T_g n_g}{\eta_c \cdot n_d} = \frac{T_g}{\eta_c \cdot i} \tag{2-5}$$

式中，η_c 为传动机构的传动效率，它是各级传动效率的乘积。

负载转矩折算的原则是折算前后的功率不变。

（2）飞轮矩的折算。在多轴拖动系统中，传动机构为电动机负载的一部分。因此，负载飞轮矩折算到电动机轴上的飞轮矩包括有工作机构部分的飞轮矩和传动机构部分的飞轮矩，然后再与电动机转子的飞轮矩相加就为等效单轴系统的总飞轮矩。负载飞轮矩折算的原则是折算前后拖动系统的动能保持不变。

因为，旋转物体的动能表示式为：

$$\frac{1}{2} J \Omega^2 = \frac{1}{2} \frac{GD^2}{4g} \left(\frac{2\pi n}{60} \right)^2 \approx \frac{GD^2 n^2}{7\,149}$$

因此，负载飞轮矩折算的计算式为：

$$\frac{GD_L^2 \cdot n_d^2}{7\,149} = \frac{GD_1^2 \cdot n_d^2}{7\,149} + \frac{GD_2^2 + GD_3^2}{7\,149} \cdot \frac{n_d^2}{i_1^2} + \frac{GD_4^2 + GD_g^2}{7\,149} \cdot \frac{n_d^2}{i_1^2 \cdot i_2^2}$$

化简得：

$$GD_L^2 = GD_1^2 + \frac{GD_2^2 + GD_3^2}{i_1^2} + \frac{GD_4^2 + GD_g^2}{i_1^2 \cdot i_2^2} \tag{2-6}$$

式中，GD_L^2 为折算到电动机轴上的负载飞轮矩；

GD_1^2、GD_2^2、GD_3^2、GD_4^2 则分别为传动机构各个齿轮的飞轮矩；

GD_g^2 为工作机构部分的飞轮矩。

由式（2-6）可知，传动机构各轴折算到电动机轴上的飞轮矩应为各轴上的飞轮矩除以电动机与该轴的转速比平方。

于是，折算后拖动系统总飞轮矩为：

$$GD^2 = GD_d^2 + GD_L^2 \tag{2-7}$$

式中，GD_d^2 为电动机转子本身的飞轮矩。

2．平移运动

（1）转矩的折算。某些生产机械的工作机构作平移运动，如刨床的工作台。刨床拖动系统示意图如图 2-5 所示，这种运动的折算方法与旋转运动有所不同，但折算原则仍然是折算前后的功率不变。

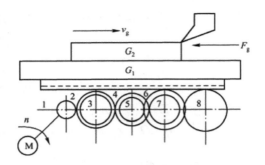

图 2-5 刨床拖动系统示意图

设 F_g 为工作机构作平移运动时所克服的阻力（N），v_g 为工作机构移动的速度（m/s），则工作机构所需功率为：

$$P_g = F_g v_g$$

根据折算前后的功率不变的原则，并考虑到传动系统的损耗，折算到电动机轴上的负载转矩的计算式推导如下：

因为
$$T_L \Omega = F_g v_g / \eta_c$$

所以

$$T_L = \frac{F_g v_g}{\eta_c \Omega} = \frac{F_g v_g}{\eta_c \dfrac{2\pi n_d}{60}} = 9.55 \frac{F_g v_g}{\eta_c n_d} \tag{2-8}$$

式中，T_L 为工作机构折算到电动机轴上的转矩；

　　　　Ω 为电动机转轴的角速度；

　　　　n_d 为电动机转轴的转速；

　　　　η_c 为传动机构的传动效率。

（2）飞轮矩的折算。设 m_g、$G_g = (G_1 + G_2)$ 分别为平移运动部分的质量（kg）和重量（N），其动能为：

$$\frac{1}{2} m_g v_g^2 = \frac{1}{2} \frac{G_g}{g} v_g^2$$

平移运动部分折算到电动机轴上的飞轮矩应满足折算前后的动能不变的原则，即：

$$\frac{1}{2} \frac{G_g}{g} v_g^2 = \frac{GD_{Lg}^2 n_d^2}{7149}$$

于是：

$$GD_{Lg}^2 = \frac{7149 G_g v_g^2}{2g \cdot n_d^2} = 365 \frac{G_g v_g^2}{n_d^2} \tag{2-9}$$

式中，GD_{Lg}^2 为平移运动部分析算到电动机轴上的飞轮矩。

传动机构等转动部分的飞轮矩折算与旋转运动时的传动机构折算方法相同。

3. 升降运动

（1）转矩的折算。某些生产机械的工作机构是作升降运动，如起重机、提升机和电梯等。虽然升降运动和平移运动都属于直线运动，但各有特点。现以起重机为例，讨论其折算方法。如图 2-6 所示为起重机拖动系统示意图。

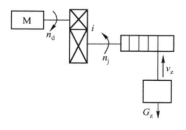

图 2-6　起重机拖动系统示意图

图 2-6 中，电动机通过传动机构拖动一卷筒，卷筒上的钢丝绳悬挂一重物。设 G_Z 为重物重量，R 为卷筒的半径，n_j 为卷筒的转速，i 为转速比。

① 提升重物时负载转矩的折算。提升重物时，重物对卷筒轴的负载转矩为 $G_Z R$。由于提升重物时传动机构的损耗由电动机负担，因此折算到电动机轴上的负载转矩为：

$$T_L = \frac{G_Z R}{i \cdot \eta_c} \qquad (2\text{-}10)$$

式中，η_c 为传动效率。

② 下放重物时负载转矩的折算。下放重物时，重物对卷筒轴的负载转矩仍为 $G_Z R$。但由于下放重物时传动机构的损耗不由电动机负担，而是由负载来负担，因此折算到电动机轴上的负载转矩为：

$$T_L = \frac{G_Z R}{i} \eta_c \qquad (2\text{-}11)$$

式中，η_c 为传动效率。

比较式（2-10）和式（2-11）可以看出，同一重物在提升和下放时折算后的负载转矩是不一样的。下放时折算后的负载转矩小于提升时折算后的负载转矩。

（2）飞轮矩的折算。升降运动的飞轮矩折算与平移运动相同。故升降部分折算到电动机轴上的飞轮矩为：

$$GD_{LZ}^2 = 365 \frac{G_Z v_Z^2}{n_d^2}$$

式中，GD_{LZ}^2 为升降部分折算到电动机轴上的飞轮矩；

v_Z 为重物提升或下放的速度；

n_d 为电动机转轴的转速。

例 2-1　在传动机构为齿轮变速的如图 2-4 所示的电力拖动系统中，已知工作机构的转矩 T_g 为 240N·m，转速 n_g 为 128r/min；转速比 $i_1=2.4$，$i_2=3.2$；传动效率 $\eta_1=0.94$，$\eta_2=0.92$；飞轮矩 $GD_d^2=6.4$N·m²，$GD_1^2=1.2$N·m²，$GD_2^2=2.6$N·m²，$GD_3^2=1.4$N·m²，$GD_4^2=2.8$N·m²，$GD_g^2=25$N·m²；忽略电动机空载转矩。求：

（1）折算到电动机轴上的负载转矩 T_L；

（2）折算到电动机轴上系统的总飞轮矩 GD^2。

解：（1）折算到电动机轴上的负载转矩 T_L。

总传动效率：$\qquad \eta_c = \eta_1 \cdot \eta_2 = 0.94 \times 0.92 = 0.8648$

总转速比：$\qquad i = i_1 \cdot i_2 = 2.4 \times 3.2 = 7.68$

负载转矩：$\qquad T_L = \dfrac{T_g}{\eta_c \cdot i} = \dfrac{240}{0.864\,8 \times 7.68} = 36.14 \text{N} \cdot \text{m}$

（2）折算到电动机轴上系统的总飞轮矩 GD^2。

负载飞轮矩：$\quad GD_L^2 = GD_1^2 + \dfrac{GD_2^2 + GD_3^2}{i_1^2} + \dfrac{GD_4^2 + GD_g^2}{i_1^2 \cdot i_2^2}$

$$= 1.2 + \frac{2.6 + 1.4}{2.4^2} + \frac{2.8 + 25}{2.4^2 \cdot 3.2^2} = 1.2 + 0.694\,4 + 0.471\,3 = 2.366 \text{N} \cdot \text{m}$$

总飞轮矩：$\quad GD^2 = GD_d^2 + GD_L^2 = 6.4 + 2.366 = 8.77 \text{N} \cdot \text{m}$

例 2-2 起重机的传动机构如图 2-6 所示。已知重物 $G_z = 120\text{kg}$，卷筒半径 $R = 0.35\text{m}$，齿轮转速比 $i = 6.4$，升降重物时的效率 $\eta_c = 0.91$，提升重物的速度 $v_z = 0.86\text{m/s}$，电动机转子飞轮 $GD_d^2 = 56.8 \text{N} \cdot \text{m}^2$，齿轮飞轮矩 $GD_1^2 = 3.4 \text{N} \cdot \text{m}^2$，$GD_2^2 = 15.6 \text{N} \cdot \text{m}^2$，卷筒飞轮矩 $GD_R^2 = 40.2 \text{N} \cdot \text{m}^2$；忽略电动机空载转矩。求：

（1）折算到电动机轴上的负载转矩 T_L；

（2）折算到电动机轴上系统的总飞轮矩 GD^2。

解：（1）折算到电动机轴上的负载转矩。

提升重物时，折算到电动机轴上的负载转矩为：

$$T_L = \frac{G_z R}{i \cdot \eta_c} = \frac{120 \times 9.8 \times 0.35}{6.4 \times 0.91} = 70.67 \text{N} \cdot \text{m}$$

下降重物时，折算到电动机轴上的负载转矩为：

$$T_L = \frac{G_z R}{i} \cdot \eta_c = \frac{120 \times 9.8 \times 0.35}{6.4} \times 0.91 = 58.52 \text{N} \cdot \text{m}$$

（2）折算到电动机轴上系统的总飞轮矩。

提升重物时电动机的转速为：

$$n_d = i \cdot \frac{60 v_z}{2\pi R} = 6.4 \times \frac{60 \times 0.86}{2\pi \times 0.35} = 150.2 \text{r/min}$$

负载飞轮矩为：

$$GD_L^2 = GD_1^2 + \frac{GD_2^2 + GD_R^2}{i^2} + 365 \frac{G_z v_z^2}{n_d^2}$$

$$= 3.4 + \frac{15.6 + 40.2}{6.4^2} + 365 \times \frac{120 \times 9.8 \times 0.86^2}{150.2^2} = 18.83 \text{N} \cdot \text{m}$$

总飞轮矩为：

$$GD^2 = GD_d^2 + GD_L^2 = 57.8 + 18.83 = 76.63 \text{N} \cdot \text{m}$$

2.2 生产机械的负载转矩特性

生产机械运行时常用负载转矩标志其负载的大小。不同的生产机械的转矩随转速变化规律不同，用负载转矩特性来表征，即生产机械的转速 n 与负载转矩 T_L 之间的关系 $n = f(T_L)$。各种生产机械特性大致可归纳为恒转矩负载特性、恒功率负载特性、通风机型负载特性 3 种类型。

2.2.1 恒转矩负载特性

所谓恒转矩负载是指生产机械的负载转矩 T_L 的大小不随转速 n 变化，T_L 的大小为常数，这种特性称为恒转矩负载特性。根据负载转矩的方向特点又分为反抗性和位能性负载两种。

1. 反抗性恒转矩负载

反抗性恒转矩负载的特点是负载转矩的大小不变，但负载转矩的方向始终与生产机械运动的方向相反，总是阻碍电动机的运转，当电动机的旋转方向改变时，负载转矩的方向也随之改变，始终是阻转矩。属于这类特性的生产机械有轧钢机和机床的平移机构等。其负载特性如图 2-7 所示。

2. 位能性恒转矩负载

这种负载的特点是负载转矩由重力作用产生，不论生产机械运动的方向变化与否，负载转矩的大小和方向始终不变。例如，起重设备提升重物时，负载转矩为阻转矩，其作用方向与电动机旋转方向相反，当下放重物时，负载转矩变为驱动转矩，其作用方向与电动机旋转方向相同，促使电动机旋转。其负载特性如图 2-8 所示。

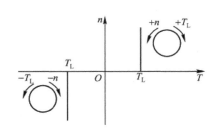

图 2-7　反抗性恒转矩负载特性

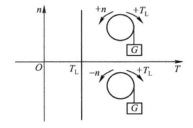

图 2-8　位能性恒转矩负载特性

2.2.2 恒功率负载特性

恒功率负载的方向特点是属于反抗性负载；其大小特点是当转速变化时，负载从电动机吸收的功率为恒定值：

$$P_L = T_L \omega = T_L \cdot \frac{2\pi n}{60} = \frac{2\pi}{60} \cdot T_L n = 常数$$

即负载转矩与转速成反比。例如，一些机床切削加工，车床粗加工时，切削量大（T_L 大），用低速挡；精加工时，切削量小（T_L 小），用高速挡。恒功率负载特性曲线如图 2-9 所示。

2.2.3 通风机型负载特性

通风机型负载的方向特点是属于反抗性负载；大小特点是负载转矩的大小与转速 n 的平方成正比，即：

$$T_L = Kn^2$$

式中，K——比例常数

常见的这类负载如风机、水泵、油泵等。其负载特性曲线如图 2-10 所示。

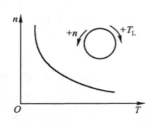
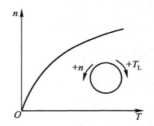

图 2-9　恒功率负载特性曲线　　　图 2-10　通风机负载特性曲线

应该指出，以上 3 类是典型的负载特性，实际生产机械的负载特性常为几种类型负载的相近或综合。例如，起重机提升重物时，电动机所受到的除位能性负载转矩外，还要克服系统机械摩擦所造成的反抗性负载转矩，所以电动机轴上的负载转矩 T_L 应是上述两个转矩之和。

2.3　他励直流电动机的机械特性

他励直流电动机的机械特性是指电动机在电枢电压、励磁电流、电枢总电阻为恒值的条件下，电动机转速 n 与电磁转矩 T_{em} 的关系曲线 $n = f(T_{em})$ 或电动机转速 n 与电枢电流 I_a 的关系曲线 $n = f(I_a)$，后者也就是转速调整特性。由于转速和转矩都是机械量，所以把它称为机械特性。利用机械特性和负载转矩特性可以确定拖动系统的稳定转速，在一定条件下还可以利用机械特性和运动方程式分析拖动系统的动态运动情况，如转速、转矩及电流随时间的变化规律。可见，电动机的机械特性对分析电力拖动系统的启动、调速、制动等运行性能是十分重要的。

2.3.1　机械特性方程式

如图 2-11 所示是他励直流电动机的电路原理图，他励直流电动机的机械特性方程式，可由他励直流电动机的基本方程式导出。由式（1-18）和式（1-13），可求得机械特性方程式：

$$n = \frac{U}{C_e\Phi} - \frac{R}{C_e C_T \Phi^2}T_{em} \qquad (2\text{-}12)$$

当电源电压 U、电枢回路总电阻 R、励磁磁通 Φ 均为常数时，电动机的机械特性如图 2-12 所示，是一条向下倾斜的直线，这说明加大电动机的负载，会使转速下降。特性曲线与纵轴

的交点为 $T_{em} = 0$ 时的转速 n_0，称为理想空载转速。

$$n_0 = \frac{U}{C_e\Phi} \qquad (2\text{-}13)$$

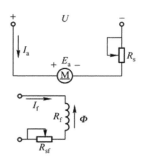

图 2-11 他励直流电动机电路原理图

图 2-12 他励直流电动机的机械特性

实际上，当电动机旋转时，不论有无负载，总存在有一定的空载损耗和相应的空载转矩，所以电动机的实际空载转速 n_0' 将低于 n_0。由此可见式（2-12）的右边第二项即表示电动机带负载后的转速降，用 Δn 表示，则

$$\Delta n = \frac{R}{C_e C_T \Phi^2} T_{em} = \beta T_{em} \qquad (2\text{-}14)$$

式中，β——机械特性曲线的斜率

β 越大，Δn 越大，机械特性就越"软"，通常称 β 大的机械特性为"软"特性。一般他励电动机在电枢没有外接电阻时，机械特性都比较"硬"。机械特性的硬度也可用额定转速调整率 Δn_N % 来说明，可参见式（1-19），转速调整率小，则机械特性硬度就高。

2.3.2 固有机械特性和人为机械特性

1．固有机械特性

固有机械特性是当电动机的电枢工作电压和励磁磁通均为额定值，电枢电路中没有串入附加电阻时的机械特性，其方程式为：

$$n = \frac{U_N}{C_e\Phi_N} - \frac{R_a}{C_e C_T \Phi_N^2} T_{em}$$

固有机械特性如图 2-13 中 $R = R_a$ 的曲线所示，由于 R_a 较小，故他励直流电动机固有机械特性较"硬"。

2．人为机械特性

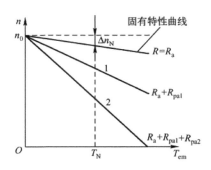

图 2-13 他励直流电动机串电阻时的机械特性

人为机械特性是人为地改变电动机电路参数或电枢电压以达到应用目的而得到的机械特性，即改变公式（2-12）中的参数所获得的机械特性，一般只改变电压、磁通、电枢附加电阻中的一个参数，他励电动机有下列三种人为机械特性。

（1）电枢串电阻时的人为机械特性。此时 $U=U_N$，$\Phi=\Phi_N$，$R=R_a+R_{pa}$，人为机械特性的方程式为：

$$n=\frac{U_N}{C_e\Phi_N}-\frac{R_a+R_{pa}}{C_eC_T\Phi_N^2}T_{em}$$

与固有特性相比，理想空载转速 n_0 不变，但转速降 Δn 增大。R_{pa} 越大，Δn 也越大，特性越"软"，如图 2-13 中曲线 1，2 所示。

这类人为机械特性是一组通过 n_0 但具有不同斜率的直线。

（2）改变电枢电压时的人为机械特性。此时 $R_{pa}=0$，$\Phi=\Phi_N$，特性方程式为：

$$n=\frac{U}{C_e\Phi_N}-\frac{R_a}{C_eC_T\Phi_N^2}T_{em}$$

由于电动机的额定电压是工作电压的上限，因此改变电压时，只能在低于额定电压的范围内变化。与固有特性相比较，特性曲线的斜率不变，理想空载转速 n_0 随电压减小成正比减小，故改变电压时的人为特性是一组低于固有机械特性而与之平行的直线，如图 2-14 所示。

（3）减弱磁通时的人为机械特性。可以在励磁回路内串接电阻 R_{pf} 或降低励磁电压 U_f 来减弱磁通，此时 $U=U_N$，$R_{pa}=0$ 特性方程式为：

$$n=\frac{U_N}{C_e\Phi}-\frac{R_a}{C_eC_T\Phi^2}T_{em}$$

由于磁通 Φ 的减少，使得理想空载转速 n_0 和斜率 β 都增大，其特性曲线如图 2-15 所示。

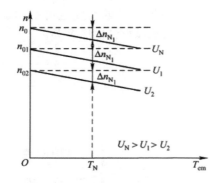
图 2-14　他励直流电动机改变电枢电压时的机械特性

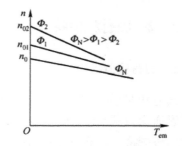
图 2-15　他励直流电动机弱磁时的机械特性

3．根据铭牌数据估算机械特性

在设计直流拖动系统时，应知道所选用直流电动机的机械特性。但电机生产厂的产品目录或铭牌数据中，并没有给出机械特性。这时可以从产品目录或铭牌数据估算出电动机的固有机械特性，再从固有机械特性和人为条件，计算所要的各种人为机械特性。

由于他励直流电动机的机械特性是一条直线，只要找到特性上的任意两点，就可以决定这条直线。通常选择理想空载点（n_0，0）和额定工作点（n_N，T_N）这两个特殊点。额定转速在产品目录或铭牌数据中是已知的，所以只需要求出 n_0 和 T_N。

因为固有特性的理想空载转速：

$$n_0 = U_N / C_e \Phi_N$$

而

$$C_e \Phi_N = \frac{E_{aN}}{n_N} = \frac{U_N - I_N R_a}{n_N} \qquad (2\text{-}15)$$

从式（2-15）可见，只要估算出 E_{aN} 或 R_a 就能求 $C_e \Phi_N$，从而求得理想空载转速 n_0。

（1）E_{aN} 的估算：对于一般直流电动机，$E_{aN} \approx (0.90 \sim 0.97) U_N$，其中小容量电机取小系数，大容量电机取大系数。

（2）R_a 的估算：对于一般直流电动机，额定运行时铜损耗约占总损耗的 50% 左右，即

$$I_N^2 R_a = (0.4 \sim 0.7) \sum p = (0.4 \sim 0.7)(U_N I_N - P_N)$$

$$R_a = (0.4 \sim 0.7) \times \frac{U_N I_N - P_N}{I_N^2} \qquad (2\text{-}16)$$

额定电磁转矩的计算式为：

$$T_N = C_T \Phi_N I_N = 9.55 C_e \Phi_N I_N \qquad (2\text{-}17)$$

有了以上两个特殊点（n_0，0）和（n_N，T_N），就可画出电动机的固有机械特性。

例 2-3 一台他励直流电动机额定功率 $P_N=40kW$，额定电压 $U_N=220V$，额定电流 $I_N=211.5A$，额定转速 $n_N=1\,000r/min$。试估算绘制这台直流电动机的固有机械特性。

解：方法一：

估算额定电枢电动势：

$$E_{aN} \approx 0.94 U_N = 0.94 \times 220 = 206.8V$$

$$C_e \Phi_N = \frac{E_{aN}}{n_N} = \frac{206.8}{1\,000} = 0.206\,8$$

求理想空载转速：

$$n_0 = \frac{U_N}{C_e \Phi_N} = \frac{220}{0.206\,8} = 1\,063.8r/min$$

求额定电磁转矩：

$$T_N = 9.55 C_e \Phi_N I_N = 9.55 \times 0.206\,8 \times 211.5 = 417.7N \cdot m$$

因此得到固有机械特性上的两个特殊点（$1\,064$，0）和（$1\,000$，418），然后在坐标纸上画出这台直流电动机的固有机械特性。

方法二：

估算电枢回路电阻：

$$R_a = 0.42 \times \frac{U_N I_N - P_N}{I_N^2} = 0.42 \times \frac{220 \times 211.5 - 40\,000}{211.5^2} = 0.0613\Omega$$

$$C_e \Phi_N = \frac{U_N - I_N R_a}{n_N} = \frac{220 - 211.5 \times 0.0613}{1\,000} = 0.207\,0$$

求理想空载转速：

$$n_0 = \frac{U_N}{C_e \Phi_N} = \frac{220}{0.207\,0} = 1\,063r/min$$

求额定电磁转矩：

$$T_N = 9.55 C_e \Phi_N I_N = 9.55 \times 0.207\,0 \times 211.5 = 418.1 \text{N} \cdot \text{m}$$

同样可得固有机械特性上的两个特殊点（1 063，0）和（1 000，418），再在坐标纸上画出这台直流电动机的固有机械特性，如图 2-16 所示。

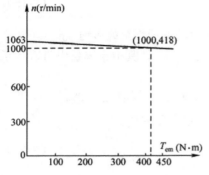

图 2-16　固有机械特性

对于这两种估算，系数的取法影响整个结果，系数分散性又较大，其准确性差。建议采用方法一，即估算额定电枢电动势方法。

例 2-4　一台他励直流电动机额定功率 P_N=22kW，额定电压 U_N=220V，额定电流 I_N=116A，额定转速 n_N=1 500r/min。试求：

（1）绘制固有特性曲线；

（2）分别绘制下列三种情况下的人为机械特性：电枢回路串入电阻 R_{pa}=0.7Ω时；电源电压降至 $0.5U_N$ 时；磁通减弱至 $2/3\Phi_N$ 时。

（3）当轴上负载转矩为额定负载时，要求电动机以 n=1 000 r/min 的速度运转，试问有几种可能的方案，并分别求出它们的人为参数值。

解：（1）绘制固有特性曲线。

估算 R_a：由 $R_a = (0.4 \sim 0.7) \times \dfrac{U_N I_N - P_N}{I_N^2}$，此处取系数 0.67，则

$$R_a = 0.67 \times \frac{220 \times 116 - 22\,000}{116^2} = 0.175\Omega$$

计算 $C_e \Phi_N$：

$$C_e \Phi_N = \frac{U_N - I_N R_a}{n_N} = \frac{220 - 116 \times 0.175}{1\,500} = 0.133$$

理想空载点：

$$T_{em} = 0$$

$$n_0 = \frac{U_N}{C_e \Phi_N} = \frac{220}{0.133} = 1\,654 \text{r/min}$$

额定工作点：

$$n = n_N = 1\,500 \text{ r/min}$$

$$T_N = 9.55 C_e \Phi_N I_N = 9.55 \times 0.133 \times 116 = 147.2 \text{N} \cdot \text{m}$$

在坐标图中连接额定点和理想空载点，即得到固有特性曲线，如图 2-17 所示。

（2）绘制人为机械特性。当电枢回路串入电阻 R_{pa}=0.7Ω时，理想空载点仍然为 n_0=1 654 r/min，当 T_{em}=T_N 时，即 I_a=116A 时，电动机的转速为：

$$n = n_0 - \frac{R_a + R_{pa}}{C_e \Phi_N} I_a = 1\,654 - \frac{0.175 + 0.7}{0.133} \times 116 = 890 \text{r/min}$$

人为机械特性为通过（0，1 654）和（147.2，890）两点的直线，如图 2-18 中曲线 1 所示。

当电源电压降至 $0.5U_N$=110V 时，理想空载点 n_0' 与电压成正比变化，所以

$$n_0' = 1\,654 \times \frac{110}{220} = 827\text{r/ min}$$

当 $T_{em}=T_N$ 时，即 $I_a=116A$ 时，电动机的转速为：

$$n = 827 - \frac{0.175}{0.133} \times 116 = 674\text{r/ min}$$

其特性为通过（0，827）和（147.2，674）两点的直线，如图 2-18 中曲线 2 所示。

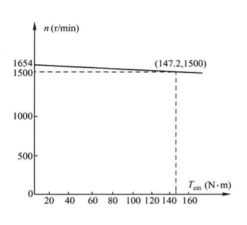

图 2-17　固有机械特性　　　　　　图 2-18　人为机械特性

当磁通减弱至 $2/3\varPhi_N$ 时，理想空载转速 n_0'' 将升高，

$$n_0'' = \frac{U_N}{\frac{2}{3}C_e\varPhi_N} = \frac{220}{\frac{2}{3} \times 0.133} = 2\,481\text{r/ min}$$

当 $T_{em}=T_N$ 时，电动机的转速为：

$$n = n_0'' - \frac{R_a}{9.55 \times \left(\frac{2}{3}C_e\varPhi_N\right)^2} \cdot T_N = 2\,481 - \frac{0.175}{9.55 \times \left(\frac{2}{3} \times 0.133\right)^2} \times 147.2 = 2\,137.7\text{r/ min}$$

其人为特性为通过（0，2 481）和（147.2，2 137.7）两点的直线，如图 2-18 中曲线 3 所示。

（3）当轴上负载转矩为额定负载时，要求电动机以 $n=1\,000$ r/min 的速度运转，可以采取两种方案：第一，电枢串电阻；第二，降低电枢电压。其参数分别计算如下：

电枢串电阻 R_{pa}：当负载为额定转矩时，电流也为额定值，所以将有关数据代入人为机械特性方程式即得：

$$1\,000 = \frac{220}{0.133} - 116 \times \frac{0.175 + R_{pa}}{0.133}$$

求解得 $R_{pa}=0.575\Omega$。

降低电枢电压：同上，将数据代入人为特性方程式得：

$$1\,000 = \frac{U}{0.133} - 116 \times \frac{0.175}{0.133}$$

求解得 $U=112.7$V，即电压由 220V 降至 112.7V。

2.3.3　电力拖动系统的稳定运行条件

设有一电力拖动系统，原来匀速运行于某一转速，由于受到外界某种短时的扰动，如负载的突然变化或电网电压波动等（注意：这种变化不是人为的控制调节），而使电动机转速发生变化，离开了原平衡状态。当外界的扰动消失后，系统能恢复到原来的转速，就称该系统能稳定运行，否则就称为不稳定运行。显然，稳定运行是拖动系统所必须满足的条件。

为了使系统能稳定运行，电动机的机械特性和负载的转矩特性必须配合得当，这就是电力拖动系统稳定运行的条件。

为了分析电力拖动系统稳定运行的问题，将电动机的机械特性和负载的转矩特性曲线画在同一张坐标图上，如图 2-19 所示。图 2-19（a）、（b）表示了电动机的两种不同的机械特性。

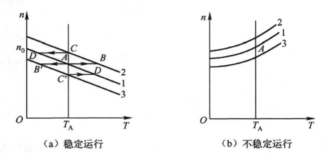

图 2-19　电力拖动系统稳定运行条件

根据运动方程式，当电动机的电磁转矩 T_{em} 等于总负载转矩 T_L 时，$d\omega/dt = 0$ 即 ω 为一定值，说明系统运行于一个确定的转速（匀速），在图 2-19（a）的情况下，系统原来运行在电动机特性曲线和负载特性曲线的交点 A 处，A 点为运行工作点。设由于外界的扰动，如电网电压波动，使机械特性偏高，由曲线 1 转为曲线 2，扰动作用使原平衡状态受到破坏，但由于惯性，转速还来不及变化，电动机的工作点瞬间从 A 点变到 B 点。这时电磁转矩将大于负载转矩，转速将沿机械特性曲线 2 由 B 增加到 C。随着转速的升高，电动机转矩也逐渐减小，最后在 C 点得到新的平衡，在一个较高的转速下稳定运行。当扰动消失后，机械特性由曲线 2 恢复到原机械特性曲线 1，这时电动机的特性由 C 点瞬间过渡到 D 点，由于电磁转矩小于负载转矩，故转速下降，最后又恢复到原运行点 A，重新达到平衡。

反之，如果电网电压波动使机械特性偏低，由曲线 1 转为曲线 3，则瞬间工作点将转到 B' 点，电磁转矩小于负载转矩，转速将由 B' 点降低到 C' 点，在 C' 点取得新的平衡；而当扰动消失后，工作点将又恢复到原工作点 A。这种情况我们就称为系统在 A 点能稳定运行，而图 2-19（b）则是一种不稳定运行的情况，读者可自己分析。

由以上分析，可得出如下结论：若两条特性曲线有交点（必要条件），且在工作点上满足

$$\frac{dT_{em}}{dn} < \frac{dT_Z}{dn} \qquad (2-18)$$

（充分条件）则系统能稳定运行，式（2-18）即为稳定运行条件。对恒转矩负载，$dT_L/dn = 0$ 则 $dT_{em}/dn < 0$ 即电磁转矩的变化与转速的变化要异号，图示则为电动机的机械特性曲线应是

往下倾斜的。显然在图 2-19（b）中的 A 点，$dT_{em}/dn > 0$，因此不能稳定运行。

由于大多数负载转矩都是随转速的升高而增大或者保持恒值，因此只要电动机具有下降的机械特性，就能满足稳定运行的条件。一般来说，电动机如果具有上升的机械特性，运行是不稳定的，但若拖动某种特殊负载，如通风机负载，那么只要能满足式（2-18）的条件，系统仍能稳定运行。

应当指出，式（2-18）所表示的电力拖动稳定运行的条件，不论对直流电动机还是交流电动机都是适用的，因而具有普遍意义。

2.4 他励直流电动机的启动

电动机转子从静止状态开始转动，转速逐渐上升，最后达到稳定运行状态的过程称为启动。电动机在启动过程中，电枢电流 I_a、电磁转矩 T_{em}、转速 n 都随时间变化，是一个过渡过程。开始启动的一瞬间，转速等于零，这时的电枢电流称为启动电流，用 I_{st} 表示，对应的电磁转矩称为启动转矩，用 T_{st} 表示。一般对直流电动机的启动有如下要求：

（1）启动转矩足够大（$T_{st} > T_L$ 电动机才能顺利启动）。

（2）启动电流 I_{st} 要限制在一定的范围内。

（3）启动设备操作方便，启动时间短，运行可靠，成本低廉。

2.4.1 直接启动

直接启动就是在他励直流电动机的电枢上直接加以额定电压的启动方式，如图 2-20 所示。启动时，先合上 Q_1 建立磁场，然后合上 Q_2 全压启动。

启动开始瞬间，由于机械惯性，电动机转速 $n = 0$，电枢绕组感应电动势 $E_a = C_e \Phi n = 0$，由电动势平衡方程式 $U = E_a + I_a R_a$ 可知：

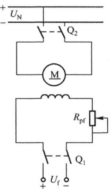

启动电流为：
$$I_{st} = \frac{U_N}{R_a} \tag{2-19}$$

启动转矩为：
$$T_{st} = C_T \Phi I_{st} \tag{2-20}$$

显然直接启动时启动电流将达到很大的数值，将出现强烈的换向火花，造成换向困难，还可能引起过流保护装置的误动作或引起电网电压的下降，影响其他设备的正常运行；同时启动转矩也很大，造成强烈的机械冲击，易使设备受损。因此，除个别容量很小的电动机外，一般直流电动机是不容许直接启动的。

图 2-20　他励直流电动机的全压启动

对于一般的他励直流电动机，为了限制启动电流，可以采用电枢回路串联电阻或降低电枢电压启动的启动方法。

2.4.2 电枢回路串电阻启动

电枢回路串电阻启动即启动时在电枢回路串入电阻，以减小启动电流 I_{st}，电动机启动后，再逐渐切除电阻，以保证足够的启动转矩。如图 2-21 所示为三级电阻启动控制接线和启动工作特性示意图。电动机启动前，应使励磁回路附加电阻为零，以使磁通达到最大值，能产生较大的启动转矩。

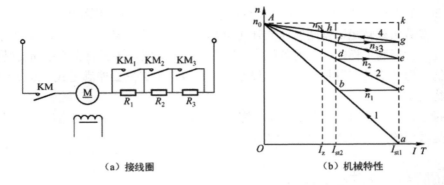

图 2-21 他励直流电动机串电阻启动的机械特性

启动开始瞬间，电枢电路中接入全部启动电阻，启动电流 $I_{st} = \dfrac{U_N}{R_a + R_1 + R_2 + R_3}$ 达到最大值，随着电动机转速的不断增加，电枢电流和电磁转矩将逐渐减小，电动机沿着曲线 1 的箭头所指的方向变化。当转速升高至 n_1，电流降至 I_{st2}（图中 b 点）时，将接触器 KM_1 触头闭合，电阻 R_1 短接，由于机械惯性转速不能突变，电动机将瞬间过渡到特性曲线 2 上的 c 点（c 点的位置可由所串电阻的大小控制），电动机又沿曲线 2 的箭头继续加速。当转速升高至 n_2 电流又降至 I_{st2}（图中 d 点）时，将接触器 KM_2 触头闭合，电阻 R_2 短接，由于机械惯性转速不能突变，电动机将瞬间过渡到特性曲线 3 上的 e 点，电动机又沿曲线 3 的箭头继续加速。

当转速升高至 n_3 电流又降至 I_{st2}（图中 f 点）时，将接触器 KM_3 触头闭合，电阻 R_3 短接，由于机械惯性转速不能突变，电动机将瞬间过渡到固有特性曲线 4 上的 g 点，电动机又沿曲线 4 的箭头继续加速，最后稳定运行在固有特性曲线上的 h 点，启动过程结束。电枢串电阻启动设备简单，操作方便，但能耗较大，它不宜用于频繁启动的大、中型电动机，可用于小型电动机的启动。

例 2-5　一台他励直流电动机的额定功率 $P_N=55kW$，额定电压 $U_N=220V$，额定电流 $I_N=287A$，额定转速 $n_N=1\,500$ r/min，电枢回路总电阻 $R_a=0.030\,2\Omega$，电动机拖动额定恒特矩负载。若采用电枢回路串电阻起动，要求将起动电流限制在 $1.8I_N$ 以内，求应串入的电阻值和起动转矩大小。

解：应串入的电阻值为：

$$R = \frac{U_N}{1.8 I_N} - R_a = \frac{220}{1.8 \times 287} - 0.030\,2 = 0.396\Omega$$

$$C_e \Phi_N = \frac{U_N - I_N R_a}{n_N} = \frac{220 - 287 \times 0.030\,2}{1\,500} = 0.140\,89$$

启动转矩为：

$$T_s = C_T \Phi_N I_s = 9.55 \times C_e \Phi_N \times 1.8 \times I_N = 9.55 \times 0.140\,89 \times 1.8 \times 287 = 695 N\cdot m$$

2.4.3　降低电枢电压启动

降低电枢电压启动，即启动前将施加在电动机电枢两端的电源电压降低，以减小启动电流 I_{st}，电动机启动后，再逐渐提高电源电压，使启动电磁转矩维持在一定数值，保证电动机按需要的加速度升速，其接线原理和启动工作特性如图 2-22 所示。较早采用发电机-电动机组实现电压调节，现已被晶闸管可控整流电源所取代。

启动时，先将励磁绕组接通电源，并将励磁电流调到额定值，然后从低向高调节电枢回路的电压。启动瞬间加到电枢两端的电压 U，在电枢回路中产生的电流不应超过（$1.5 \sim 2$）I_N。这时电动机的机械特性为图 2-22（b）中的直线 1，此时电动机的电磁转矩大于负载转矩，电动机开始旋转。随着转速升高，E_a 增大，电枢电流 $I_a=（U_1-E_a）/R_a$ 逐渐减小，电动机的电磁转矩也随着减小。当电磁转矩下降到 T_2 时，将电源电压提高到 U_2，其机械特性为图 2-22（b）中的直线 2。在升压瞬间，n 不变，E_a 也不变，因此引起 I_a 增大，电磁转矩增大，直到 T_3，电动机将沿着机械特性直线 2 升速。逐级升高电源电压，直到 $U=U_N$ 时电动机将沿着图中的点 $a \rightarrow b \rightarrow c \rightarrow \cdots \rightarrow k$，最后加速到 p 点，电动机稳定运行，降低电源电压启动过程结束。

在调节电源电压时，不能升得太快，否则会引起过大的冲击。

降压启动方法在启动过程中能量损耗小，启动平稳，便于实现自动化，但需要一套可调节的直流电源，增加了初投资。

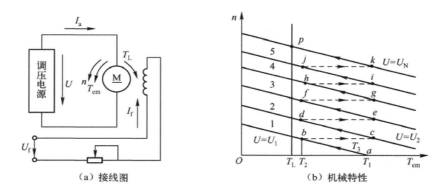

（a）接线图　　　　（b）机械特性

图 2-22　他励直流电动机降压时的机械特性

2.4.4　他励直流电动机的反转

要使电动机反转，必须改变电磁转矩的方向，而电磁转矩的方向由磁通方向和电枢电流的方向决定。所以，只要将磁通 Φ 或 I_a 任意一个参数改变方向，电磁转矩 T_{em} 即可改变方向。在控制时，通常直流电动机的反转实现方法有两种：

（1）改变励磁电流方向。保持电枢两端电压极性不变，将励磁绕组反接，使励磁电流反向，磁通即改变方向。

（2）改变电枢电压极性。保持励磁绕组两端的电压极性不变，将电枢绕组反接，电枢电流即改变方向。

由于他励直流电动机的励磁绕组匝数多，电感大，励磁电流从正向额定值变到反向额定值的时间长，反向过程缓慢，而且在励磁绕组反接断开瞬间，绕组中将产生很大的自感电动势，可能造成绝缘击穿，所以实际应用中大多采用改变电枢电压极性的方法来实现电动机的反转。但在电动机容量很大，对反转速度变化要求不高的场合，为了减小控制电器的容量，可采用改变励磁绕组极性的方法来实现电动机的反转。

2.5　他励直流电动机的电气制动

电动机的制动分机械制动和电气制动两种，这里只讨论电气制动。所谓电气制动，就是让电动机产生一个与转速方向相反的电磁转矩 T_{em}，T_{em} 起到阻碍运动的作用。

电动机的制动有两方面的意义：一是使拖动系统迅速减速停车，这时的制动是指电动机从某一转速迅速减速到零的过程，在制动过程中电动机的电磁转矩 T_{em} 起着制动的作用，从而缩短停车时间，以提高生产率；二是限制位能性负载的下降速度。这时的制动是指电动机处于某一稳定的制动运行状态，此时电动机的电磁转矩 T_{em} 起到与负载转矩相平衡的作用。例如，起重机下放重物时，若不采取措施，由于重力作用，重物下降速度将越来越快，直到超过允许的安全下放速度。为防止这种情况发生，就可以采用电气制动的方法，使电动机的电磁转矩与重物产生的负载转矩相平衡，从而使下放速度稳定在某一安全下放速度上。

上述两种情况中，前者属于过渡过程，故称为"制动过程"，后者属于稳定运行，则称为"制动运行"。

他励直流电动机的电气制动方法有：能耗制动、反接制动和回馈制动等，下面分别讨论。

2.5.1　能耗制动

1．实现方法

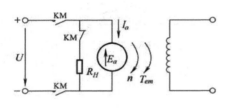

图 2-23　能耗制动原理图

如图 2-23 所示为能耗制动原理图。制动前接触器 KM 的常开触头闭合，常闭触头断开，电动机将处于正向电动稳定运行状态，即电动机电磁转矩 T_{em} 与转速 n 的方向相同（均为顺时针方向），T_{em} 为拖动性转矩。在电动运行中保持励磁不变，断开常开触头 KM 使电枢电源断开，闭合常闭触头 KM 用电阻 R_H 将电枢回路闭合，则进入能耗制动。

2．制动原理

能耗制动时，电动机励磁不变，电枢电源电压 $U=0$，由于机械惯性，制动初始瞬间转速 n 不能突变，仍保持原来的方向和大小，电枢感应电动势 E_a 也保持原来的大小和方向，而电枢电流 I_a 为：

$$I_a = \frac{U_N - E_a}{R_a + R_H} = -\frac{E_a}{R_a + R_H}$$

从上式可见，电流 I_a 变为负，说明其方向与原来电动运行时相反，因此电磁转矩 T_{em} 也反向，表明此时 T_{em} 的方向与转速 n 的方向相反，T_{em} 起制动作用，称为制动性转矩。

由于 $T_{em} - T_L < 0$，拖动系统减速。在减速过程中，E_a 逐渐减小，I_a、T_{em} 随之变小，动态转矩 $T_{em} - T_L$ 仍小于 0；拖动系统继续减速，直至 $n=0$，此时 E_a、I_a、T_{em} 都为 0。如果电动机拖动的是反抗性恒转矩负载，系统就在 $n=0$ 时停车。从能耗制动开始到拖动系统迅速减速及停车的过渡过程就叫做"能耗制动过程"。

在能耗制动过程中，电动机靠惯性旋转，电枢通过切割磁场将机械能转变成电能，再消耗在电枢回路电阻（$R_a + R_H$）上，因而称能耗制动。

3. 能耗制动的机械特性

能耗制动的机械特性方程为：

$$n = -\frac{R_a + R_H}{C_e C_T \Phi_N^2} T_{em} = -\beta_H T_{em}$$

式中，$\beta_H = \dfrac{R_a + R_H}{C_e C_T \Phi_N^2}$ 为能耗制动机械特性的斜率，与电枢回路串接电阻 R_H 时的人为机械特性的斜率相同。

从该式可知，当 $T_{em} = 0$ 时，$n = 0$，说明能耗制动的机械特性是一条通过坐标原点并与电枢回路串接电阻 R_H 的人为机械特性平行的直线，如图 2-24 所示。

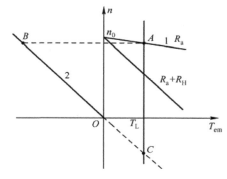

从图 2-24 可以看出，能耗制动开始，电动机的运行点从 A 瞬间过渡到 B 点，然后沿机械特性 2 转速逐渐下降。如果电动机拖动的是反抗性恒转矩负载，当 $n = 0$ 时，$T_{em} = 0$，拖动系统停车，从 B 点到坐标原点；如果电动机拖动的是位能性恒转矩负载，当 $n = 0$ 时，动态转矩 $T_{em} - T_L < 0$，系统在负载带动下将开始反向旋转，

图 2-24　能耗制动机械特性

电动机继续沿机械特性 2 运行直到 C 点（$T_{em} = T_L$）稳定运行，在 C 点上满足稳定运行的充分必要条件，因此 C 点是稳定工作点。在 C 点上 n 为负、E_a 为负、I_a 为正、T_{em} 为正，所以 T_{em} 是制动性转矩，电动机在 C 点上的稳定运行就叫做"能耗制动运行"。

在能耗制动稳定运行状态下，电动机靠位能性恒转矩负载带动旋转，电枢通过切割磁场将机械能转变成电能并消耗在电枢回路电阻（$R_a + R_H$）上，其功率转换关系和能耗制动停车过程相同，不同的是能量转换功率 $E_a I_a$ 大小在能耗制动稳定运行时是固定的，而在能耗制动停车过程中是变化的。

2.5.2　反接制动

反接制动分为电枢电压反向反接制动和倒拉反接制动。

1. 电枢电压反向反接制动

（1）实现方法。如图 2-25 所示，制动前，接触器的常开触头 KM_1 闭合，另一个接触器的常开触头 KM_2 断开，假设此时电动机处于正向电动运行状态，电磁转矩 T_{em} 与转速 n 的方向相同，即电动机的 U_N、I_a、E_a、T_{em}、n 均为正值。

在电动运行中，断开 KM_1，闭合 KM_2 使电枢电压反向并串入电阻 R_F，则进入制动。

（2）制动原理。反接制动时，加到电枢两端的电源电压为反向电压 $-U_N$，同时接入反接制动电阻 R_F。反接制动初始瞬间，由于机械惯性，转速不能突

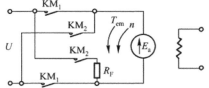

图 2-25　电枢反向反接制动原理图

变，仍保持原来的方向和大小，电枢感应电动势也保持原来的大小和方向，而电枢电流变为：

$$I_a = \frac{-U_N - E_a}{R_a + R_F} = -\frac{U_N + E_a}{R_a + R_F}$$

从上式可知，电枢电流 I_a 变负，电磁转矩 T_{em} 也随之变负，说明反接制动时 T_{em} 与 n 的方向相反，T_{em} 为制动性转矩。

由于动态转矩 $(T_{em} - T_L) < 0$，拖动系统减速，在减速过程中，E_a 逐渐减小，I_a、T_{em} 也随之变小，动态转矩仍小于 0，系统继续减速，直至 $n=0$，应立即将接触器触头 KM_1、KM_2 都断开，使电动机脱开电源，系统制动停车过程结束。

在反接制动过程中，电动机电枢电压反接，电枢电流反向，电源输入功率 $P_1 = U_N I_a > 0$；而电磁功率 $P_{em} = E_a I_a < 0$，表明机械功率被转换成电功率，从电源输入的功率和机械转换的电功率都消耗在电枢回路电阻 $(R_a + R_F)$ 上。

（3）电枢电压反向反接制动的机械特性。电枢电压反向反接制动的机械特性方程式为：

$$n = \frac{-U_N}{C_e \Phi_N} - \frac{R_a + R_F}{C_e C_T \Phi_N^2} T_{em} = -n_0 - \beta_F T_{em}$$

式中，机械特性斜率 $\beta_F = \dfrac{R_a + R_F}{C_e C_T \Phi_N^2}$。

由上式可知，电枢电压反向反接制动机械特性是一条过（0，$-n_0$）点并与电枢回路串入电阻 R_F 的人为机械特性相平行的直线，如图 2-26 所示。

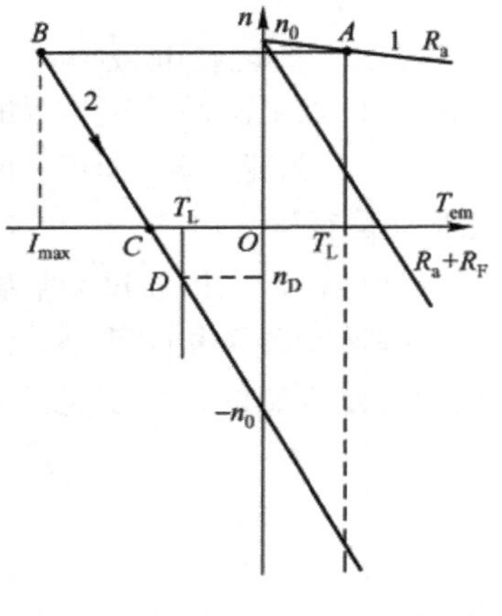

从图 2-26 可以看出，反接制动开始，电动机的运行点从 A 瞬间过渡到 B 点，然后沿机械特性曲线 2 转速下降，当到 C 点即 $n=0$ 时，电动机立即断开电源，拖动系统制动停车过程结束。从 B 点到 C 点，就是反接制动过程。

如果电动机拖动的是反抗性恒转矩负载，当反接制动过程到达 C 点时，$n=0$，$T_{em} \neq 0$，此时，若电动机不立即断开电源，若 $-T_{em} > -T_L$ 时，拖动系统将处于停车状态；若 $-T_{em} < -T_L$ 时，拖动系统将就会反向起动，直到在 D 点稳定运行。

图 2-26 电枢电压反向反接制动机械特性

反接制动制动转矩大，制动速度快，适合于要求快速制动或频繁正、反转的电力拖动系统，先用反接制动达到迅速停车，然后接着反向启动并进入反向稳态运行，反之亦然。若只要求准确停车的系统，反接制动不如能耗制动方便。

2. 倒拉反转反接制动

（1）实现方法。如图 2-27（a）所示，电动机提升重物时，将接触器 KM 常开触头断开，串入较大电阻 R_F，使提升的电磁转矩小于下降的位能转矩，拖动系统将进入倒拉反转反接制动。

（2）制动原理。进入倒拉反转反接制动时，转速 n 反向为负值，使反电势 E_a 也反向为负值，电枢电流为：

$$I_a = \frac{U_N - (-E_a)}{R_a + R_F} = \frac{U_N + E_a}{R_a + R_F}$$

电枢电流为正值，所以以电磁转矩也应为正值（保持原方向），与转速 n 方向相反，电动机运行在制动状态。此时的运行状态是由于位能负载转矩拖动电动机反转而形成的，所以称为倒拉反接制动。

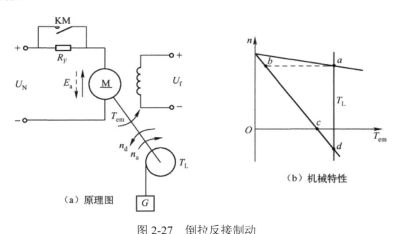

图 2-27 倒拉反接制动

在倒拉反转反接制动运行状态下，U_N、I_a 为正，电源输入功率 $P_1 = U_N I_a > 0$，而电磁功率 $P_{em} = E_a I_a < 0$，表明从电源输入的电功率和机械转换的电功率都消耗在电枢回路电阻（$R_a + R_F$）上，其功率关系与电枢电压反向反接制动时相似。

（3）倒拉反转反接制动的机械特性。倒拉反转反接制动的机械特性就是电枢回路串大电阻的人为机械特性，如图 2-27（b）所示，即：

$$n = \frac{U_N}{C_e \Phi_N} - \frac{R_a + R_F}{C_e C_T \Phi_N^2} T_{em} = n_0 - \beta_F T_{em}$$

式中，机械特性斜率 $\beta_F = \dfrac{R_a + R_F}{C_e C_T \Phi_N^2}$。

在由提升重物转为下放重物时，将 KM 触头断开，电枢电路内串接较大电阻 R_F，这时电动机转速不能突变，工作点从 a 点瞬间跳至对应的人为机械特性 b 点上，由于 $T_{em} < T_L$，电动机减速沿曲线下降至 c 点。在 c 点，$n=0$，此时仍有 $T_{em} < T_L$，在负载重物的作用下，电动机被倒拉而反转起来，重物开始下放并稳定运行在 d 点。

显而易见，下放重物的稳定运行速度可以因串入电阻 R_F 的大小不同而异，制动电阻 R_F 越大，下放速度越快。

电动机进入倒拉反接制动状态必须有位能负载反拖电动机，同时电枢回路要串入较大的电阻。在此状态中，位能负载转矩是拖动转矩，而电动机的电磁转矩是制动转矩，它抑制重物下放的速度，使之限制在安全范围之内，这种制动方式不能用于停车，只可以用于低速下放重物。

例 2-6 一台他励直流电动机的额定功率 $P_N=40\text{kW}$，额定电压 $U_N=220\text{V}$，额定电流 $I_N=207.5\text{A}$，额定转速 $n_N=1\,500\text{ r/min}$，电枢回路总电阻 $R_a=0.042\,2\Omega$。电动机拖动反抗性负载转矩运行于正向电动状态时，$T_L=0.85T_N$。求：

（1）采用能耗制动停车，并且要求制动开始时最大电磁转矩为 $1.9T_N$，电枢回路应串多大电阻？

（2）采用反接制动停车，要求制动开始时最大电磁转矩不变（仍为 $1.9T_N$），电枢回路应串多大电阻？

（3）采用反接制动若转速接近于零时不及时切断电源，问电动机最后的运行结果如何？

解：（1）采用能耗制动停车时电枢回路应串入的电阻。

正向电动运行时：

$$C_e\Phi_N = \frac{U_N - I_N R_a}{n_N} = \frac{220 - 207.5 \times 0.042\,2}{1\,500} = 0.140\,83$$

$$I_a = \frac{T_L}{C_T\Phi_N} = \frac{0.85T_N}{C_T\Phi_N} = 0.85I_N = 0.85 \times 207.5 = 176.38\text{A}$$

$$E_a = U_N - I_a R_a = 220 - 176.38 \times 0.042\,2 = 212.557\text{V}$$

$$n = \frac{E_a}{C_e\Phi_N} = \frac{212.557}{0.140\,83} = 1\,509.3\text{r}/\min$$

能耗制动时：

$$I_a = \frac{T}{C_T\Phi_N} = \frac{1.9T_N}{C_T\Phi_N} = 1.9I_N = 1.9 \times 207.5 = 394.25\text{A}$$

电枢回路应串入的电阻为：

$$R_H = \frac{-E_a}{-I_a} - R_a = \frac{212.557}{394.25} - 0.042\,2 = 0.497\Omega$$

（2）采用反接制动停车，电抠回路应串入的电阻为：

$$R_F = \frac{-U - E_a}{-I_a} - R_a = \frac{220 + 212.557}{394.25} - 0.042\,2 = 1.055\Omega$$

即要产生同样的制动转矩，反接制动应串入的电阻值约为能耗制动时的一倍。

（3）电动机最后的运行结果。

转速为 0 时：

$$I_a = \frac{-U_N}{R_a + R_F} = \frac{220}{0.042\,2 + 1.055} = 200.5\text{A}$$

$$T = 9.55 \times C_e\Phi_N I_a = 9.55 \times 0.140\,83 \times 200.5 = -269.66\text{N} \cdot \text{m}$$

$$\begin{aligned}
T_L &= 0.85 \times 9.55 \times C_e\Phi_N I_N \\
&= -0.85 \times 9.55 \times 0.140\,83 \times 207.5 = -237.2\text{N} \cdot \text{m}
\end{aligned}$$

由于 $|T| > |T_L|$，电动机反向起动，直到稳定运行在反向电动状态。

反向电动运行时：

$$I_a = \frac{-T_L}{C_T\Phi_N} = -\frac{0.85T_N}{C_T\Phi_N} = -176.38\text{A}$$

$$E_a = -U_N - I_a(R_a + R_F) = -220 + 176.38 \times (0.042\,2 + 1.055) = -26.476\text{V}$$

$$n = \frac{E_a}{C_e\Phi_N} = \frac{-26.476}{0.14083} = -188\text{r}/\min$$

最后电动机稳定运行在反向电动状态，其转速为 188 r/min。

2.5.3 回馈制动

1．实现方法

电动机在电动运行状态下，由于某种条件的变化（如带位能性负载下降、降压调速等），使电枢转速 n 超过理想空载转速 n_0，则进入回馈制动。

2．制动原理

回馈制动时，转速方向并未改变，但 $n>n_0$，使 $E_a>U$，电枢电流 $I_a=(U-E_a)/R_a<0$ 反向，电磁转矩 $T_{em}<0$ 也反向，为制动转矩。制动时 U 未改变方向，而 I_a 已反向为负，电源输入功率 $P_1=UI_a<0$；而电磁功率 $P_{em}=E_aI_a<0$，表明电机处于发电状态，将电枢转动的机械能变为电能并回馈到电网，故称回馈制动。

3．回馈制动的机械特性

由于电枢电压、电枢回路电阻、励磁磁场均与电动运行时一样，所以回馈制动的机械特性与电动状态时完全一样。而回馈制动时，$n>n_0$，I_a、T_{em} 均为负值，所以机械特性是电动状态机械特性延伸到第二象限的一条直线。下面分析一种典型的回馈制动运转状态。

如图 2-28 所示是带位能负载下降时的回馈制动机械特性，电动机电动运行带动位能性负载下降（以下降方向为规定正方向），在电磁转矩和负载转矩的共同驱动下，转速沿特性曲线 1 逐渐升高，进入回馈制动后将稳定运行在 a 点上。需要指出的是，此时电枢回路不允许串入电阻，否则将会稳定运行在很高转速的 b 点上。

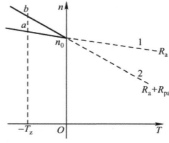

图 2-28　回馈制动机械特性

2.6　他励直流电动机的调速

为了提高劳动生产率和保证产品质量，要求生产机械在不同的情况下有不同的工作速度，如轧钢机在轧制不同品种和不同厚度的钢材时，就必须有不同的工作速度以保证生产的需要，这种人为改变速度的方法称为调速。

可以用机械的方法或电气的方法实现调速。这里只分析电气的调速方法及其性能特点。电气调速是人为地改变电气参数，有意识地使电动机工作点由一条机械特性曲线转换到另一条机械特性曲线上，为了生产需要而对电动机转速进行的一种控制，它与电动机在负载或电压随机波动时而引起的转速扰动变化是两个不同的概念。

根据直流电动机的转速公式：

$$n=\frac{U-I_a(R_a+R_{pa})}{C_e\Phi}$$

可见，当电枢电流 I_a 不变时（即负载不变），只要在电枢电压 U、电枢电路中的附加电阻 R_{pa} 和每个磁极磁通 Φ 三个参数中，任意改变一个，都能控制转速的变化。因此，他励直流电动机可以有三种调速方法。

2.6.1 调速指标

为了评价各种调速方法的优缺点,对调速方法提出了一定的技术经济指标,通常称为调速指标。下面先对调速指标做一简要说明。

1. 调速范围

调速范围是指电动机在额定负载下调速时,其最高转速 $n_{\max}$ 与最低转速 $n_{\min}$ 之比,用 D 表示,即:

$$D = \frac{n_{\max}}{n_{\min}} \qquad (2\text{-}21)$$

不同的生产机械对调速范围的要求不同,如车床 $D=20\sim100$,龙门刨床 $D=10\sim40$,轧钢机 $D=1.20\sim3$ 等。

电动机最高转速受电动机的换向及机械强度限制,最低转速受转速相对稳定性(即静差率)要求的限制。

2. 静差率

静差率或称转速变化率是指电动机在一条机械特性上额定负载时的转速降落 Δn 与该机械特性的理想空载转速 n_0 之比,用 δ 表示,即:

$$\delta = \frac{\Delta n}{n_0} = \frac{n_0 - n}{n_0} \qquad (2\text{-}22)$$

式中,n 为额定负载转矩 $T_{em} = T_L$ 时的转速。

从式(2-22)可看出,在 n_0 相同时,机械特性越"硬",额定负载时转速降 Δn 越小,静差率 δ 越小,转速的相对稳定性越好,负载波动时,转速变化也越小。图2-29中机械特性1比机械特性2"硬",所以 $\delta_1 < \delta_2$。静差率除与机械特性硬度有关外,还与理想空载转速 n_0 成反比。对于同样"硬度"的特性,如图2-29中特性1和特性3,虽然转速降相同,$\Delta n_1 = \Delta n_3$,但其静差率却不同,故 $\delta_1 < \delta_3$。为了保证转速的相对稳定性,常要求静差率 δ 应不大于负载允许值。

调速范围 D 与静差率 δ 两项性能指标是互相制约的,当采用同一种方法调速时,静差率要求较低时,则可以得到较宽的调速范围;反之,静差率要求较高时,则调速范围小。如果静差率要求一定时,采用不同的调速方法,其调速范围不同,如改变电枢电源电压调速比电枢串电阻调速的调速范围大。调速范围与静差率是互相制约着,因此需要调速的生产机械,必须同时给出静差率与调速范围这两项指标,以便选择适当的调速方法。

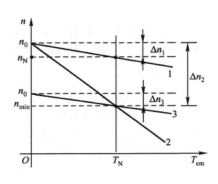

图2-29 不同机械特性的静差率

3. 调速的平滑性

调速的平滑性是指相邻两级转速的接近程度,用平滑系数 Ψ 表示,即:

$$\Psi = \frac{n_i}{n_{i-1}} \qquad\qquad (2\text{-}23)$$

平滑系数 Ψ 越接近 1，说明调速的平滑性越好。如果转速连续可调，其级数趋于无穷多，称为无级调速，$\Psi=1$，其平滑性最好；调速不连续，级数有限，称为有级调速。

4．调速的经济性

经济性包含两方面的内容，一是指调速所需的设备投资和调速过程中的能量损耗，另一方面是指电动机调速时能力能否得到充分利用。一台电动机当采用不同的调速方法时，电动机容许输出的功率和转矩随转速变化的规律是不同的，但电动机实际输出的功率和转矩是由负载需要所决定的，而不同的负载，其所需要的功率和转矩随转速变化的规律也是不同的，因此在选择调速方法时，既要满足负载要求，又要尽可能使电动机得到充分利用。经分析可知，电枢回路串电阻调速以及降低电枢电压调速适用于恒转矩负载的调速，而弱磁调速适用于恒功率负载的调速。

2.6.2 电枢串电阻调速

他励直流电动机拖动负载运行时，保持电源电压及励磁电流为额定值不变，在电枢回路中串入不同值的电阻，电动机将运行于不同的转速，如图 2-30 所示，图中的负载为恒转矩负载。

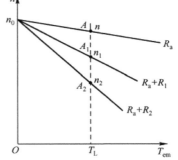

从图 2-30 可以看到，当电枢回路串入电阻 R 时，电动机的机械特性的斜率 $\beta = \dfrac{R_a + R}{C_e C_T \varPhi_N^2}$ 将增大，电动机和负载的机械特性的交点将下移，即电动机稳定运行转速降低。电枢回路串入的电阻值 R 越大，电动机的机械特性的斜率 β 越大，电动机和负载的机械特性的交点越下移，电动机稳定运行转速越低。如图 2-30 中串入的电阻值 $R_2 > R_1$，交点 A_2 的转速 n_2 低于交点 A_1 的转速 n_1，它们都比原来没有外串电阻的交点 A 的转速 n 低。

图 2-30 电枢串电阻调速机械特性

电枢回路串接电阻调速方法的优点是设备简单，调节方便，缺点是调速范围小，电枢回路串入电阻后电动机的机械特性变"软"，使负载变动时电动机产生较大的转速变化，即转速稳定性差，而且调速效率较低。在对调速性能要求不高的场合还是得到较为广泛的应用。

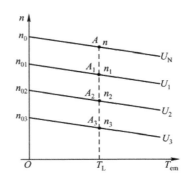

2.6.3 改变电枢电源电压调速

他励直流电动机的电枢回路不串接电阻，而由一可调节的直流电源向电枢供电，最高电压不应超过额定电压。励磁绕组由另一电源供电，一般保持励磁磁通为额定值。电枢电源电压不同时，电动机拖动负载将运行于不同的转速上，如图 2-31 所示，图中的负载为恒转矩负载。

从图 2-31 中可以看出，当电枢电源电压为额定值 U_N 时，

图 2-31 改变电枢电压调速机械特性

电动机和负载的机械特性的交点为 A，转速为 n；电压降到 U_1 后，交点为 A_1，转速为 n_1；电压为 U_2，交点为 A_2，转速为 n_2；电压为 U_3，交点为 A_3，转速为 n_3；电枢电源电压越低，转速也越低。同样，改变电枢电源电压调速方法的调速范围也只能在额定转速与零转速之间调节。

改变电枢电源电压调速时，电动机机械特性的"硬度"不变，因此，即使电动机在低速运行时，转速随负载变动而变化的幅度较小，即转速稳定性好。当电枢电源电压连续调节时，转速变化也是连续的，所以这种调速称为无级调速。

改变电枢电源电压调速方法的优点是调速平滑性好，即可实现无级调速，调速效率高，转速稳定性好，缺点是所需的可调压电源设备投资较高。这种调速方法在直流电力拖动系统中被广泛应用。

例 2-7 一台他励直流电动机的额定功率 $P_N=90kW$，额定电压 $U_N=440V$，额定电流 $I_N=224A$，额定转速 $n_N=1\,500\ r/min$，电枢回路总电阻 $R_a=0.093\,8\Omega$。求电动机在以下各种不同静差率要求、不同调速方式时的调速范围：

（1）静差率 $\delta\leqslant25\%$，电枢串电阻调速时；

（2）静差率 $\delta\leqslant25\%$，改变电枢电源电压调速时；

（3）静差率 $\delta\leqslant40\%$，电枢串电阻调速时。

解：（1）求 $\delta\leqslant25\%$，电枢串电阻调速时的调速范围：

$$C_e\Phi_N=\frac{U_N-I_NR_a}{n_N}=\frac{440-224\times0.093\,8}{1\,500}=0.279\,326$$

$$n_0=\frac{U_N}{C_e\Phi_N}=\frac{440}{0.279\,326}=1\,575.2r/min$$

$$\delta=\frac{n_0-n_{min}}{n_0}=0.25$$

$$n_{min}=(1-\delta)n_0=(1-0.25)\times1\,575.2=1181.4r/min$$

$$D=\frac{n_{max}}{n_{min}}=\frac{1\,500}{1181.4}=1.27$$

（2）求 $\delta\leqslant25\%$，改变电枢电源电压调速时的调速范围：

$$\Delta n_N=n_0-n_N=1\,575.2-1\,500=75.2r/min$$

$$n_0'=\frac{\Delta n_N}{\delta}=\frac{75.2}{0.25}=300.8r/min$$

$$n_{min}=n_0'-\Delta n_N=300.8-75.2=225.6r/min$$

$$D=\frac{n_{max}}{n_{min}}=\frac{1\,500}{225.6}=6.65$$

（3）求 $\delta\leqslant40\%$，电枢串电阻调速时的调速范围：

$$n_{min}=(1-\delta)n_0=(1-0.4)\times1\,575.2=945.1r/min$$

$$D=\frac{n_{max}}{n_{min}}=\frac{1\,500}{945.1}=1.587$$

2.6.4 弱磁调速

保持他励直流电动机电枢电源电压不变，电枢回路也不串接电阻，在电动机拖动负载转矩不很大（小于额定转矩）时，减少直流电动机的励磁磁通，可使电动机转速升高。他励直流电动机带恒转矩负载时弱磁调速，如图 2-32 所示。

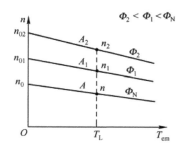

从图 2-32 中可以看出，当励磁磁通为额定值 $\varPhi_N$ 时，电动机和负载的机械特性的交点为 A，转速为 n；励磁磁通减少为 $\varPhi_1$ 时，理想空载转速增大，同时机械特性斜率也变大，交点为 A_1，转速为 n_1；励磁磁通减少为 $\varPhi_2$ 时，交点为 A_2，转速为 n_2。弱磁调速的范围是在额定转速与电动机所允许最高转速之间进行调节，至于电动机所允许最高转速值是受换向与机械强度所限制，一般约为 $1.2 n_N$ 左右，特殊设计的调速电动机，可达 $3 n_N$ 或更高。单独使用弱磁调速方法，调速的范围不会很大。

图 2-32　弱磁调速机械特性

弱磁调速的优点是设备简单，调节方便，运行效率也较高，适用于恒功率负载，缺点是励磁过弱时，机械特性的斜率大，转速稳定性差，拖动恒转矩负载时，可能会使电枢电流过大。

在实际电力拖动系统中，可以将几种调速方法结合起来，这样，可以得到较宽的调速范围，电动机可以在调速范围之内的任何转速上运行，而且调速时损耗较小，运行效率较高，能很好地满足各种生产机械对调速的要求。

2.7　串励直流电动机的电力拖动

2.7.1　机械特性

1. 固有机械特性

如图 2-33 所示是串励电动机的接线图，励磁绕组与电枢绕组串联，电枢电流 I_a 即为励磁电流 I_f，电枢电流 I_a（即负载）的变化将引起主磁通 $\varPhi$ 变化。

在 I_a 较小，磁路未饱和时，$\varPhi$ 与 I_a 成正比，即：

$$\varPhi = KI_a \tag{2-24}$$

式中，K 为比例常数。

此时，电磁转矩：$T_{em} = C_T \varPhi I_a = C_T K I_a^2$

由此可得：

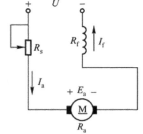

图 2-33　串励电动机接线图

$$I_a = \sqrt{\frac{T_{em}}{C_T K}} \tag{2-25}$$

固有机械特性表达式为：

$$n = \frac{U_N}{C_e \varPhi} - \frac{R_a + R_f}{C_e C_T \varPhi^2} T_{em}$$

将式（2-24）和式（2-25）代入上式中，可以得到在轻载磁路不饱和时串励直流动机的机械特性为：

$$n = \frac{\sqrt{C_T K}}{C_e K} \cdot \frac{U_N}{\sqrt{T_{em}}} - \frac{R_a + R_f}{C_e K} = \frac{A}{\sqrt{T_{em}}} - B \tag{2-26}$$

式中，$A = \dfrac{\sqrt{C_{\text{T}}K} \cdot U_{\text{N}}}{C_{\text{e}}K}$、$B = \dfrac{R_{\text{a}} + R_{\text{f}}}{C_{\text{e}}K}$，该式表明转速 n 与 $\sqrt{T_{\text{em}}}$ 成反比，其机械特性如图 2-34 中 AB 段。

当 I_{a} 较大，磁路饱和时，Φ 基本保持不变，此时机械特性与他励直流电动机的机械特性相似，为较"硬"的直线特性，如图 2-34 中 BC 段。由机械特性曲线可以看出：

（1）特性曲线是一条非线性的软特性，随着负载转矩的增大（减小），转速自动减小（增大），保持功率基本不变，即有很好的牵引性能，广泛用于机车类负载的牵引动力。

（2）理想空载转速为无穷大，实际上由于有剩磁磁通存在，n_0 一般可达（5～6）n_{N}，空载运行会出现"飞车"现象。因此，串励电动机是不允许空载或轻载运行或用皮带传动的。

（3）由于 T_{em} 与 I_{a} 的平方成正比，因此串励电动机的起动转矩大，过载能力强。

2．人为特性

串励直流电动机同样可以采用电枢串电阻、改变电源电压和改变磁通的方法来获得各种人为特性，其人为机械特性曲线的变化趋势与他励直流电动机的人为机械特性曲线的变化趋势相似，如图 2-35 所示。

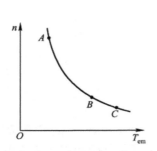

图 2-34　串励电动机的固有机械特性

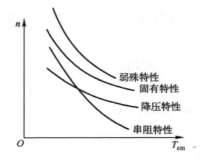

图 2-35　串励直流电动机的人为机械特性

2.7.2　串励直流电动机的启动与调速

为了限制启动电流，串励直流电动机的启动方法与他励直流电动机一样，也是采用电枢串电阻启动和降低电源电压启动。由于电磁转矩与电枢电流的平方成正比，所以其启动转矩较大，适合重载启动，如起重、运输设备等。

串励直流电动机的调速也有采用电枢串电阻、降压和弱磁三种方法，其调速原理与他励直流电动机相同。

2.7.3　串励直流电动机的电气制动

对于串励直流电动机，由于理想空载转速为无穷大，所以它不可能有回馈制动运转状态，只能进行能耗制动和反接制动。

1．能耗制动

串励直流电动机的能耗制动分为他励式和自励式能耗制动两种。

（1）他励式能耗制动。他励式能耗制动是把励磁绕组由串励形式改接成他励形式，即把励磁绕组单独接到电源上，电枢绕组外接制动电阻 R_B 后形成回路，如图 2-36（a）所示。由于串励直流电动机的励磁绕组电阻 R_F 很小，如果采用原来的电源，因电压较高，则必须在励磁回路中串入一个较大的限流电阻 R_{sf}。此外，还必须保持励磁电流 I_f 的方向与电动状态时相同，否则不能产生制动转矩（因 I_a 已反向）。他励式能耗制动时的机械特性为一直线，如图 2-36（b）中直线 BC 段所示，其制动过程与他励直流电动机的能耗制动完全相同。他励式能耗制动的效果好，应用较广泛。

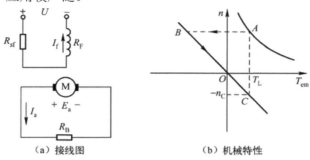

图 2-36　串励电动机的他励式能耗制动

（2）自励式能耗制动。自励式能耗制动时，电枢回路脱离电源后，通过制动电阻形成回路，但为了实现制动，必须同时改接串励绕组，以保证励磁电流的方向不变，如图 2-37（a）所示。自励式能耗制动时的机械特性如图 2-37（b）中曲线 BO 段所示。由图可见，自励式能耗制动开始时制动转矩较大，随着转速下降，电枢电动势和电流也下降，同时磁通也减小，从公式 $T_{em} = C_T \Phi I_a$ 可见，制动转矩下降很快，制动效果变弱，制动时间较长且制动不平稳。由于这种制动方式不需要电源，因此主要用于事故停车。

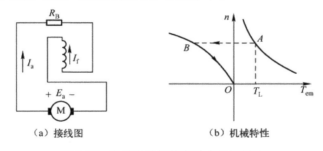

图 2-37　串励电动机的自励式能耗制动

2. 反接制动

串励直流电动机的反接制动也有电枢电压反接和倒拉反接制动两种，制动的原理、物理过程和他励直流电动机相同，反接制动时，电枢中也必须串入足够大的电阻以限制电流。

需要注意的是在进行反接制动时，电流 I_a 与磁通 Φ 只能有一个改变方向，通常是改变电枢电流 I_a 的方向，即改变电枢电压的极性，而励磁电流的方向维持不变。

本 章 小 结

通过本章的学习，主要应从以下几个方面来掌握直流电动机电力拖动的有关内容。

电力拖动系统是以电动机作为原动机来拖动生产机械工作的运动系统。研究电动机与所拖动的生产机械之间的关系。该关系用运动方程式来反映电动机轴上的电磁转矩、负载转矩与转速变化之间的关系，即

$$T_{em} - T_L = \frac{GD^2}{375} \cdot \frac{dn}{dt}$$

通过该方程式可以分析拖动系统的运动状态，也可以进行启动、制动等的定量计算。

实际的电力拖动系统往往是一个多轴系统。为了将分析的重点放在电动机轴上，常把多轴系统等效成单轴系统，即把传动机构和负载的机械参数折算到电动机的轴上。折算的原则是：对体现做功的机械参数，如负载转矩和负载力的折算应保持系统传送的功率不变；对体现储存能量的机械参数，如传动机构、工作机构的飞轮矩和负载的运动质量的折算应保持系统储存的动能不变。

生产机械的负载转矩特性是根据转矩方向和大小的变化特点进行分类的，分为：反抗性恒转矩负载、位能性恒转矩负载、恒功率负载及风机型负载等典型类型。实际的生产机械往往是以某种类型负载为主，同时兼有其他类型的负载。

电动机的机械特性是指稳态运行时转速与电磁转矩的关系，它反映了稳态转速随转矩的变化规律。固有特性反映了在额定条件和接线时的运行性能，人为机械特性是为了改变电动机的运行特性而施加的人为控制，有降压的人为特性、电枢串电阻的人为特性和减少磁通的人为特性。

电力拖动系统稳定运行的意义是指它具有抗干扰能力，即当外界干扰出现以及消失后，系统都能继续保持恒速运行。稳定运行的充分必要条件是：电动机的机械特性与负载的转矩特性有交点（$T_{em} = T_L$）且 $dT_{em}/dn < dT_L/dn$，对恒转矩负载（$dT_L/dn = 0$）来说，转矩的变化和转速的变化要异号（$dT_{em}/dn < 0$）。

直流电动机由于电枢电阻很小，刚启动时反电动势还未建立，因而启动时的启动电流很大，启动转矩也过大，造成过大的冲击。为了减小启动电流，通常采用电枢串电阻或降低电枢电压的方法来启动直流电动机。

电动机的电气制动是指电磁转矩与转速方向相反时的运转状态，电磁转矩对运动起阻碍作用。直流电动机有三种制动方式：能耗制动、反接制动（电枢电压反接和倒拉反转）和回馈制动。电气制动对反抗性负载起快速停车的作用；对位能性负载起限速下放或快速停车的作用。要特别注意的是回馈制动是运行于高速下的限速下放，切不可在电枢中串入电阻运行。

电力拖动得到广泛应用的主要原因是它具有良好的调速性能。对调速性能好坏评价指标是调速范围、静差率、平滑性和经济性。直流电动机的调速方法有：电枢串电阻调速，降压调速和弱磁调速。串电阻调速的平滑性差、低速时静差率大且能量损耗大，调速范围也较小。降压调速可实现转速的无级调节，调速时机械特性的"硬度"不变，静差率小，速度的稳定性好，调速范围宽。弱磁调速可实现无级调速，能量损耗小，但调速范围较小。具体选用哪种调速形式要根据负载的要求决定，适合负载要求的就是好的调速方法。几种调速方法的性能特点比较如下表所示。

表　调速方法的性能特点比较

调速方法	电枢串电阻	改变电枢电源电压	弱　磁
调速方向	基速以下	基速以下	基速以上
静差率δ	大	小	较小
调速范围（δ一定）	小	较大	小
调速平滑性	差	好	好
适应负载类型	恒转矩负载	恒转矩负载	恒功率负载
设备投资	少	多	较少
电能损耗	大	小	小

串励电动机具有软的机械特性，能根据负载转矩的大小自动调节转速，且有启动转矩大，过载能力强的优点，适用于机车或重载起动的生产机械的拖动。串励电动机不允许空载或轻载运行。

习 题 2

一、填空题

2.1 串励电动机不允许_____启动，同时规定负载不能小于额定值的 20%～30%，不准用皮带或链条传动，防止因皮带或链条滑脱而发生_____事故。

2.2 直流电动机启动瞬间，转速为零，_____也为零，加之电枢电阻又很小，所以启动电流很大，通常可达到额定电流的_____倍。

2.3 直流电动机的启动方法有_____启动和_____启动两种。

2.4 直流电动机的调速有_____调速、改变_____调速和改变_____调速三种方法。

2.5 电枢回路串电阻调速时，转速将随主磁通的减小而_____，但最高转速通常控制在 1.2 倍额定转速以下。

2.6 改变直流电动机旋转方向的方法有两种：一种是改变_____方向；另一种是改变_____方向。若同时采用以上两种方法，则直流电动机的转向将_____。

二、判断题（在括号内打"√"或打"×"）

2.7 降低他励直流电动机的电枢电压时其理想空载转速不会降低。（ ）

2.8 电枢串电阻调速时其理想空载转速不会降低。（ ）

2.9 所谓电气制动，就是指使电动机产生一个与转速方向相反的电磁转矩 T_{em}，T_{em} 起到阻碍运动的作用。（ ）

2.10 倒拉反转反接制动和回馈制动都是即可以用于高速下的限速下放，也可以用于低速下的限速下放。（ ）

三、选择题（将正确答案的序号填入括号内）

2.11 并励电动机改变电枢电压调速得到的人为机械特性与自然机械特性相比，其特性硬度（ ）。

　　A．变软　　　　　　　　B．变硬　　　　　　　　　　C．不变

2.12 由于电枢反应的作用，使直流电动机主磁场的物理中性线（ ）。

　　A．在几何中性线两侧摆动

　　B．逆着电枢的旋转方向偏转 β 角

　　C．顺着电枢的旋转方向偏转 β 角

2.13 一台他励直流电动机带恒定负载转矩稳定运行，若其他条件不变，只是人为地在电枢电路中增加了电阻，当重新稳定运行时，其（ ）将会减小。

　　A．电磁转矩。　　　　　　B．电枢电流　　　　　　　C．电动机的转速

2.14 要改变直流电动机的转向，以下方法可行的是（ ）。

　　A．改变电流的大小　　　　B．改变磁场的强弱　　　　C．改变电流方向或磁场方向

2.15 直流电动机的能耗制动是指切断电源后，把电枢两端接到一只适宜的电阻上，此时电动机处于（ ）。

　　A．电动机状态　　　　　　B．发电机状态　　　　　　C．惯性状态

2.16 直流电动机在进行电枢反接制动时，应在电枢电路中串入一定的电阻，所串电阻阻值不同，制动

的快慢也不同。若所串电阻阻值较小，则制动过程所需时间（   ）。

      A．较长   B．较短   C．不变

四、简答题

2.17 写出电力拖动系统的运动方程式并说明方程式中各物理量的意义以及方程式中转矩和转速正、负号的规定。

2.18 电力拖动系统的运动方程式有何实际应用意义？

2.19 研究电力拖动系统时为什么要把一个多轴系统简化为一个单轴系统？简化过程要进行哪些量的折算？折算时各需遵循什么原则？

2.20 什么是生产机械的负载转矩特性？有哪几种类型？各有何特点？

2.21 什么是直流电动机的人为机械特性?并画图说明他励直流电动机的三种人为机械特性曲线。

2.22 当并励直流电动机的负载转矩和电源电压不变时，减小电枢回路电阻，会引起电动机转速的何种变化?为什么?

2.23 为什么说串励电动机比并励电动机更适宜用做起重机械的动力？

五、计算题

2.24 一台他励直流电动机的数据为：$P_N=10kW$，$U_N=220V$，$I_N=53.4A$，$n_N=1\ 500r/min$，$R_a=0.4\Omega$。试绘制以下几条机械特性曲线：（1）固有机械特性；（2）电枢串入 1.6Ω电阻的机械特性；（3）电源电压降至额定电压一半的机械特性；（4）磁通减少 30%的机械特性。

2.25 一台他励直流电动机数据与题 2.24 数据相同，求：（1）在额定负载下运行时的电磁转矩、输出转矩及空载转矩；（2）理想空载转速和实际空载转速；（3）负载为额定负载一半时的转速；（4）$n=1\ 600r/min$时的电枢电流。

2.26 他励直流电动机的技术数据为：$P_N=7.5kW$，$U_N=110V$，$I_N=85.2A$，$n_N=750r/min$，$R_a=0.13\Omega$。试求：（1）直接启动时的启动电流是额定电流的多少倍？（2）如限制启动电流为 1.5 倍，电枢回路应串入多大的电阻？

2.27 一台他励直流电动机的额定功率 $P_N=2.5kW$，额定电压 $U_N=220V$，额定电流 $I_N=12.5A$，额定转速 $n_N=1\ 500\ r/min$，电枢回路总电阻 $R_a=0.8\Omega$，求：

（1）当电动机以 1 200 r/min 的转速运行时，采用能耗制动停车，若限制最大制动电流为 $2I_N$，则电枢回路中应串入多大的制动电阻？

（2）若负载为位能性恒转矩负载，负载转矩为 $T_L=0.9T_N$，采用能耗制动使负载以 120r/min 转速稳速下降，电枢回路应串入多大电阻？

2.28 一台他励直流电动机的额定功率 $P_N=4kW$，额定电压 $U_N=220V$，额定电流 $I_N=22.3A$，额定转速 $n_N=1000\ r/min$，电枢回路总电阻 $R_a=0.91\Omega$。运行于额定状态，为使电动机停车，采用电枢电压反接制动，串入电枢回路的电阻为 9Ω，求：电动机拖动反抗性负载转矩运行于正向电动状态时，$T_L=0.85T_N$。

（1）制动开始瞬间电动机的电磁转矩是多少？

（2）$n=0$ 时电动机的电磁转矩是多少？

（3）如果负载为反抗性负载，在制动到 $n=0$ 时不切断电源，电动机会反转吗？为什么？

第3章 变压器

内容提要

本章首先介绍普通电力变压器的用途、基本工作原理、结构和铭牌数据，然后着重分析变压器空载运行和负载运行时的电磁关系并导出其相应的等效电路，进而就变压器的参数测定方法、运行特性、连接组别、并联运行等问题展开讨论。此外，还对一些其他用途变压器的基本结构、基本工作原理做简要的介绍，并就电力变压器常见故障进行分析介绍。

3.1 变压器的基本工作原理和结构

变压器利用电磁感应原理，可以将某一电压等级的交流电变为同频率的另一电压等级的交流电。变压器广泛应用于各种交流电路中，与人们的生产、生活密切相关。小型变压器应用于机床的安全照明和控制电路、各种电子产品的电源适配器、电子线路中的阻抗匹配等。大型电力变压器是电力系统中的重要设备，起着高压输电、低压供电的重要作用。

3.1.1 变压器的用途

变压器的作用是在交流电路中改变电压高低、改变电流大小、改变阻抗大小、改变相位和进行电气隔离。

实际工作中，常常需要各种不同的电源电压。例如，发电厂发出的电压一般为 6～10kV；在电能输送过程中，为了减少线路损耗，通常要将电压升高到 110～500kV。而我们日常使用的交流电的电压为 220V；三相电动机的线电压则为 380V，这又需要变压器将电网的高压交流电降低到 380 / 220V。所以，在输电和用电的过程中都需要经变压器升高或降低电压。因此变压器是电力系统中的重要设备，其容量远大于发电机的容量。图 3-1 是电力系统的流程示意图，其中，G 为发电机，T_1 为升压变压器，T_2～T_4 为降压变压器。

图 3-1　电力系统示意图

3.1.2 变压器的分类

为了达到不同的使用目的，并适应不同的工作条件，变压器的种类很多，分类的方法也多种多样，可以按照以下方式分类。

1．根据用途不同分类

（1）电力变压器。包括升压变压器、降压变压器、配电变压器、厂用变压器等，电力变压器可以如图 3-4 所示自成一体。也可与高压开关柜，低压配电屏等组合形成箱式变压器。箱式变压器能完成电能的变换、分配、传输、计量、补偿，系统的控制、保护及通讯等功能。它体积小，占地面积小，结构紧凑，便于搬迁，因而大大缩短了基建的周期和占地面积，也减少了基建费用。同时，箱式变电站现场安装简单，供电迅速，设备维修简单，无须专人值守，特别是它可以深入负荷中心，对提高供电质量减少电能损失，增强供电的可靠性以及对配电网络改造都十分重要的意义。

（2）特种变压器。包括电炉变压器、整流变压器、电焊变压器、仪用互感器（又可分为电压互感器和电流互感器）、高压试验变压器、调压变压器和控制变压器等。

2．根据绕组数目不同分类

可分为自耦变压器（只有一个绕组）、双绕组变压器、三绕组变压器和多绕组变压器等。

3．根据冷却方式和冷却介质不同分类

（1）油浸式变压器。如图 3-4 所示，变压器油具有良好绝缘性能和冷却性能，是目前电力变压器最主要的冷却方式，包括油浸自冷变压器、油浸风冷变压器、强迫油循环冷却变压器。

（2）干式变压器。在一些特殊环境中，为避免漏油引起燃烧，导致事故扩大化（例如煤矿井下采煤工作面有瓦斯燃烧爆炸危险），不允许采用油做冷却介质，可利用空气自冷或强冷方式降温，这种变压器称为干式变压器。

4．根据铁芯结构不同分类

可分为心式变压器和壳式变压器，如图 3-2、图 3-3 所示。

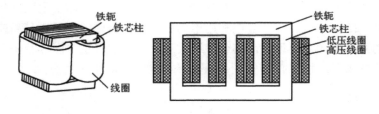

图 3-2　心式变压器

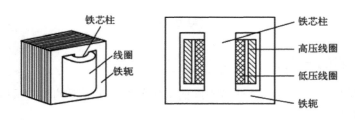

图 3-3　壳式变压器

5．根据容量不同分类

可分为中小型变压器（<6 300kVA）、大型变压器（8000～63000kVA）、特大型变压器（>63 000 kVA）。

3.1.3 变压器的基本结构

变压器最基本的组成部分是铁芯和绕组，称之为器身。大中容量的电力变压器的铁芯和绕组通常浸入盛满变压器油的封闭油箱中，各绕组对外线路的连接线由绝缘套管引出。为了使变压器安全可靠运行，还设有储油柜、安全气道、气体继电器等附件。中小型油浸自冷式三相电力变压器的外形如图 3-4 所示。

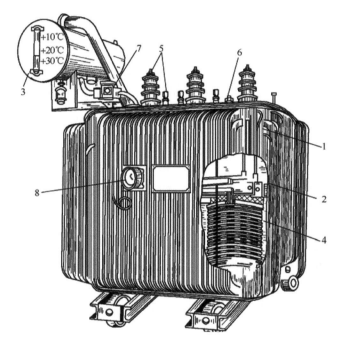

图 3-4　三相油浸式电力变压器

1—油箱；2—铁芯及绕组；3—储油柜；4—散热筋；5—高、低压绕组出线端；6—分接开关；
7—气体继电器；8—信号温度计

1．铁芯

铁芯作为变压器的闭合磁路和固定绕组及其他部件的骨架。为了减小磁阻、减小交变磁通在铁芯内产生的磁滞损耗和涡流损耗，变压器的铁芯大多采用 0.35mm 厚的冷轧硅钢片叠装而成。变压器的铁芯有心式和壳式两种基本形式。

心式变压器的铁芯由铁芯柱、铁轭和夹紧器件组成，绕组套在铁芯柱上，如图 3-2 所示。心式变压器的结构简单，绕组的装配工艺、绝缘工艺相对于壳式变压器简单，国产三相油浸式电力变压器大多采用心式结构。

壳式变压器的铁芯包围了绕组的四面，就像是绕组的外壳，如图 3-3 所示。壳式变压器的机械强度相对较高，但制造工艺复杂，所用材料较多，一般的电力变压器很少采用，而小型电源变压器大多采用壳式结构。

铁芯叠片的形式根据变压器的大小有所不同。大中型变压器的铁芯，一般都将硅钢片裁成条状，采用交错叠片的方式组装而成，使各层磁路的接缝互相错开，这种方法可以减小气隙和磁阻，如图 3-5 所示。小型变压器为了简化工艺和减小气隙，常采用 E 字形、F 字形和 C 字形硅钢片交替叠压而成，如图 3-6 所示。

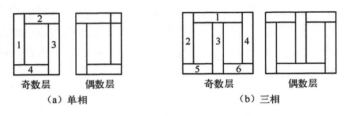

图 3-5　大中型变压器铁芯的硅钢片

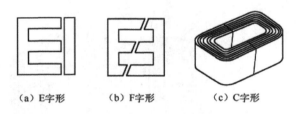

图 3-6　小型变压器铁芯的硅钢片

2．绕组

绕组是变压器的电路部分。它由漆包线或绝缘的扁铜线绕制而成，有同心式和交叠式两种。同心式绕组是将高、低压绕组套在同一铁芯柱的内外层，如图 3-7 所示。交叠式绕组的高、低压绕组是沿轴向交叠放置的，如图 3-8 所示。

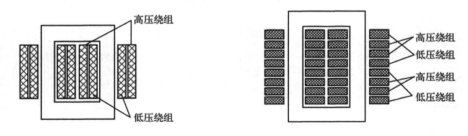

图 3-7　同心式绕组　　　　　　　图 3-8　交叠式绕组

同心式绕组结构简单，绝缘和散热性能好，所以在电力变压器中得到广泛采用；而交叠式绕组的引线比较方便，机械强度好，易构成多条并联支路，因此常用于大电流变压器中，例如电炉变压器、电焊变压器等。

变压器中与电源相连的绕组叫一次绕组、原绕组、原边或初级绕组，与负载相连的绕组叫二次绕组、副绕组、副边或次级绕组。

3. 其他部件

（1）油箱。变压器的器身放置在灌有高绝缘强度、高燃点变压器油的油箱内。

变压器运行时，铁芯和绕组都要发出热量，使变压器油发热。发热的变压器油在油箱内发生对流，将热量传送至油箱壁及其上的散热器，再向周围空气或冷却水辐射，达到散热的目的，从而使变压器内的温度保持在合理的水平上。

（2）储油柜（也称为油枕）。储油柜装置在油箱上方，通过连通管与油箱连通，起到保护变压器油的作用。

变压器油在较高温度下长期与空气接触容易吸收空气中的水分和杂质，使变压器油的绝缘强度和散热能力相应降低。装置储油柜的目的是为了减小油面与空气的接触面积、降低与空气接触的油面温度并使储油柜上部的空气通过吸湿剂与外界空气交换，从而减慢变压器油的受潮和老化的速度。

（3）气体继电器（也称为瓦斯继电器）。气体继电器装置在油箱与储油柜的连通管道中，对变压器内部的短路、过载、漏油等故障起到保护的作用。

（4）安全气道（也称为防爆管）。安全气道是装置在较大容量变压器油箱顶上的一个钢质长筒，下筒口与油箱连通，上筒口以玻璃板封口。

当变压器内部发生严重故障又恰逢气体继电器失灵时，油箱内部的高压气体便会沿着安全气道上冲，冲破玻璃板封口，以避免油箱受力变形或爆炸。

（5）绝缘套管。绝缘套管是装置在变压器油箱盖上面的绝缘套管，以确保变压器的引出线与油箱绝缘。

（6）分接开关。分接开关装置在变压器油箱盖上面，通过调节分接开关来改变原绕组的匝数，从而使副绕组的输出电压可以调节，以避免副绕组的输出电压因负载变化而过分偏离额定值。

分接开关有无载分接开关和有载分接开关两种。一般的分接开关有三个挡位，+5%挡、0挡和−5%挡。若要副绕组的输出电压降低，则将分接开关调至原绕组匝数多的一挡，即+5%挡；若要副绕组的输出电压升高，则将分接开关调至原绕组匝数少的一挡，即−5%挡。

3.1.4　变压器的主要技术参数

变压器的主要技术参数显示在变压器的铭牌上。铭牌是装在设备、仪器等外壳上的金属标牌，上面标有名称、型号、功能、规格、出厂日期、制造厂等字样，是用户安全、经济、合理使用变压器的依据。变压器铭牌上的主要数据如下：

1. 型号

型号表示变压器的结构特点、额定容量和高压侧的电压等级。例如 S/100-10，S 表示三相油浸自冷铜绕组变压器，100 表示额定容量为 100kVA，10 表示高压侧电压等级为 10kV。

2. 额定电压 U_{1N} / U_{2N}

额定电压 U_{1N} / U_{2N} 的单位为 V 或 kV。U_{1N} 是指变压器正常工作时加在一次绕组上的电压；U_{2N} 是一次绕组加 U_{1N} 时，二次绕组的开路电压，即 U_{20}。在三相变压器中，额定电压是指线电压。

3. 额定电流 I_{1N} / I_{2N}

额定电流 I_{1N} / I_{2N} 的单位为 A。I_{1N} / I_{2N} 是指变压器一次、二次绕组连续运行所允许通过的电流。在三相变压器中，额定电流是指线电流。

4. 额定容量 S_N

额定容量 S_N 的单位为 VA 或 kVA。S_N 是指变压器额定的视在功率，即设计功率，通常叫容量。在三相变压器中，S_N 是指三相总容量。额定容量 S_N、额定电压 U_{1N} / U_{2N}、额定电流 I_{1N} / I_{2N} 三者之间的关系如下：

单相变压器：$S_N = U_{1N} I_{1N} = U_{2N} I_{2N}$

三相变压器：$S_N = \sqrt{3} U_{1N} I_{1N} = \sqrt{3} U_{2N} I_{2N}$

除了额定电压、额定电流和额定功率外，变压器铭牌上还标有额定频率 f_N、效率 η、温升 τ、短路电压标称值 $u_k\%$、连接组别、相数 m 等。变压器的铭牌如图 3-9 所示。

三相电力变压器

型　号	S9-500/10
产品代号	IFATO、710、022
标准代号	GB 1094.1-5-1996
额定容量	500kVA
	3 相　50Hz
额定效率	98.6%
使用条件	户外式
冷却方式	ONAN
油　重	311kg

开关位置		电压(V)		电流(A)	
		高压	低压	高压	低压
I	+5%	10500			
II	额定	10000	400	28.27	721.7
III	-5%	9500			

连接组别	Yyn0	短路电压	4.4%
额定温升	80℃	器 身 重	1115kg
总 重 量	1779kg	出厂序号	200201061
××变压器厂		2002 年 1 月	

图 3-9　变压器的铭牌

3.1.5　变压器的基本工作原理

变压器依据电磁感应原理工作，它的基本工作原理可以用图 3-10 说明。图 3-10 是单相变压器的工作原理图。这个单相变压器由一个闭合的铁芯和套在其上的两个绕组构成。这两个绕组彼此绝缘，没有电的直接连接，同心地套在一个铁芯柱上。但是为了分析问题的方便，我们将这两个绕组画在铁芯柱两侧上，其中，与电源连接的绕组称为原绕组，也称为一次绕组或原边；与负载连接的绕组称为副绕组，也称为二次绕组或副边。我们在表示原绕组电磁量的符号右下角加标号"1"，在表示副绕组电磁量的符号右下角加标号"2"，以便于区别。例如，$\dot{U}_1$、$\dot{E}_1$、$\dot{I}_1$ 分别表示原绕组的电压、感应电动势、电流向量；$\dot{U}_2$、$\dot{E}_2$、$\dot{I}_2$ 分别表示副绕组的电压、感应电动势、电流向量。

将原绕组的两个出线端与单相交流电源连接，原绕组中便流过交流电流，该电流在铁芯中产生与电源频率相同的交变磁通，该交变磁通同时交链原、副绕组。据电磁感应原理，原、副绕组中将分别感应出交变电动势。将副绕组的两个出线端与负载连接，负载就有交流电流流过。对应某一瞬时，单相变压器中各物理量的方向标注如图 3-10 所示。

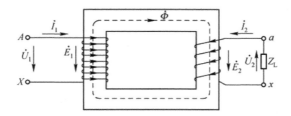

图 3-10 单相变压器工作原理图

设 u_1，e_1 分别为原绕组的电压、感应电动势瞬时值，u_2，e_2 分别为副绕组的电压、感应电动势瞬时值，N_1，N_2 分别为原绕组、副绕组的匝数，Φ 为铁芯中同时交链原、副绕组的磁通。如果单相变压器副绕组的两个出线端不与负载连接并忽略数值很小的原绕组电阻、电抗，可以得出下面的瞬时值方程式：

$$u_1 = -e_1 \tag{3-1}$$

$$u_2 = e_2 \tag{3-2}$$

其中，依据电磁感应定律有：

$$e_1 = -N_1 \frac{\mathrm{d}\Phi}{\mathrm{d}t} \tag{3-3}$$

$$e_2 = -N_2 \frac{\mathrm{d}\Phi}{\mathrm{d}t} \tag{3-4}$$

将式（3-3）、式（3-4）分别代入式（3-1）、式（3-2），得：

$$u_1 = N_1 \frac{\mathrm{d}\Phi}{\mathrm{d}t} \tag{3-5}$$

$$u_2 = -N_2 \frac{\mathrm{d}\Phi}{\mathrm{d}t} \tag{3-6}$$

于是有：

$$\frac{|u_1|}{|u_2|} = \frac{|e_1|}{|e_2|} = \frac{N_1}{N_2} = k \tag{3-7}$$

由此可见，通过选用不同于原绕组匝数 N_1 的副绕组匝数 N_2，便可使副绕组的电压 u_2 不等于原绕组的电压 u_1，而获得所需的电压值。k 称为变压器的变压比，其大小是由变压器的结构参数 N_1，N_2 所决定的。

综上所述，变压器以原、副绕组能同时交链铁芯中同一变化磁通的特有结构，利用电磁感应原理，将原绕组吸收电源的电能传送给副绕组所连接的负载——实现能量的传送，使匝数不同的原、副绕组中感应出大小不等的电动势——实现电压等级变换，这就是变压器的基本工作原理。

3.2 变压器的空载运行

变压器的空载运行是指变压器的原绕组接交流电源，副绕组开路的运行状态。

3.2.1 空载运行时的物理情况

如图 3-11 所示是单相双绕组变压器空载运行的示意图。原绕组接交流电源时，原绕组便有交流电流通过，此电流称为空载电流，用 $\dot{I}_0$ 表示。交变的 $\dot{I}_0$ 流过原绕组，便产生磁动势 $\dot{I}_0 N_1$，它会产生通过绕组中心的交变的磁通，此磁通由 $\dot{I}_0 N_1$ 单独激励，所以也称 $\dot{I}_0$ 为励磁电流或激磁电流。

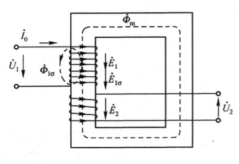

图 3-11　单相变压器空载运行原理图

由于变压器铁芯的磁阻很小，绝大部分的磁通经由铁芯形成闭合磁路，这部分磁通称为主磁通，用 Φ_m 表示。主磁通与原、副绕组同时交链，是传递能量的载体。根据电磁感应定律，交变的主磁通在原、副绕组中产生感应电动势 E_1，E_2。只有很少一部分磁通经由原绕组周围的磁阻很大的空气或变压器油形成闭合磁路，这部分磁通仅与原绕组交链，不是传递能量的载体，称为原绕组的漏磁通，用 $\Phi_{1\sigma}$ 表示。交变的漏磁通在原绕组中感应电动势 $E_{1\sigma}$。

变压器空载运行时，由于副绕组开路，副绕组中没有电流流过，原绕组吸收电源的电能无法传递到副绕组，全部以发热的形式消耗在铁芯和原绕组中，即所谓的铁损耗和原绕组的铜损耗。由于变压器铁芯的磁化性能很好，不需很大的磁动势 $\dot{I}_0 N_1$ 便能使铁芯中的主磁通达到额定值，所以 $\dot{I}_0$ 一般很小，原绕组的铜损耗也很小，变压器空载运行时吸收电源的电能的绝大部分是消耗在铁芯中。

3.2.2 感应电动势

1. 各电、磁量正方向的规定

由于变压器的各电、磁量都是交变的，对其正方向做出规定，有利于讨论各电、磁量的量值关系和相位关系。

变压器的原边按照电动机惯例规定正方向，即把变压器的原边看成是电源的负载，原边电流的正方向依据外加电源电压的正方向确定。变压器的副边按照发电机惯例规定正方向，即把变压器的副边看成是负载的电源，副边电流的正方向依据副边电势的正方向确定，副边电压的正方向依据副边电流流过负载的压降方向确定。磁通的正方向与电流的正方向符合右手螺旋定则。感应电动势的正方向与磁通的正方向符合右手螺旋定则，但是感应电动势的实际方向由楞次定律确定，它总是阻碍电流及磁通变化的。变压器的各电、磁量正方向标注于图 3-11 中。

2. 感应电动势

由于加在原边的电源电压是按正弦规律变化的，磁通 Φ 也按正弦规律变化，有以下公式：

$$\Phi = \Phi_m \sin \omega t \tag{3-8}$$

将式（3-8）代入 $e_1 = -N_1 \dfrac{\mathrm{d}\Phi}{\mathrm{d}t}$，得原绕组的感应电势：

$$e_1 = -N_1 \frac{\mathrm{d}(\Phi_\mathrm{m} \sin \omega t)}{\mathrm{d}t} = -N_1 \omega \Phi_\mathrm{m} \cos \omega t = N_1 (2\pi f) \Phi_\mathrm{m} \sin(\omega t - 90°)$$

$$= E_{1\mathrm{m}} \sin(\omega t - 90°) = \sqrt{2} E_1 \sin(\omega t - 90°) \tag{3-9}$$

式中，Φ_m ——主磁通幅值；

ω ——交流电的角频率；

e_1 ——原绕组的感应电动势；

N_1 ——原绕组的匝数；

$E_{1\mathrm{m}}$ ——原绕组感应电动势的幅值；

E_1 ——原绕组感应电动势的有效值。

可见，原绕组感应电动势有效值的数值为：

$$E_1 = \frac{N_1(2\pi f) \Phi_\mathrm{m}}{\sqrt{2}} = 4.44 f N_1 \Phi_\mathrm{m} \tag{3-10}$$

而且，E_1 在相位上以 $90°$ 滞后于 Φ_m。用向量表示，有：

$$\dot{E}_1 = -\mathrm{j} 4.44 f N_1 \dot{\Phi}_\mathrm{m} \tag{3-11}$$

同理，E_2 在相位上也以 $90°$ 滞后于 Φ_m。用向量表示，有：

$$\dot{E}_2 = -\mathrm{j} 4.44 f N_2 \dot{\Phi}_\mathrm{m} \tag{3-12}$$

式中，$\dot{E}_2$ 为副绕组感应电动势的有效值向量。

变压器的原绕组有漏磁通链过，漏磁通也是按正弦规律变化的，同理有：

$$\dot{E}_{1\sigma} = -\mathrm{j} N_1 \omega \Phi_{1\sigma\mathrm{m}} / \sqrt{2} = -\mathrm{j} N_1 L_{1\sigma} \dot{I}_{0\mathrm{m}} / \sqrt{2} = -\mathrm{j} x_1 \dot{I}_0 \tag{3-13}$$

式中，$\dot{E}_{1\sigma}$ ——原绕组漏感电动势的有效值向量；

$\dot{\Phi}_{1\sigma\mathrm{m}}$ ——原绕组漏磁通向量的幅值；

$L_{1\sigma}$ ——原绕组漏电感；

$\dot{I}_{0\mathrm{m}}$ ——原绕组励磁电流向量的幅值；

$\dot{I}_0$ ——原绕组励磁电流向量；

x_1 ——原绕组漏电抗。

由于漏磁路主要由非磁性介质构成，可近似地看成线性磁路，其磁阻也可近似地看成常数，则漏电感 $L_{1\sigma}$ 和漏电抗 x_1 也可近似地看成常数，因此，漏感电势可以看成是漏电抗上的压降。

3．电压平衡关系

按图 3-11 所示的各物理量正方向，根据电路的基尔霍夫电压定律，容易得出原、副边的电压平衡方程式如下：

$$\dot{U}_1 = -\dot{E}_1 - \dot{E}_{1\sigma} + \dot{I}_0 r_1 = -\dot{E}_1 + \mathrm{j} x_1 \dot{I}_0 + \dot{I}_0 r_1 = -\dot{E}_1 + \dot{I}_0 (r_1 + \mathrm{j} x_1) = -\dot{E}_1 + \dot{I}_0 z_1 \tag{3-14}$$

$$\dot{U}_{20} = \dot{E}_2 \tag{3-15}$$

式中，r_1 ——原绕组电阻；

z_1——原绕组漏阻抗；

$\dot{U}_{20}$——副绕组开路时的开路电压有效值向量。

由于漏磁路主要由非磁性介质构成，其磁阻很大，漏磁通很小，因此反映漏磁通的漏电感和漏电抗很小，$I_0 z_1$ 也很小，有：

$$\dot{U}_1 \approx -\dot{E}_1 = -j4.44 f N_1 \dot{\Phi}_{\mathrm{m}} \tag{3-16}$$

由此看出，主磁通的大小主要决定于电源电压的大小，只要电源电压不变，可以认为主磁通维持不变，这是一个很重要的结论，对变压器负载运行时仍然成立。

3.2.3 空载电流和空载损耗

变压器铁芯中的磁通是由励磁电流产生的。变压器空载运行时，只有原绕组流过电流，即空载电流，所以励磁电流也就是空载电流。空载电流的大小与铁芯的材料、要求额定磁通的大小有关。一般地，由于变压器的铁芯采用高磁化能力、低涡流损耗和磁滞损耗的硅钢片叠压而成，空载电流是很小的，只占原边额定电流的 4%～10%，甚至更低。

变压器空载运行时，交变的磁通作用于铁芯，一方面在铁芯中产生涡流，另一方面使铁磁材料中的磁畴随磁场方向的交变而运动，其后果都会使铁芯发热，将变压器原边吸收电源能量的一部分消耗掉。我们将以上两方面原因产生的电能损耗，分别称为涡流损耗和磁滞损耗，合称为铁损耗。

空载电流的主要作用是使铁芯中产生交变的磁通，又因产生交变的磁通而产生铁损耗。因此将空载电流的作用分成两部分：一部分的作用是产生铁芯中的交变磁通，使铁芯磁化，称为磁化电流分量，用 $\dot{I}_{\mu}$ 表示，它是空载电流的无功分量，与 $\dot{\Phi}_{\mathrm{m}}$ 同相位；另一部分的作用是产生铁损耗，使铁芯发热，称为铁损耗电流分量，用 $\dot{I}_{\mathrm{Fe}}$ 表示，它是空载电流的有功分量，与 $-\dot{E}_1$ 同相位。空载电流 $\dot{I}_0$ 的大小可用下式表示：

$$\dot{I}_0 = \dot{I}_{\mu} + \dot{I}_{\mathrm{Fe}} \tag{3-17}$$

3.2.4 等效电路

变压器空载运行时，存在着电、磁作用，以及电和磁的相互作用。为了分析方便起见，可以将上述作用以一个线性电路来代替，只要这个电路能反映实际的电、磁关系，则称之为等效电路。

由式（3-13）看出，漏感电势可以看成是漏电抗上的压降，即 $\dot{E}_{1\sigma} = -j x_1 \dot{I}_0$，再与空载电流在原绕组电阻上的压降 $\dot{I}_0 r_1$ 合并为一项，即得漏阻抗压降 $\dot{I}_0 z_1$。

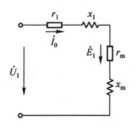

图 3-12　单相变压器空载运行等效电路

由前所述，变压器原绕组通过空载电流，在铁芯中产生主磁通、产生铁损耗，才会产生感应电动势出 $\dot{E}_1$，实际上 $\dot{E}_1$ 反映了主磁通和铁损耗的大小，也可以仿照漏阻抗压降 $\dot{I}_0 z_1$ 的处理方式，认为：

$$-\dot{E}_1 = \dot{I}_0 z_{\mathrm{m}} = \dot{I}_0 \ (r_{\mathrm{m}} + j x_{\mathrm{m}}) \tag{3-18}$$

式中，z_{m}——变压器的励磁阻抗；

r_{m}——变压器的励磁电阻（它反映与铁损耗大小等值的电阻）；

x_{m}——变压器的励磁电抗（它是反映单位空载电流下产生的与主

磁通大小的等值的电抗）。

由前所述，在外加电源电压 U_1 和频率 f_1 不变时，主磁通 Φ_m 是基本不变的，可以将 z_m 看成是常数。将式（3-17）代入式（3-13），得：

$$\dot{U}_1 = \dot{I}_0 (r_m + j\,x_m) + \dot{I}_0 (r_1 + j\,x_1) = \dot{I}_0\,z_m + \dot{I}_0\,z_1 = \dot{I}_0 (z_m + z_1) \tag{3-19}$$

由式（3-19）容易得到变压器空载运行时的等效电路，如图 3-12 所示。有了等效电路，就可以用纯电路的分析方法来分析变压器空载运行时的定量关系。

3.3 变压器的负载运行

变压器的负载运行是指变压器的原绕组接交流电源，副绕组接负载的运行状态。

3.3.1 负载运行时的物理情况

如图 3-13 所示是单相变压器负载运行的原理图。变压器负载运行时，副绕组两出线端接负载阻抗 $z_L = r_L + j\,x_L$，副边感应电动势 $\dot{E}_2$ 使副边回路中流过电流 $\dot{I}_2$。负载越大，即并联的负载越多，负载阻抗 z_L 的值越小，副边电流就越大。副边电流值的大小反映了负载的大小，所以 $\dot{I}_2$ 也称为负载电流。

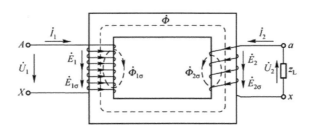

图 3-13　单相变压器负载运行的原理图

变压器负载运行时，副绕组中有电流流过，变压器便可以同时与原、副绕组相交链的主磁通为媒介，将原绕组从电源吸收的电能传送到副绕组，向负载供电。

变压器负载运行时，副绕组中有电流流过，副绕组中产生相应的磁动势 $\dot{I}_2 N_2$，与原绕组中产生的磁动势 $\dot{I}_1 N_1$ 共同作用，产生铁芯中的主磁通。

3.3.2 负载运行时的基本方程式

1. 磁动势平衡方程式

变压器负载运行时，铁芯中的磁动势由原边磁动势 $\dot{I}_1 N_1$ 和副边磁动势 $\dot{I}_2 N_2$ 合成，合成磁动势为 $\dot{I}_1 N_1 + \dot{I}_2 N_2$。根据式 $\dot{U}_1 \approx -\dot{E}_1 = -j4.44\,f N_1\,\dot{\Phi}_m$，只要外加的电源电压不变，铁芯中的主磁通近似不变，也就是说变压器负载运行时，铁芯中产生的磁动势仍然为 $\dot{I}_0 N_1$。有：

$$\dot{I}_1 N_1 + \dot{I}_2 N_2 = \dot{I}_0 N_1 \tag{3-20}$$

为了进一步理解变压器负载运行时原边电流 $\dot{I}_1$ 的数值已大于变压器空载运行时原边电流 $\dot{I}_0$ 的数值，而铁芯中的磁动势却没有变化这个性能，将式（3-20）写成：

$$\dot{I}_1 N_1 = \dot{I}_0 N_1 + (-\dot{I}_2 N_2) \tag{3-21}$$

由式（3-21）看出，变压器负载运行时的原边磁动势 $\dot{I}_1 N_1$ 确实大于变压器空载运行时的原边磁动势 $\dot{I}_0 N_1$。原边磁动势 $\dot{I}_1 N_1$ 有两部分作用：一方面产生铁芯中的励磁磁动势 $\dot{I}_0 N_1$，产生与空载运行时相同的主磁通 $\dot{\Phi}_m$；另一方面产生一个与副边磁动势 $\dot{I}_2 N_2$ 大小相等、方向相反的磁动势（$-\dot{I}_2 N_2$），抵消副边磁动势 $\dot{I}_2 N_2$ 的作用，以维持铁芯中的主磁通 $\dot{\Phi}_m$ 不变。式（3-20）和式（3-21）称为磁动势平衡方程式。将磁动势平衡方程式表示成电流的形式，得：

$$\dot{I}_1 = \dot{I}_0 + \left(-\frac{N_2}{N_1}\dot{I}_2\right) \tag{3-22}$$

由式（3-22）看出，变压器负载运行时的原边电流 $\dot{I}_1$ 是大于变压器空载运行时的原边电流 $\dot{I}_0$ 的，它由反映主磁通 $\dot{\Phi}_m$ 大小的励磁电流分量 $\dot{I}_0$ 和反映负载大小的负载电流分量 $\left(-\frac{N_2}{N_1}\dot{I}_2\right)$ 组成。当负载增加时，$\dot{I}_2$ 增加，副边磁动势 $\dot{I}_2 N_2$ 增加，原边电流的负载电流分量 $\left(-\frac{N_2}{N_1}\dot{I}_2\right)$ 也相应增加，使其产生的磁动势 $\left(-\frac{N_2}{N_1}\dot{I}_2\right)N_1$ 得以抵消增加了的副边磁动势 $\dot{I}_2 N_2$，以维持励磁电流分量 $\dot{I}_0$ 不变。可见，虽然变压器的原、副边没有直接的电路联系，但负载电流的变化也会使原边电流相应地发生改变。

2．电压平衡方程式

变压器负载运行时，副边电路流过电流 $\dot{I}_2$，产生副边磁动势 $\dot{I}_2 N_2$。副边磁动势 $\dot{I}_2 N_2$ 一方面与原边磁动势 $\dot{I}_1 N_1$ 共同作用产生铁芯中的主磁通，另一方面还产生仅与副绕组交链的漏磁通 $\dot{\Phi}_{2\sigma}$。$\dot{\Phi}_{2\sigma}$ 在副绕组中感应出漏感电动势 $\dot{E}_{2\sigma}$，$\dot{E}_{2\sigma}$ 也可以以副边漏电抗 x_2 上的压降形式来表示，有：

$$\dot{E}_{2\sigma} = -\mathrm{j}x_2 \dot{I}_2 \tag{3-23}$$

根据原、副边电路，容易列出变压器负载运行时的电压平衡方程式：

$$\dot{U}_1 = -\dot{E}_1 + \dot{I}_1 (r_1 + \mathrm{j}x_1) = -\dot{E}_1 + \dot{I}_1 z_1 \tag{3-24}$$

$$-\dot{E}_1 = \dot{I}_0 (r_m + \mathrm{j}x_m) = \dot{I}_0 z_m \tag{3-25}$$

$$\dot{U}_2 = \dot{E}_2 - \dot{I}_2 (r_2 + \mathrm{j}x_2) = \dot{E}_2 - \dot{I}_2 z_2 \tag{3-26}$$

$$\dot{U}_2 = \dot{I}_2 (r_L + \mathrm{j}x_L) = \dot{I}_2 z_L \tag{3-27}$$

式中，r_L——负载电阻；

$\qquad x_L$——负载电抗；

$\qquad z_L$——负载阻抗；

$\qquad \dot{U}_2$——副边电压有效值向量。

综上所述，可以列出变压器负载运行时的基本方程式组如下：

$$\dot{U}_1 = -\dot{E}_1 + \dot{I}_1 z_1, \quad -\dot{E}_1 = \dot{I}_0 z_m$$

$$\dot{U}_2 = \dot{E}_2 - \dot{I}_2 z_2, \quad \dot{E}_1 = k \dot{E}_2$$

$$\dot{U}_2 = \dot{I}_2 z_L$$

$$\dot{I}_1 = \dot{I}_0 + \left(-\frac{1}{k} \dot{I}_2 \right) \tag{3-28}$$

3.3.3 等效电路

利用上面得出的变压器基本方程式组，便可以对变压器进行定量分析了。但因原、副绕组的匝数不等，原、副边只有磁耦合关系而无直接的电联系，实际求解起来是相当困难的。我们可以构造一个能正确反映变压器的电、磁关系和功率关系的纯电路——等效电路，以便找到一种简便实用的计算方法。

1. 折算

所谓折算，就是试图使原、副绕组的匝数相同，以简化变压器的定量分析过程，但要保证变压器折算前后的电、磁关系和功率关系不变。现以将副绕组折算成原绕组为例，确定副边各物理量的折算值。副边各物理量的折算值用原有符号加 " ' " 表示。

（1）副边电动势的折算值。折算的方法是使折算后的副绕组匝数等于原绕组的匝数，即 $N_2' = N_1$，有：

$$\frac{\dot{E}_2'}{\dot{E}_1} = \frac{N_2'}{N_1} = 1$$

$$\dot{E}_2' = \dot{E}_1 = k\dot{E}_2 \tag{3-29}$$

（2）副边电流的折算值。为保证折算前后副边磁动势的作用不变，应有：

$$\dot{I}_2' N_2' = \dot{I}_2 N_2$$

$$\dot{I}_2' = \frac{N_2}{N_2'} \dot{I}_2 = \frac{N_2}{N_1} \dot{I}_2 = \frac{1}{k} \dot{I}_2 \tag{3-30}$$

（3）副边阻抗的折算值。为保证折算前、后的铜损耗不变，有：

$$\dot{I}_2'^2 r_2' = \dot{I}_2^2 r_2$$

$$r_2' = k^2 r_2 \tag{3-31}$$

为保证折算前、后的无功功率不变，有：

$$\dot{I}_2'^2 x_2' = \dot{I}_2^2 x_2$$

$$x_2' = k^2 x^2 \tag{3-32}$$

则：

$$z_2' = k^2 z_2 \tag{3-33}$$

同理有：

$$z_L' = k^2 z_L \tag{3-34}$$

（4）副边电压的折算值。为保证折算前、后的视在功率不变，有：

$$\dot{U}_2' \dot{I}_2' = \dot{U}_2 \dot{I}_2$$

$$\dot{U}_2' = \frac{\dot{I}_2}{\dot{I}_2'} \dot{U}_2 = k\dot{U}_2 \tag{3-35}$$

折算后，变压器负载运行时的基本方程式组可简化为如下的方程式组：

$$\dot{U}_1 = -\dot{E}_1 + \dot{I}_1 z_1, \quad -\dot{E}_1 = \dot{I}_0 z_m$$

$$\dot{U}_2' = \dot{E}_2' - \dot{I}_2' z_2', \quad \dot{U}_2' = \dot{I}_2' z_L'$$

$$\dot{E}_2' = \dot{E}_1$$

$$\dot{I}_1 + \dot{I}_2' = \dot{I}_0 \qquad\qquad (3\text{-}36)$$

2．等效电路

在将变压器副绕组的匝数折算为与原绕组的匝数相等后，原、副绕组中的感应电动势 $\dot{E}_1$ 和 $\dot{E}_2'$ 是相等的。若将分别作用于原、副边电路的 $\dot{E}_1$，$\dot{E}_2'$ 看成是 $\dot{E}_1$（或 $\dot{E}_2'$）同时作用于原、副边电路，便得到形状像"T"字的等效电路，如图 3-14 所示。

变压器负载运行时的 T 形等效电路是与实际变压器的电、磁关系和功率关系是完全等效的。但此 T 形等效电路属于复杂电路，要对其进行复数运算是比较麻烦的。在工程计算上，可根据要分析、计算的具体问题，对 T 形等效电路做进一步的简化。由于励磁电流分量 $\dot{I}_0$ 只占原边电流的 4%～10%，在工程计算中有时近似认为励磁铁损可忽略，则可得到如图 3-15 所示的简化等效电路。在图 3-15 中，$r_s = r_1 + r_2'$ 叫短路电阻，$x_s = x_1 + x_2'$ 叫短路电抗，$z_s = r_s + jx_s$ 叫短路阻抗，r_s，x_s，z_s 可由变压器的短路试验得出。

例 3-1 已知一台单相变压器的数据为：$S_N = 4.6\text{kV}\cdot\text{A}$，$U_{1N}/U_{2N} = 380\text{V}/115\text{V}$，$r_1 = 0.15\Omega$，$r_2 = 0.024\Omega$，$x_1 = 0.27\Omega$，$x_2 = 0.053\Omega$，其负载阻抗为：$z_L = 4 + j3\Omega$。当外加电压为额定值时，用简化等效电路计算原、副边电流及副边电压。

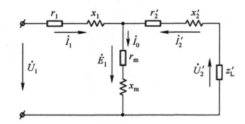
图 3-14　单相变压器负载运行时的 T 形等效电路

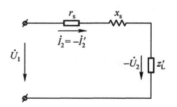
图 3-15　单相变压器负载运行时的简化等效电路

解：变比：
$$k = \frac{U_{1N}}{U_{2N}} = \frac{380}{115} = 3.30$$

原边电流：
$$\dot{I}_1 = -\dot{I}_2' = \frac{\dot{U}_{1N}}{(r_1 + r_2' + r_L') + j(x_1 + x_2' + x_L')}$$

$$= \frac{380\angle 0^\circ}{(0.15 + 3.30^2 \times 0.024 + 3.30^2 \times 4) + j(0.27 + 3.30^2 \times 0.053 + 3.30^2 \times 3)}$$

$$= \frac{380\angle 0^\circ}{43.971 + j33.517} = \frac{380\angle 0^\circ}{55.289\angle 37.32^\circ} = 6.87\angle -37.32^\circ\ \text{A}$$

副边电流：
$$\dot{I}_2 = k\dot{I}_2' = -3.3 \times 6.87\angle -37.32^\circ = -22.67\angle -37.32^\circ\ \text{A}$$

副边电压：$\dot{U}_2 = \dot{I}_2 z_L = -22.67\angle-37.32° \times (4+j3) = -113.35\angle-0.45°\text{V}$

3.4 变压器的参数测定

在用变压器等效电路对其运行性能进行分析时，必须要知道变压器的结构参数。可以用试验的方法测定变压器的参数，以便进行定量分析。

3.4.1 空载试验

变压器空载试验的目的是确定变压器的变比 k、铁损耗 p_{Fe} 和励磁阻抗 z_{m}。空载试验的电路图如图 3-16 所示。一般地，为方便于测量仪表的选用、确保试验安全，空载试验在低压边进行。将高压边开路，在低压边加电压为额定值 $U_{2\text{N}}$、频率为额定值的正弦交变电源，测出开路电压 U_{10}、空载电流 I_{20}、空载损耗 p_0。

对单相变压器，有：

$$k = \frac{U_{10}}{U_{2\text{N}}} \tag{3-37}$$

根据变压器空载运行时的等效电路，以及 $z_{\text{m}}' \gg z_2$，$r_{\text{m}}' \gg r_2$，有：

$$z_{\text{m}}' = \frac{U_{2\text{N}}}{I_{20}} - z_2 \approx \frac{U_{2\text{N}}}{I_{20}} \tag{3-38}$$

$$r_{\text{m}}' = \frac{p_0}{I_{20}^2} - r_2 \approx \frac{p_0}{I_{20}^2} \tag{3-39}$$

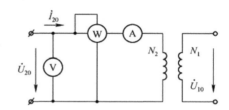

图 3-16　单相变压器空载试验接线图

励磁感抗 x_{m}' 可由 z_{m}'、r_{m}' 计算：

$$x_{\text{m}}' = \sqrt{z_{\text{m}}'^2 - r_{\text{m}}'^2} \tag{3-40}$$

此时计算的励磁参数均是在低压则的值，对降压变压器往往需要折算到高压则端，以便对整个电路进行计算，这时还需要将励磁参数再折算到高压则去，励磁参数应为 $r_{\text{m}} = k^2 r_{\text{m}}'$，$x_{\text{m}} = k^2 x_{\text{m}}'$，$z_{\text{m}} = k^2 z_{\text{m}}'$。

根据变压器空载运行时的功率关系，考虑到 I_{20} 很小，有

$$p_{\text{Fe}} = p_0 - p_{\text{Cu}} \approx p_0 - I_{20}^2 r_2 \approx p_0 \tag{3-41}$$

对于三相变压器的空载试验，测出的电压、电流均为线值，测出的功率为三相功率值，计算时应进行相应的换算，即将电压、电流换算为相值，将功率换算为单相值。

3.4.2 短路试验

变压器短路试验的目的是确定变压器的铜损耗 p_{Cu}、短路阻抗 z_s。短路试验的电路图如图 3-17 所示。为使所选用的电流表量程不至于太大，短路试验通常在高压边进行，将低压边的出线端短接，高压边通过自耦变压器接正弦交流电源，缓慢升压的同时观察电

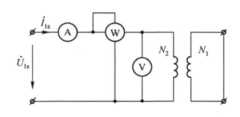

图 3-17　单相变压器短路试验接线图

流表的指示值，至 $I_1=I_{1N}$ 时停止加压，测出短路电压 U_{1s}、短路电流 I_{1s}、短路损耗 p_s。

从试验看出，短路电压 U_{1s} 相对于额定电压 U_{1N} 来说是很小的，因而铁芯中的磁通 Φ_m 也很小，即此时的铁损耗 p_{Fe} 很小，可以忽略。根据功率关系，有：

$$p_{CuN} = p_s - p_{Fe} \approx p_s \tag{3-42}$$

式中，$p_{CuN} = p_{Cu1} + p_{Cu2}$ 为变压器原、副绕组铜损耗之和。

由于此时的铜损耗是在原边电流等于额定值时测出的，所以 p_{CuN} 就是变压器额定运行时的铜损耗。

由于短路试验时，$z'_L = 0$，又有 $z_m \gg z'_2$，因此可以用简化等效电路来进行计算，有：

$$z_s = \frac{U_{1s}}{I_{1s}} \tag{3-43}$$

$$r_s = \frac{p_s}{I_{1s}^2} = \frac{p_s}{I_{1N}^2} \tag{3-44}$$

$$x_s = \sqrt{z_s^2 - r_s^2} \tag{3-45}$$

电阻值是随温度变化而变化的，应对短路试验时测出的短路电阻 r_s 及与 r_s 值有关的短路损耗 p_s 进行换算，换算成国家标准规定的温度（75℃）下的值。对铜绕组变压器，有：

$$r_{s75°C} = r_s \frac{235 + 75}{235 + \theta} \tag{3-46}$$

$$z_{s75°C} = \sqrt{r_{s75°C}^2 + x_s^2} \tag{3-47}$$

式中，θ——变压器短路试验时的室温。

$$p_{s75°C} = I_{1N}^2 \cdot r_{s75°C} \tag{3-48}$$

短路试验中加在高压边的电压 U_{1s} 称为短路电压，$U_{1s} = I_{1N} z_{s75}$，常用对 U_{1N} 的百分值 $u_s\%$ 来表示，$u_s\%$ 称为短路电压百分值。

$$u_s\% = \frac{U_{1s}}{U_{1N}} \times 100\% = \frac{I_{1s} z_s}{U_{1N}} \times 100\% \tag{3-49}$$

而

$$z_s\% = \frac{z_s}{\dfrac{U_{1N}}{I_{1N}}} \times 100\% = \frac{I_{1N} z_s}{U_{1N}} \times 100\% = \frac{I_{1s} z_s}{U_{1N}} \times 100\% \tag{3-50}$$

式中，$z_s\%$ 为短路阻抗百分值。

可见，$u_s\% = z_s\%$。短路电压百分值实际上反映了变压器漏阻抗的大小。变压器是负载的电源，其漏阻抗就是电源的内阻抗。$u_s\%$ 或 $z_s\%$ 越小，变压器的输出电压随负载变化而变化的程度就越小。$u_s\%$ 是变压器的一个很重要的参数。

例 3-2 一台 Y/y_0 连接的三相变压器，$S_N=100\text{kV} \cdot \text{A}$，$U_{1N}/U_{2N}=6\text{kV}/0.4\text{kV}$。在低压侧做空载试验，测出：$U_{20}=400\text{V}$，$I_{20}=9.37\text{A}$，$P_0=600\text{W}$；在高压侧做短路试验，测出：$U_{1s}=317\text{V}$，$I_{1s}=9.4\text{A}$，$p_s=1\,920\text{W}$。试验时的室温为 25℃，试求：（1）折算到高压边的励磁阻抗和短路阻抗；（2）变压器的短路电压百分值。

解：（1）阻抗计算：
$$k = \frac{U_{1N}/\sqrt{3}}{U_{2N}/\sqrt{3}} = \frac{6/\sqrt{3}}{0.4/\sqrt{3}} = 15$$

励磁参数：
$$z_m = k^2 \frac{U_{20}/\sqrt{3}}{I_{20}} = 15^2 \frac{400/\sqrt{3}}{9.37} = 5\,545.52\Omega$$

$$r_m = k^2 \frac{p_0/3}{I_{20}^2} = 15^2 \frac{600/3}{9.37^2} = 512.55\Omega$$

$$x_m = \sqrt{z_m^2 - r_m^2} = 5\,521.78\Omega$$

短路参数：
$$z_s = \frac{U_{1s}/\sqrt{3}}{I_{1s}} = \frac{317/\sqrt{3}}{9.4} = 19.47\Omega$$

$$r_s = \frac{p_s/3}{I_{1s}^2} = \frac{1\,920/3}{9.4^2} = 7.24\Omega$$

$$x_s = \sqrt{z_s^2 - r_s^2} = 18.07\Omega$$

$$r_{s75°C} = r_s \frac{235+75}{235+25} = 8.63\Omega$$

$$z_{s75°C} = \sqrt{r_{s75°C}^2 + x_s^2} = 20.03\Omega$$

（2）短路电压百分值：
$$u_s\% = \frac{U_{1s}}{U_{1N}} \times 100\% = \frac{317/\sqrt{3}}{6\,000/\sqrt{3}} \times 100\% = 5.3\%$$

3.4.3　标么值

一个物理量的实际值与选定的一个同单位的基值进行比较，所得的比值称为标么值。即：

$$标么值 = \frac{实际值（任意单位）}{基值（与实际值同单位）}$$

标么值的符号由原实际值的符号右上角加"*"表示。

对变压器而言，通常取原、副边的额定电压、额定电流分别作为原、副边电压、电流的基值，其他物理量的基值，可由它们与原、副边额定电压、额定电流的相互关系来确定。如原、副边电压、电流的标么值为：

$$\left.\begin{array}{l} U_1^* = U_1/U_{1N}, \quad U_2^* = U_2/U_{2N} \\ I_1^* = I_1/I_{1N}, \quad I_2^* = I_2/I_{2N} \end{array}\right\} \tag{3-51}$$

又如，原、副边阻抗的标么值为：

$$\left.\begin{array}{l} z_1^* = z_1/z_{1N} = I_{1N}z_1/U_{1N} \\ z_2^* = z_2/z_{2N} = I_{2N}z_2/U_{2N} \end{array}\right\} \tag{3-52}$$

输入、输出功率的标么值为：

$$\left.\begin{array}{l} P_1^* = P_1/P_{1N} = \dfrac{I_1 U_{1N}}{I_{1N} U_{1N}} = I_1/I_{1N} = I_1^* \\ P_2^* = P_2/P_{2N} = \dfrac{I_2 U_{2N}}{I_{2N} U_{2N}} = I_2/I_{2N} = I_2^* \end{array}\right\} \tag{3-53}$$

使用标么值有如下一些优点：

（1）使同单位的两个物理量之间的比较更加直观。如有两台变压器，其中一台的额定电流为95A，负载电流等于50A；另一台的额定电流为18A，负载电流等于15A。显然不能因为前一台的负载电流比后一台的大，就认为前一台所带的负载相对较大。如用标么值表示，前一台的负载电流标么值为 $I_2^* \approx 0.5$，后一台的负载电流标么值为 $I_2^* \approx 0.8$，容易看出，后一台的所带的负载相对较大。

（2）利用等效电路进行计算时，因为各物理量的标么值与其折算后的标么值相同，所以计算工作更为简便。如 $U_2'^* = U_2'/U_{1N} = kU_2/(kU_{2N}) = U_2/U_{2N} = U_2^*$。

（3）使三相变压器的线电压、线电流的标么值与对应的相电压、相电流标么值相同。如对连接组为 Y/d—11 的三相变压器，原边线电压、相电压的标么值分别为：

$$U_l^* = U_l/U_{1N}$$

$$U_\Phi^* = U_\Phi/(U_{1N}/\sqrt{3}) = \sqrt{3}\,U_\Phi/U_{1N} = U_l/U_{1N}$$

式中，U_1，U_1^*——分别为原边线电压、线电压标么值；

U_Φ，U_Φ^*——分别为原边相电压、相电压标么值。

（4）变压器中的许多物理量具有相同的标么值，使一些计算更为简便。据前述，短路电压和短路阻抗具有相同的标么值，即 $u_s^* = z_s^*$，还有 $p_s^* = r_s^*$。

3.5 变压器的运行特性

变压器的运行特性主要有外特性和效率特性，运行特性反映了变压器带负载运行时的性能。

3.5.1 外特性与电压变化率

变压器带负载运行时，变压器就是负载的电源，由于此电源的内部存在电阻和漏电抗，负载电流流过电源的内部将产生漏阻抗压降，使此电源即变压器的输出电压随负载大小的变化而发生变化。当变压器原边外加电源电压及负载功率因数一定时，反映副边端电压随副边电流变化而变化的曲线 $U_2 = f(I_2)$，称为变压器的外特性，如图 3-18 所示。外特性直观反映了变压器输出电压随负载电流变化的趋势。

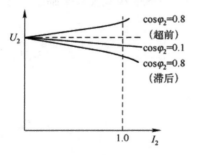

图 3-18 变压器的外特性

从图 3-18 中看出，变压器带电容性负载运行时，U_2 可能随 I_2 的增大而增大（容性负载减小了无功电流分量）；带电阻性和电感性负载运行时，U_2 随 I_2 的增大而减小。U_2 随 I_2 变化而变化的程度大小可以用电压变化率来表示。

电压变化率的定义为：原边加额定电压且负载功率因数一定时，副边开路电压 U_{20} 与副边负载上的电压 U_2 之差，相对于副边额定电压 U_{2N} 的百分值。有：

$$\Delta U\% = \frac{U_{20} - U_2}{U_{2N}} \times 100\% = \frac{U_{2N} - U_2}{U_{2N}} \times 100\% \quad （3-54）$$

电压变化率的实用计算公式可以由简化等效电路推导出来，有：

$$\Delta U\% = \beta \frac{I_{1N}r_s \cos\varphi_2 + I_{1N}x_s \sin\varphi_2}{U_{1N}} \times 100\% \quad （3-55）$$

式中，$\beta = \dfrac{I_1}{I_{1N}} = \dfrac{I_2}{I_{2N}}$——变压器的负载系数。

一般情况下，在 $\cos\varphi_2 = 0.8$（感性）左右时，额定负载的电压变化率约为 4%～5.5%。

3.5.2　变压器的损耗与效率

变压器的损耗可分为铜损耗和铁损耗两种，每一种又包括基本损耗和附加损耗。

基本铜损耗是指变压器原、副绕组中的直流电阻损耗。附加铜损耗主要是指漏磁通在原、副绕组中产生集肤效应、使其电阻增大而增加的那一部分铜损耗。附加铜损耗通常很小，基本铜损耗是铜损耗的主要部分。铜损耗的大小与负载电流的平方成正比，即随负载电流的变化而变化，也称铜损耗为可变损耗。

基本铁损耗是指变压器铁芯中的磁滞损耗和涡流损耗。附加铁损耗主要是指主磁通在变压器的结构件及铁芯的某些局部引起的涡流损耗。通常，附加铁损耗很小，基本铁损耗是铁损耗的主要部分。当原边所加的电压不变时，铁损耗基本不变，也称铁损耗为不变损耗。

变压器的效率是输出功率与输入功率之比，即：

$$\eta = \frac{P_2}{P_1} \times 100\% \tag{3-56}$$

由于大容量变压器的效率很高，P_1 和 P_2 的数值通常很接近，通过直接测量 P_1 和 P_2 的数值来计算效率是很不准确的。工程上，一般都采用间接法，通过测量变压器的损耗来间接计算出效率。可以证明：

$$\eta = \frac{P_2}{P_1} 100\% = \frac{P_1 - \sum p}{P_1} \times 100\% = \left(1 - \frac{p_0 + \beta^2 p_s}{\beta S_N \cos\varphi_2 + p_0 + \beta^2 p_s}\right) \times 100\% \tag{3-57}$$

式中，$\sum p = p_{Fe} + p_{Cu}$——变压器的总损耗；

$\qquad p_{Fe} \approx p_0$——变压器的铁损耗；

$\qquad p_{Cu}$——变压器的铜损耗。

额定负载时有 $p_{CuN} \approx p_s$，非额定负载时有 $p_{Cu} = I_1^2 r_s = \beta^2 I_{1N}^2 r_s = \beta^2 p_s$。

式（3-57）表明，变压器的效率 η 是随负载系数 β 或负载电流 $I_2 = \beta I_{2N}$ 变化而变化的，其变化曲线 $\eta = f(\beta)$ 称为变压器的效率特性，如图 3-19 所示。从效率特性看出，负载较小时，效率随负载的增加而增加；负载较大时，效率随负载的增加而减小。表明效率有一个最大值，用 η_{max} 表示。效率达到最大值时的负载系数用 β_{max} 表示，可以证明：

$$\beta_{max} = \sqrt{\frac{p_0}{p_s}} \tag{3-58}$$

在负载较小时，输出功率小，铁损耗占的比例大，故效率低；随着输出功率的增大效率提高；但当负载过大时，铜损耗是随电流的平方增大的，铜损耗占的比例增加更快，效率反而下降。一般当 $\beta = 0.5\sim0.7$ 范围内时，达到 η_{max}。

例 3-3　已知数据同例 3-2，试求：

（1）额定负载且 $\cos\varphi_2 = 0.8$（滞后）时的电压变化率、副边电压及运行效率；

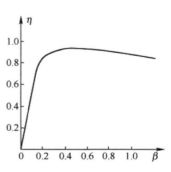

图 3-19　变压器的效率特性

（2）$\cos \varphi_2 = 0.8$（滞后）时的最高效率及对应的负载系数。

解：（1）负载系数：
$$\beta = \frac{I_1}{I_{1N}} = 1$$

电压变化率：
$$\Delta U\% = \beta \frac{I_{1N} r_s \cos \varphi_2 + I_{1N} x_s \sin \varphi_2}{U_{1N}} \times 100\%$$

$$= \frac{9.4 \times 8.63 \times 0.8 + 9.4 \times 18.07 \times 0.6}{6\,000 / \sqrt{3}} \times 100\% = 4.82\%$$

式中，$I_{1N} = I_{1s} = 9.4$A，r_s 取 $r_{s75℃} = 8.63$A。

副边电压：
$$U_2 = (1 - \Delta U\%)\ U_{2N} = (1 - 4.82\%) \times 400 = 381\text{V}$$

运行效率：
$$\eta = \left(1 - \frac{p_0 + \beta^2 p_s}{\beta S_N \cos \varphi_2 + p_0 + \beta^2 p_s}\right) \times 100\%$$

$$= \left(1 - \frac{600 + 2\,288}{100 \times 10^3 \times 0.8 + 600 + 2\,288}\right) \times 100\% = 96.52\%$$

式中，p_s 取 $p_{s75℃} = 3 I_{1N}^2 r_{s75℃} = 3 \times 9.4^2 \times 8.63 = 2\,288$W。

（2）最高效率：
$$\eta_{max} = \left(1 - \frac{2 p_0}{\beta S_N \cos \varphi_2 + 2 p_0}\right) \times 100\%$$

$$= \left(1 - \frac{2 \times 600}{100 \times 10^3 \times 0.8 + 2 \times 600}\right) \times 100\% = 98.52\%$$

对应的负载系数：
$$\beta_{max} = \sqrt{\frac{p_0}{p_s}} = \sqrt{\frac{600}{2\,288}} = 0.51$$

3.6 • 三相变压器

目前的电力系统普遍采用三相制供配电。三相变压器在现实中的应用相当广泛，在工程上，可以认为三相变压器带对称负载运行，即认为三相变压器的原、副边都是三相对称电路。对三相变压器进行分析、计算时，可以取出其中的一相，应用单相变压器的有关方程式、等效电路以及运行特性来进行分析、计算。在这一节里，我们只讨论三相变压器的特有问题。

3.6.1 磁路系统

三相变压器分为三相变压器组和三相心式变压器两种。

1．三相变压器组的磁路系统

三相变压器组由三台相同的单相变压器组成，如图3-20所示。对于大容量的变压器，为了便于制造、运输、安装并减小备用容量，通常制成这种型式的变压器。

显然，三相变压器组的三相主磁通通过各自的铁芯闭合，即三相磁路是独立的，三相之间只有电路联系。由于三相磁路的完全相同，只要电源电压是三相对称的，使三相空载（励磁）电流对称，则三相磁通也是对称的。

2. 三相心式变压器的磁路系统

三相心式变压器的铁芯如图 3-21 所示，从图中看出，三相磁路是互相依赖的，三相磁路的长度不完全相同。严格地说，即使电源电压是三相对称的，由于三相磁路不完全相同，也不能使三相励磁电流对称，三相磁通也是不对称的。由于空载电流相对于变压器原边额定电流来说是很小的，工程上常常忽略空载电流不对称带来的影响，简单地取三相空载电流的平均值作为空载电流的数值。

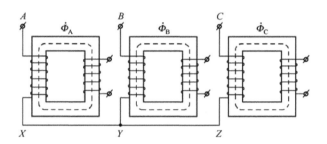

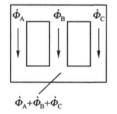

图 3-20 三相变压器组的磁路系统　　　　图 3-21 三相心式变压器的磁路系统

3.6.2 单相变压器的极性

单相变压器的原、副绕组套在同一个铁芯柱上，铁芯中的交变磁通 Φ 同时与原、副绕组交链，在原、副绕组中产生相应的感应电动势 $\dot{E}_1$、$\dot{E}_2$，$\dot{E}_1$、$\dot{E}_2$ 正方向的规定如前所述，即与铁芯中的磁通 Φ 符合右手螺旋定则。

单相变压器的原、副绕组均有两个出线端，其中的一端称为首端，另一端称为末端。原绕组的首、末端分别用大写英语字母 A（或 B，C）、X（或 Y，Z）表示，副绕组的首、末端分别用与原绕组相同符号的小写英语字母 a（或 b，c）、x（或 y，z）表示。原、副绕组中，某一瞬时同为高电位（或同为低电位）的出线端称为同名端，用相同的符号标示，如用 "*"或 "·" 标示。需要注意的是，原、副绕组的两个标示为首端（或末端）的出线端不一定是同名端。原、副绕组的首、末端是可以任意标示的，但是原、副绕组感应电动势相位关系的表示因首、末端的不同标示而不同。

原、副绕组的绕向要么相同、要么相反，如图 3-22 所示（图中已标示首、末端）。在图 3-22（a）中，原、副绕组的绕向相同，则 A，a 为同名端，用 "·" 标示（X，x 也为同名端，通常不重复标示），原、副绕组的相电动势 $\dot{E}_{XA}$ 与 $\dot{E}_{xa}$ 是同相位的。在图 3-22（b）中，原、副绕组的绕向相反，则 A，x 为同名端，用 "·" 标示，原、副绕组的相电动势 $\dot{E}_{XA}$ 与 $\dot{E}_{xa}$ 是反相位的。可见，套在同一个铁芯柱上的原、副绕组的相电动势的相位关系只有两种可能，要么同相位、要么反相位。

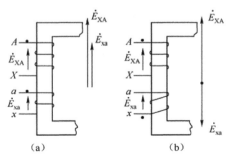

图 3-22 单相变压器原、副边电动势的相位关系

通常采用时钟表示法来形象地表示原、副绕组的相电动势的相位关系：将原绕组的相电动势向量固定地指向时钟的 12 点，根据原、副绕组相电动势之间的相位关系，确定副绕组相电动势向量的指向，副绕组相电动势向量在同一时钟上所指钟点数就是单相变压器连接组的标号。如果用 I/I 表示单相变压器原、副绕组的连接，单相变压器的连接组别只有两种，一种为 I/I–12，如图 3-22（a）所示；另一种为 I/I–6，如图 3-22（b）所示。我国国标规定，I/I–12 是单相变压器的标准连接组别。

3.6.3 三相变压器的连接组别

三相变压器有 Y/y₀、Y/d、D/y₀ 等连接组合形式。例如 D/y₀ 的组合形式表明原边的三相绕组接成 D 形，副边的三相绕组接成 y 形且引出中线。为了表明原、副绕组对应线电动势的相位关系，还应表明其连接组别的标号。三相变压器的连接组别标号采用的时钟表示法为：将原绕组的线电动势向量固定地指向时钟的 12 点，根据原、副绕组对应线电动势之间的相位关系，确定副绕组线电动势的指向，副绕组对应线电动势向量在同一时钟上所指的钟点数就是该三相变压器连接组别的标号。

我们可以根据三相变压器的接线图，确定其连接组别标号。例如，已知三相变压器的接线图如图 3-23 所示，确定其连接组别标号的步骤如下：

（1）先做出原边各相的相电动势向量 $\dot{E}_{XA}$，$\dot{E}_{YB}$，$\dot{E}_{ZC}$，它们相位互差 120°；然后，据此作出原边一个线电动势向量 $\dot{E}_{AB} = \dot{E}_{YB} - \dot{E}_{XA}$，如图 3-24 所示。

（2）由图 3-23 所表明的同名端知道，$\dot{E}_{xa}$ 与 $\dot{E}_{XA}$，$\dot{E}_{yb}$ 与 $\dot{E}_{YB}$，$\dot{E}_{zc}$ 与 $\dot{E}_{ZC}$ 的相位分别相反。

在图 3-24 中，使 a 与 A 重合，做出副绕组相电动势向量 $\dot{E}_{xa}$，$\dot{E}_{yb}$，$\dot{E}_{zc}$；然后，据此作出副绕组对应线电动势向量 $\dot{E}_{ab} = \dot{E}_{yb} - \dot{E}_{xa}$，如图 3-24 所示。

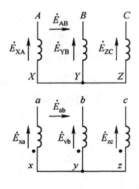

图 3-23　Y/y-6 接线图

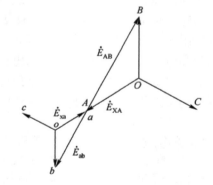

图 3-24　Y/y-6 电动势向量图

（3）使 $\dot{E}_{AB}$（或 $\dot{E}_{BC}$，$\dot{E}_{CA}$）固定地指向时钟的 12 点，发现 $\dot{E}_{ab}$（或 $\dot{E}_{bc}$，$\dot{E}_{ca}$）指向同一时钟的 6 点，则可以确定该三相变压器接线图的连接组别标号为 Y/y-6。

图 3-25 和图 3-26 是三相变压器 Y/d-11 连接组别的接线图和向量图，大家可以自己分析其连接组别。

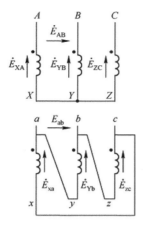

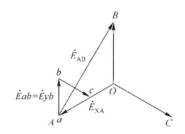

图 3-25　Y/d-11 接线图　　　　图 3-26　Y/d-11 电动势向量图

三相变压器的连接组别有 24 种接法之多，其中 Y/y-12、Y_0/y-12、Y/y_0-12、Y/d-11、Y_0/d-11 等 5 种为我国三相双绕组电力变压器的标准连接组别。使用时应注意，三相变压器组不能采用 Y/y 连接，因为绕组中尖顶波形的相电动势很大，可能会损坏绕组的匝间绝缘；容量大于 1600k·VA 的三相心式变压器不能采用 Y/y 连接，因为铁芯中存在三次谐波磁通，在变压器构件中产生附加的铁损耗比较大，可能使大容量变压器的工作温度较高而缩短其使用寿命。

3.7　变压器的并联运行

变压器并联运行是指两台及以上变压器的原绕组并联后接电源、副绕组并联后向负载供电，如图 3-27 所示。变压器的并联运行在电力系统中得到广泛的应用。

3.7.1　并联运行的优点

变压器并联运行有如下优点：

（1）提高供电的可靠性。当一台变压器发生事故或需要维护时，可将其从电网中切除，不必因此停止向负载供电。

（2）可实现经济运行。变压器在轻载运行时的功率因数和效率都比较低，如果在负载较轻时切除并联运行的其中一、两台变压器，可使还在运行的变压器的负载量较为合理。

（3）可减小变压器的初装容量。可随生产的发展、在要求更大的供电容量时，再并联更多的变压器。

（4）可减小变压器的备用容量。变压器的备用容量可小于正在运行的变压器总容量。备用容量通常为总容量的 1/2 或 2/3 等。

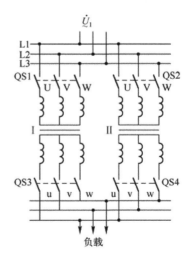

图 3-27　变压器并联运行接线图

3.7.2　并联运行的条件

变压器并联运行的理想情况如下：

（1）空载时，各变压器绕组之间没有环流，以防因并联运行带来附加的铜损耗。

（2）负载时，各变压器应按各自的额定容量成正比地分担负载，使各台变压器的容量都得到充分的利用，不出现有的变压器过载而有的变压器轻载的现象。

（3）负载时，各变压器中同一相的副边电流同相位，使各变压器的副边电流在总负载电流一定时均为最小值。

要实现变压器的理想并联运行，并联的变压器必须满足下列条件：

（1）各变压器的原、副边额定电压对应相等，即变比 k 相等。

（2）各变压器的连接组别必须相同。

（3）各变压器的短路阻抗的标么值应相等。

实际并联运行时，各变压器的容量最好相同或相近，最大容量与最小容量之比不得超过 3:1。如果不满足上述三个条件，将给并联运行的变压器带来不良的影响，甚至于损坏变压器，现就此分析如下：

（1）如果变比 k 不相等，各并联变压器绕组之间将出现环流，使各变压器的损耗增加。

如图 3-28 所示是从原边向副边折算的两台并联运行变压器的简化等效电路。图中 k_I, k_{II} 分别为两台变压器的变比，且 $k_I \neq k_{II}$，z_{sI}，z_{sII} 为两台变压器的短路阻抗；$\dot{U}_1/k_I$，$\dot{U}_1/k_{II}$ 为两台变压器的副边电压；$\dot{I}_I$，$\dot{I}_{II}$ 分别为流过两台变压器绕组的总电流；$\dot{U}_2$，$\dot{I}_2$，z_L 分别为负载的电压、电流、阻抗；$\dot{I}_C$ 为不通过负载、只在两台变压器绕组之间流过的环流。从图 3-28 的等效电路可以看出，在相同的电源电压下，两台变压器副边输出电压 $\dot{U}_1/k_I \neq \dot{U}_1/k_{II}$，必然在变压器绕组之间会产生环流 $\dot{I}_C$，两台变压器变比相差越大则环流也越大。

（2）如果连接组别不相同，各并联变压器绕组之间将产生很大的环流，变压器绕组将因此损坏。

现假定有两台连接组分别为 Y/y-12、Y/d-11 的三相变压器并联运行，其原、副边额定电压分别相等。在原绕组加上额定电压时，两台变压器的副边开路时的线电压均为额定值 $|\dot{U}_I|=|\dot{U}_{II}|=|\dot{U}_{2N}|$，但由于 $\dot{U}_I$ 与 $\dot{U}_{II}$ 有 30° 的相位差。两台变压器的副边开路电压的相位关系如图 3-29 所示，有：

$$\Delta \dot{U}_{20} = \dot{U}_I - \dot{U}_{II} = 2\sin\frac{30°}{2}|\dot{U}_{2N}| \angle 30° \approx 0.52|\dot{U}_{2N}| \angle 30° \qquad (3-59)$$

可见，两台副边线电压相位差为最小的不同连接组别变压器并联运行时，$|\Delta\dot{U}_{2N}|$ 就达到了变压器副边额定电压 $|\dot{U}_{2N}|$ 的 52%，会在副绕组中产生很大的环流，所以连接组别不同的变压器禁止并联运行。

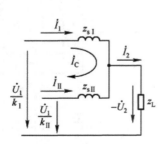

图 3-28　两台并联运行变压器的简化等效电路

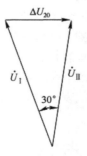

图 3-29　Y/Y-12 与 Y/d-11 并联运行时
副边开路电压的相位关系

（3）如果短路阻抗标么值不相等，则可能使并联运行的一些变压器因严重过载而损坏，另一些变压器轻载而在低效率和低功率因数下运行。

假定有两台原、副绕组额定电压分别相等即变比相等，连接组别相同，但短路阻抗标么值不相等的变压器并联运行。由于 $k_{\mathrm{I}}=k_{\mathrm{II}}$ 即 $\dot{U}_{\mathrm{I}}/k_{\mathrm{I}}=\dot{U}_{\mathrm{II}}/k_{\mathrm{II}}$，从图 3-28 看出，阻抗 z_{sI} 与 z_{sII} 是直接并联的，有：

$$
\left.
\begin{aligned}
&\dot{I}_{\mathrm{I}}z_{\mathrm{sI}}=\dot{I}_{\mathrm{II}}z_{\mathrm{sII}} \\
&\dot{I}_{\mathrm{I}}z_{\mathrm{sI}}/U_{\mathrm{NI}}=\dot{I}_{\mathrm{II}}z_{\mathrm{sII}}/U_{\mathrm{NII}} \\
&\dot{I}_{\mathrm{I}}z_{\mathrm{sI}}/(I_{\mathrm{NI}}z_{\mathrm{NI}})=\dot{I}_{\mathrm{II}}z_{\mathrm{sII}}/(I_{\mathrm{NII}}z_{\mathrm{NII}}) \\
&\dot{I}_{\mathrm{I}}^{*}z_{\mathrm{sI}}^{*}=\dot{I}_{\mathrm{II}}^{*}z_{\mathrm{sII}}^{*} \\
&\dot{I}_{\mathrm{I}}^{*}/\dot{I}_{\mathrm{II}}^{*}=z_{\mathrm{sII}}^{*}/z_{\mathrm{sI}}^{*}
\end{aligned}
\right\}
\tag{3-60}
$$

式中，U_{NI}，U_{NII}——两台变压器的额定电压；

I_{NI}，I_{NII}——两台变压器的额定电流；

z_{NI}，z_{NII}——两台变压器的额定阻抗。

可见，只要并联运行的各变压器的短路阻抗标么值相等，则并联运行的各变压器的电流标么值相等，说明各变压器能按各自额定电流的大小成正比地分担负载。

3.8 其他用途变压器

3.8.1 自耦变压器

自耦变压器实际是一台单绕组变压器，副绕组只是原绕组的一部分，其结构原理图如图 3-30 所示。自耦变压器的原边和副边之间，不仅有磁路的耦合关系，而且还有直接的电路联系。自耦变压器主要在实验室中用做调压设备，在交流电动机启动时用做降压设备。

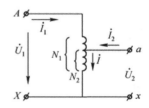

图 3-30 自耦变压器结构原理图

1. 电压关系

与单相变压器同理，忽略漏阻抗压降的影响，有：

$$
k_{\mathrm{a}}=\frac{E_1}{E_2}=\frac{N_1}{N_2}\approx\frac{U_1}{U_2}
$$

$$
U_2\approx U_1/k_{\mathrm{a}}
$$

式中，k_{a} 为自耦变压器的变比。

可见，在外加电压 U_1 一定时，通过移动副绕组的滑动触头，使副绕组的匝数 N_2 改变，便可改变自耦变压器的变比 k_{a}，达到调节副边电压 U_2 的目的。

2. 电流关系

自耦变压器负载运行时的磁动势平衡方程式，可以仿照单相变压器负载运行时的磁动势平衡方程式得出，有：

$$\dot{I}_1(N_1 - N_2) + \dot{I}N_2 = \dot{I}_0 N_1 \tag{3-61}$$

将 $\dot{I} = \dot{I}_1 + \dot{I}_2$ 代入式（3-61），并忽略励磁磁动势 $\dot{I}_0 N_1$ 的影响得：

$$\left.\begin{array}{l} \dot{I}_1 N_1 + \dot{I}_2 N_2 = \dot{I}_0 N_1 \approx 0 \\ \dot{I}_2 = -\dfrac{N_1}{N_2}\dot{I}_1 = -k_a \dot{I}_1 \end{array}\right\} \tag{3-62}$$

可见，自耦变压器的副边电流 $\dot{I}_2$ 与原边电流 $\dot{I}_1$ 反相位，即当 $\dot{I}_1$ 的实际方向与图 3-30 中的参考方向相同时，$\dot{I}_2$ 的实际方向应与其参考方向相反。

根据基尔霍夫电流定律，有：

$$\dot{I} = \dot{I}_1 + \dot{I}_2 = \dot{I}_1 - k_a \dot{I}_1 = (1 - k_a)\dot{I}_1 \tag{3-63}$$

由于 $k_a > 1$，所以自耦变压器中流过公共绕组部分的电流 $\dot{I}$ 与原边电流 $\dot{I}_1$ 反相位，$\dot{I}$ 的实际方向也应与其参考方向相反。

根据 $\dot{I}_1$，$\dot{I}_2$，$\dot{I}$ 的实际方向，有：

$$I_2 = I_1 + I \tag{3-64}$$

由此可知输出电流 I_2 是大于公共绕组中的电流 I 的。

3．功率关系

自耦变压器的视在功率 S 为：

$$S = U_2 I_2 = U_2 I_1 + U_2 I \tag{3-65}$$

上式说明，自耦变压器提供给负载的视在功率为 $U_2 I_2$，它由两部分组成：一部分来自原边吸收电源的功率 $U_2 I_1$，通过电路直接向负载传送，称传递功率；另一部分功率是通过电磁感应产生并向负载传送的 $U_2 I$，称电磁功率。这一功率关系是自耦变压器所特有的，所以相同容量的自耦变压器比双绕组变压器消耗材料更少、更轻、更经济。

4．自耦变压器的优缺点

与同容量的普通变压器相比，自耦变压器的体积较小，可以节省材料，减少损耗，提高效率。理论分析和实际测试都可以证明：当变比 k 接近 1 时，自耦变压器的优点是显著的；而变比大于 2 时，优点就不明显了。所以实际使用的自耦变压器，其变比一般在 1.2～2 的范围内。

自耦变压器的缺点是：由于一次侧与二次侧的电路直接联系，使高压侧的电气故障会波及到低压侧。例如当高压绕组绝缘损坏时，高电压会直接传到低压绕组；当公共绕组断路时，输入与输出电压是相等的。所以低压侧的电气设备也要具备高压侧的绝缘等级。因此规定自耦变压器不能用作安全照明变压器。

5．自耦变压器的应用场合

自耦变压器不但可以降压，也可以用来升压。自耦变压器可以用于连接两个电压接近的大电网，用一个体积较小的自耦变压器就可以传递大功率的电能；大容量的交流电动机启动时，用自耦变压器降压可以达到减小启动电流的目的；把自耦变压器绕组的中间抽头做成滑动触头则可以构成自耦调压器。

6．单相自耦调压器的使用注意事项

实验室中广泛使用的单相自耦调压器，输入电压为 220V，输出电压可在 0～250V 之间调节。使用时，要求把输入、输出的公共端 U_2 和 u_2 接零线，输入接线端 U_1 和 U_2 接电源，输出接线端 u_1 和 u_2 接负载，如图 3-31 所示。如果接成图 3-32 所示的形式，即使输出电压为零时，输出端对地电压仍是 220V，操作者不小心碰到公共端 u_2 端也会触电。此外自耦调压器接电源之前，一定要调到零位。

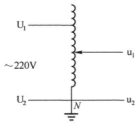

图 3-31　自耦变压器的正确接法

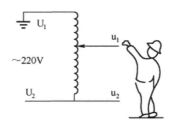

图 3-32　自耦变压器的错误接法

3.8.2　仪用变压器

仪用变压器是在测量高电压、大电流时使用的一种特殊变压器，也称为仪用互感器。仪用互感器有电流互感器和电压互感器两种形式。

仪用变压器用于电力系统中，作为测量、控制、指示、继电保护等电路的信号源。使用仪用变压器，可以使仪表、继电器等与高电压、大电流的被测电路绝缘，可以使仪表、继电器等的规格比直接测量高电压、大电流电路时所用的仪表、继电器规格小得多；可以使仪表、继电器的规格统一，以便于制造且可减小备用容量。

1．电流互感器

电流互感器在结构上与单相变压器类似，如图 3-33 所示。电流互感器的结构又有其特点，原绕组的匝数 N_1 很少，由一匝或几匝相当粗的导线绕制而成。原绕组与被测电路串联，输入的是电流 I_1 信号，I_1 的大小是由负载大小决定的。副绕组的匝数 N_2 很多，由较细的导线绕制而成，副绕组与阻抗很小的仪表线圈或继电器线圈串联，副边工作在接近短

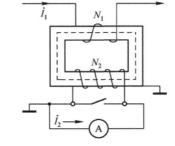

图 3-33　电流互感器结构原理图

路的状态。原绕组的额定电流可以在 10～25 000A 的范围内有若干规格可供选择，副绕组的额定电流一般统一设计为 5A。

电流互感器运行时，其磁动势平衡关系为：

$$\dot{I}_1 N_1 + \dot{I}_2 N_2 = \dot{I}_0 N_1$$

由于 $\dot{I}_0$ 及 N_1 均很小，忽略 $\dot{I}_0 N_1$，有：

$$\left.\begin{aligned}\dot{I}_1 N_1 + \dot{I}_2 N_2 &= 0 \\ \dot{I}_2 = -\frac{N_1}{N_2}\dot{I}_1 &= -\frac{1}{\dfrac{N_2}{N_1}}\dot{I}_1 = -\frac{1}{k_i}\dot{I}_1\end{aligned}\right\} \qquad (3\text{-}66)$$

式中，$k_i = \dfrac{N_2}{N_1}$ ——电流互感器的原、副边匝数之比，也称变流比。

由于 $N_1 < N_2$，因此 $k_i > 1$。可见，电流互感器起到减小电流的作用。调节 N_1 的数值，电流互感器能够将不同大小的原边电流减小到合适值。

事实上，$\dot{I}_0 N_1 \neq 0$，因此电流互感器存在测量误差。对应误差的大小，电流互感器分成 0.2，0.5，1.0，3.0 和 10.0 五个精度等级。电流互感器的实际测量精度与其二次负载容量有关，只有电流互感器的实际二次负载容量小于精度等级对应的额定二次负载容量时，实际的测量精度才会达到标明的等级。

使用电流互感器时，必须注意以下几点：

（1）副绕组不允许开路。因为副绕组开路时，原绕组中的大电流全部用于励磁（即 $I_1 = I_0$），使铁芯中的合成磁动势猛增。一方面使铁损耗增大，铁芯过热，使铁芯性能下降而降低测量精度，严重时会损坏绕组的绝缘。另一方面，铁芯高度饱和使交变磁通曲线变成两腰很陡的梯形波，磁通在过零时的变化率 $\mathrm{d}\Phi/\mathrm{d}t$ 很大，将在匝数很多的副绕组中感应出很大的电动势，有可能因此击穿绕组的绝缘，危及人体。

（2）二次绕组一端及铁芯必须牢固接地，以防止绕组绝缘损伤时被测电路的高电压串入副边而危及人身安全。

（3）二次负载的阻抗值不能过大。在被测电流一定时，二次电流也一定，如果二次负载的阻抗值过大，则负载上的电压过大，二次负载的容量过大，使电流互感器的测量精度下降。

电工常用的钳形电流表实际上就是电流互感器与电流表的组合，如图 3-34 所示。通过改变二次线圈的匝数，得到不同的测量量程。

2．电压互感器

电压互感器的结构和工作原理与单相降压变压器基本相同，如图 3-35 所示。原绕组与被测电路并联，副绕组接阻抗很大的仪表线圈，电压互感器运行时相当于普通单相变压器的空载运行。电压互感器副绕组的额定电压一般设计为 100V，原绕组的额定电压应选用与被接电网额定电压相同的电压等级，如 6kV、10kV 等。

图 3-34　钳形电流表

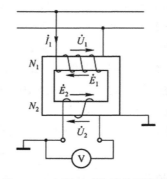

图 3-35　电压互感器结构原理图

参照普通单相变压器空载运行的电压方程式，忽略漏阻抗压降的影响，有：

$$\frac{U_1}{U_2} \approx \frac{E_1}{E_2} = \frac{N_1}{N_2} = k$$

$$U_2 \approx \frac{N_2}{N_1}U_1 = \frac{1}{k}U_1 \qquad\qquad (3\text{-}67)$$

式中，k——电压互感器的原、副边匝数之比。

由于 $N_1 > N_2$，因此 $\kappa > 1$。可见电压互感器起到降低电压的作用。调节 N_1 的数值，电压互感器能够将不同等级的原边电压降低到合适值。

事实上，由于空载电流和漏阻抗压降的存在，电压互感器存在测量误差。根据误差的大小，电压互感器分成 0.2，0.5，1.0，3.0 四个精度等级。电压互感器的实际测量精度与其二次负载容量有关，只有电压互感器的实际二次负载容量小于精度等级对应的额定二次负载容量时，实际的测量精度才会达到标明的等级。

使用电压互感器时，必须注意以下几点：

（1）副绕组不允许短路，以防止过大的短路电流损坏电压互感器。

（2）二次绕组一端及铁芯必须牢固接地，以防止绕组绝缘损伤时被测电路的高电压串入副边而危及人身安全。

（3）二次负载的阻抗值不能过小。在被测电压和二次电压均一定时，如果二次负载的阻抗值过小，则负载上的电流过大，二次负载的容量也过大，使电压互感器的测量精度下降。

3.8.3　电焊变压器

交流电焊机由于结构简单、成本低廉、制造容易、使用和维护方便而得到广泛的应用。它实质上就是一台具有特殊外特性的降压变压器，故又称为电焊变压器。

1．电焊变压器的性能特点

为了保证焊接的工艺质量，对电焊变压器有以下几方面的技术要求：

（1）空载时，具有 60～75V 的输出电压 U_{20}，以保证容易起弧。但为了操作者的安全，最高电压一般不得超过 85 V。

（2）负载时，应具有电压迅速下降的外特性，如图 3-36 所示。在额定负载时的输出电压 U_2 约为 30V 左右。

（3）短路时，其短路电流不应过大。

（4）为了焊接不同的工件和使用不同的电焊条，要求焊接电流能在一定的范围内可调。

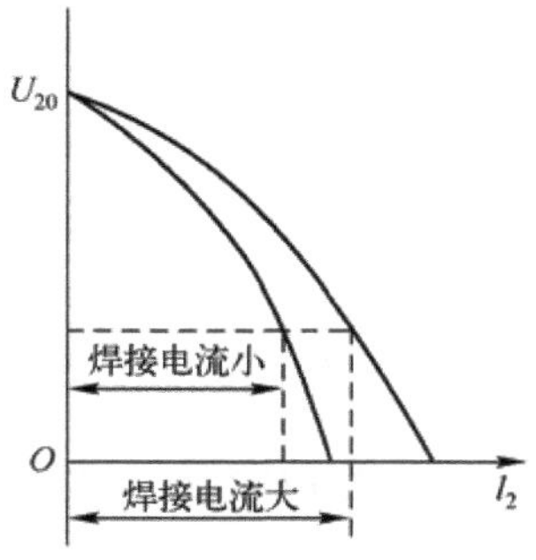

2．电焊变压器的结构

为了满足电焊机使用的工艺要求，电焊变压器必须具有较大的漏电抗，而且可以调节。因此电焊变压器的结构特点是：一次绕组和二次绕组不是同心地套在一起，而是分装在两个铁芯柱上；再用磁分路或串联可变电抗器等方法来调节漏电抗的大小，以获得不同的外特性。常用的电焊变压器按结构不同可分

图 3-36　电焊变压器的外特性

为动铁芯磁分路电焊变压器和串联可变电抗器的电焊变压器，如图3-37所示。

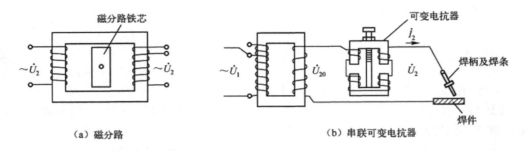

图 3-37　电焊变压器的结构

（1）磁分路结构电焊变压器。带磁分路结构的电焊变压器，在一次绕组和二次绕组的两个铁芯柱之间，安装了一个可以移动的磁分路铁芯。由于磁分路铁芯的存在，增加了变压器中的漏磁通，增大了漏电抗，从而使变压器获得了电压迅速下降的外特性。通过电焊变压器外部的手柄来调节螺杆，使磁分路铁芯移进或移出，即漏电抗增大或减小，从而改变焊接电流的大小。另外，还可以通过改变二次绕组抽头的位置调节起弧电压的大小。通常将改变二次绕组抽头位置的方法称为粗调，转动手柄使磁分路铁芯移进或移出的方法称为细调。

（2）串联可变电抗器的电焊变压器。串联可变电抗器的电焊变压器在二次绕组中串联了一个可变电抗器，通过螺杆的调节可以改变可变电抗器的铁芯气隙，调节焊接电流的大小。可变电抗器的气隙增大时，电抗器的电感量减小，电抗值减小，焊接电流增大；反之，若气隙减小，电抗器的电抗值增大，焊接电流变小。另外，改变一次绕组的接线端头，可以调节起弧电压的大小。通常将改变一次绕组的接线端头的方法称为粗调，转动手柄调节可变电抗器的铁芯气隙的方法称为细调。

3.8.4　整流变压器

1．整流变压器的作用

整流变压器主要用作硅整流设备的电源变压器，是整流装置中的重要组成部分。它将电源电压变换成整流器所需要的交流电压，还可以将三相交流系统变换为多相系统，以达到减小整流器输出直流电压脉动的作用。

整流变压器在工业生产中应用越来越广泛，除了用于电力拖动中的供电，交流发电机的励磁供电以及串级调速的供电外，还大量地用于电解、电镀、电气传动、矿山机械、电力机车和城市电车等直流供电方面，实验室也用它做直流电源。

2．整流变压器的特点

（1）一、二次绕组的视在功率不相等，而且二次视在功率大于一次视在功率。

（2）由于阻抗大，其外形较短胖，并且绕组和铁芯的机械强度也大。

（3）有特殊的绕组连接组及补偿装置。

（4）效率较低，例如单相半波不可控整流电路系统中的整流变压器利用效率为 1/3 左右，而普通变压器的效率接近于 1。

3．整流变压器的分类

整流变压器的种类很多，通常可按用途、相数、调压方式、冷却方式等划分类别。

（1）从相数上分：有单相、三相和多相整流变压器（如六相或十二相等）；

（2）从冷却方式上分：有干式和油浸式整流变压器；

（3）从用途上分：有电力拖动用整流变压器、牵引用整流变压器、电炉用整流变压器、电解电镀用整流变压器和同步电机励磁系统整流装置用整流变压器；

（4）从调压方式上分：有不调压、无载调压和有载调压整流变压器。

3.8.5　非晶合金变压器简介

铁基非晶合金铁是一种新型节能材料，具有高饱和磁感应强度、低损耗（相当于硅钢片的 1/3～1/5）、低矫顽力、低激磁电流、良好的温度稳定性等特点，用非晶合金铁芯制造的变压器，其空载损耗较用硅钢片的 S9 产品系列下降 70%～80%，空载电流较 S9 系列下降 20%～50%。非晶合金采用快速急冷凝固生产工艺，其物理状态表现为金属原子呈无序非晶体排列，它与硅钢的晶体结构完全不同更利于被磁化和去磁。这种新材料用于变压器铁芯，变压器运行时每秒 100～120 次的去磁和被磁化过和相当容易，从而大幅度降低了铁芯的空载损耗，若用于油浸变压器还可减排 CO、SO、NOX 等有害气体，被称为二十世纪的"绿色材料"。SH11 型非晶合金产品、铁芯采用单框或三相五柱卷铁芯，铁芯夹紧用用薄板成型框架结构，低压线圈为箔绕式，使之损耗低、抗短路能力强、结构先进合理、总体性能指标达到世界先进水平。图 3-38 为 SH11-M 型非晶合金配电变压器外形图。

非晶合金铁芯为卷铁芯结构，三相五柱式，截面为矩形，如图 3-39 所示。线圈为矩形，高压采用缩醛漆包线绕制，低压采用无氧铜导线或为铜箔线圈，增加变压器承受短路的能力。

图 3-38　SH11-M 型非晶合金配电变压器

图 3-39　非晶合金变压器铁芯

3.9　变压器的使用技术

3.9.1　电力变压器的选择

1．变压器结构形式的选择

电力变压器分户内式和户外式两种，应根据使用条件的不同来选择，户内式变压器不能在户外运行，而户外变压器可以在户内运行。有时变压器安装在户内，也常选户外式变压器。

2．额定电压的选择

选用确定变压器的额定电压，应根据当地电网的电压和用户所需的电压来选择，若使用的地方离变电所较远，由于线路上压降较大，到用户处电压偏低，可调整变压器的分接开关（$\pm 5\% U_{2N}$）。变压器的运行电压一般不应高于该运行分接头额定电压的 5%，特殊情况下允许在不超过 10%的额定电压下运行；变压器的二次侧电压应尽量接近用户所需的额定电压；变压器的上层油温一般不应超过 85℃，最高不应超过 95℃。

3．变压器容量的选择

所选择变压器的容量不能太小，否则会造成变压器过载运行而发热，从而加速变压器绝缘材料的老化，导致变压器使用寿命缩短；过载太多，还可能烧毁变压器。若变压器的容量选择过大，变压器的效率和功率因数都较低，并且变压器容量大一则增加了投资，二则变压器得不到充分利用，损耗增大。

在选择变压器的容量时，必须认真分析变压器所接的负荷电动机的启动情况，还需考虑近几年的发展情况，应留有一定的裕量为佳。一般电力变压器的容量可按下式选择：

$$S = PK_A / \eta \cos\varphi \tag{3-68}$$

式中，S——变压器容量；

P——用电设备的总容量；

K_A——同一时间投入运行的设备实际容量与设备总容量之比值，一般为 0.7～0.8 左右；

η——用电设备的效率，一般为 0.85～0.9；

$\cos\varphi$——用电设备的功率因数，一般为 0.8～0.9。

一般在选择变压器容量时，还应考虑到电动机直接启动的电流是额定电流的 4～7 倍这个因素。通常直接启动的电动机中，最大一台的容量不宜超过变压器容量的 30%。

3.9.2　电力变压器的日常维护

电力变压器的维护要点如下：

（1）值班人员应根据控制盘上的仪表监视变压器的运行情况，并按规定时间抄录表计。

（2）变压器在过负荷运行时，应严密监视负荷情况，及时抄录仪表数据，变压器的油温可在巡视时同时记录。

（3）定时对变压器进行外部巡视检查，并注意检查运行变压器工作时的声音是否正常。变压器的正常声音应是均匀的嗡嗡声。如果声音较正常时重，说明变压器过负荷占如果声音尖锐，说明电源电压过高。

（4）检查变压器油的温度是否超过允许值。油浸式变压器上层油的温度一般不应该超过85℃，最高不能超过 95℃。油温过高可能是由变压器过负荷引起的，也可能是变压器内部存在故障。

（5）所有备用变压器，均应随时可以投入运行，长期停用的备用变压器应定期充电，并投入冷却装置。

（6）变压器运行时，瓦斯继电器应投入信号和跳闸，备用变压器的瓦斯继电器应投入信号，以便监视油面。

（7）检查油枕及瓦斯继电器的油位和油色，检查各密封处有无渗油和漏油现象。油面过高，可能是冷却装置运行不正常或变压器内部故障等所引起；油面过低，可能有渗油、漏油现象。变压器油正常时应为透明略带浅黄色。如油色变深变暗，则说明油质变坏。

（8）有载调压的变压器在变换分接头时，应正反方向各转动几次以便消除触头上的氧化膜及油污。同时要注意分接头位置是否正确，变换分接头后应测量线圈的直流电阻，检查锁紧位置，并对该分接头情况做好记录。

（9）检查瓷套管是否清洁，有无破损裂纹和放电痕迹；检查高低压接头的螺栓是否紧固，有无接触不良和发热现象。

（10）检查防爆膜是否完整无损；检查吸湿器是否畅通，硅胶是否吸湿饱和。

（11）检查接地装置是否正常。

（12）检查冷却、通风装置是否工作正常。

（13）检查变压器及其周围有无影响安全运行的异物（如易燃易爆物等）和异常现象。

3.9.3 变压器的运行异常及处理

变压器的运行异常及处理方法：

（1）值班人员如果在变压器运行中发现不正常现象（如漏油、油位过高或过低、温度过高、异常声响、冷却系统异常等）应尽快消除，并报告上级部门且将情况记人运行记录。

（2）当变压器有下列情况之一时，应立即退出运行并进行检查修理。

① 内部噪声过大，有爆裂声。

② 在正常负载和冷却条件下，变压器温度不正常，并不断上升。

③ 储油柜或安全气道喷油。

④ 严重漏油使油面下降，并低于油位计的指示限度。

⑤ 油色变化过甚，油内出现炭质。

⑥ 瓷套管有严重的破损和放电现象。

（3）当变压器油温的升高超过许可限度时，应检查变压器的负荷和冷却介质的温度，并与在同一负载和冷却介质温度下的油面核对。要核对温度表，并检查变压器室内的风扇运行状况或变压器室内的通风情况。

（4）变压器的瓦斯继电器动作后应按如下要求进行处理。

① 检查变压器防爆管有无喷油，油面是否降低，油色有无变化及外壳有无大量漏油。

② 使用专用工具提取瓦斯继电器内的气体进行试验，瓦斯继电器内的气体若无色无臭、不可燃，则变压器可以继续运行，但应监视动作间隔时间。

③ 瓦斯继电器内的气体若有色、可燃应立即进行气体的色谱分析，瓦斯继电器内若无气体，则检查二次侧回路和接线柱及引线绝缘是否良好。

④ 因油面下降而引起瓦斯继电器的瓦斯保护信号与跳闸同时动作，应及时采取补救措施，若未经检查和试验合格则不得再投入运行。

（5）如果变压器自动跳闸或一次侧熔丝熔断，则需要进行检查试验，查明跳闸原因，或进行必要的内部检查。

（6）当变压器着火时首先应断开电源，迅速用灭火装置灭火。

3.9.4 电力变压器的安装

根据不同情况下的不同要求，电力变压器的安装方式通常有以下几种。

1. 杆架安装

杆架安装分为单杆安装和双杆安装两种。

（1）单杆安装。单杆安装是将变压器、避雷针、高低压熔断器均装在同一杆上，如图 3-40 所示。这种安装结构简单，组装简便，最突出的优点是占地面积小，在城市街道两侧广泛使用，容量一般在 100kV.A 以内。

（2）双杆安装。双杆相距约 2.5m，在两杆间安装支架，然后将变压器、避雷针、高低压熔断器

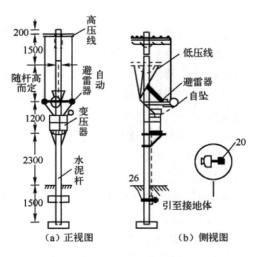

图 3-40　单杆变压器安装台

装在支架上，如图 3-41 所示，很显然双杆安装比单杆安装牢固，但造价显然要高，多用于公路两侧。

2. 地台安装

地台安装如图 3-42 所示，这种方式较牢固，造价低，但占地面积大，一般在农村采用。

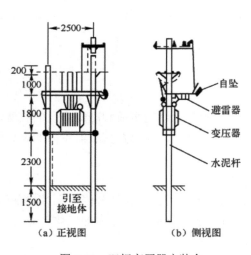

图 3-41　双杆变压器安装台

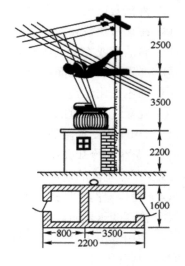

图 3-42　地台式变压器台

3. 配电室安装

在专门建造的房屋中安装变压器，并有配套配电室，如图 3-43 所示，这种方式造价高，但这种方式是最佳的安装方式。所有的开关、启动设备、监视仪表、保护设备等均安装在室

内。设备运行安全,人员操作方便且安全,而且便于监测和维修,在城市的单位用户(如工厂、学校等)常采用。

4. 落地安装

落地安装是先在地面上做一个矮平台,将变压器放置在上面,然后在四周安装距变压器 1.5m 左右的围栏,以免其他物接近带电部分。这种方式用于变压器的临时安装,以供临时使用。

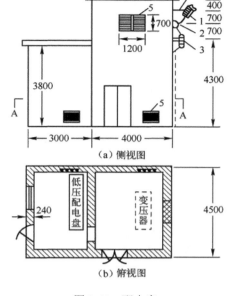

(a)侧视图

(b)俯视图

图 3-43　配电室

3.10　变压器运行常见故障及解决方法

3.10.1　变压器绕组绝缘故障原因分析及解决方法

变压器绕组绝缘故障主要表现为:绕组绝缘电阻低,绕组接地,绕组对铁芯放电,绕组相间短路,匝间或排间短路,原、副边绕组之间短路;绕组断路,绕组绝缘击穿或烧毁;油浸式变压器的绝缘油故障;绕组之间,绕组与铁芯之间绝缘距离不符合要求,绕组变形等。这些故障均会使变压器不能正常运行,而且这类故障是变压器的常见故障,如果不及时发现和处理,其后果十分严重。

1. 变压器绕组绝缘故障的原因分析

变压器绕组绝缘电阻不符合规范主要有以下几种原因:
(1)变压器绕组受潮,接地绝缘电阻不合格。
(2)变压器内部混入金属异物,造成绝缘电阻不合格。
(3)变压器直流电阻不合格及开路、短路故障。
(4)绕组放电、击穿或烧毁故障。
(5)变压器油含有水分。

2. 变压器绕组绝缘故障的解决方法

(1)绝缘电阻测量用仪表的选择。由于变压器一、二次绕组额定电压等级较多,差别较大,因此不能用一个电压级别的绝缘电阻表去测量,否则不是测量值错误,就是将变压器绕组绝缘击穿。如下表所示为绝缘电阻表的分类使用数据。

表　绕组额定电压与测量用绝缘电阻表电压等级之间的关系

绕组额定电压(V)	<100	100~1 000	1 000~3 000	3 000~6 000	>6 000
绝缘电阻表等级	100	500	1 000	2 500	5 000

(2)变压器绕组受潮、接地绝缘电阻不合格的分析处理。对运行、备用或修理的变压器,

均有受潮的可能，所以一定要防止潮气和水分侵入，以免导致绕组、铁芯和变压器油（油浸式）受潮，引起绝缘电阻低而造成变压器的各种故障。

① 对需要吊心检修的变压器，要保持检修场所干净无潮气，吊心检修超过 24h 的，器身一定要烘烤，在检修中如发现变压器已受潮，必须先烘干后套装。

② 受潮的油要过滤。

③ 变压器密封处要密封好。

④ 要定期检查储油柜、净油器及去湿器应完好，定期更换硅胶等吸湿剂。

⑤ 库存备用变压器应放置在干燥的库房或场地，变压器油要定期进行化验。

⑥ 要定期检查防雷装置，尤其是雷雨季节更要检查。

⑦ 非专业人员不可随意打开变压器零部件。

总之，使用、维修、保管变压器均要采取防止变压器受潮、受腐蚀的措施。

例 3-4 在一次日巡视检测中，发现一台 JS$_6$-750/10 型变压器整体绝缘电阻降低，测得此时该变压器的绝缘电阻仅为 1.2MΩ。

分析处理： 经对该变压器进行检查，未发现变压器绕组有接地现象。但发现去湿器玻璃外壳破裂，外界潮气较长时间由此侵入，去湿器内硅胶变色发霉，吊心检查和油化验，发现油中水分超标，器身受潮。随后将变压器器身放入烘箱在（110±5）℃下烘干 12h，对变压器油进行真空过滤且化验合格，又更换了去湿器，组装后全面检查合格，排除了该故障。

例 3-5 有一台备用三相电力变压器 10/0.4kV 在库中存放一年多，运至现场时用 2 000V 兆欧表测一次绕组绝缘电阻仅为 0.9MΩ。

分析处理： 查入库前记录各项指标合格。检查发现箱盖边沿密封不严，放置中潮气、水分入浸，吊心检查发现油箱内侧面有锈迹，由于变压器静止存放，入侵水分沉在油箱底部，由于处于静止状态，侵入水分和变压器油及挥发物达到基本平衡，整个铁芯和绕组尚未受潮，所以只需要对油进行处理。在现场对变压器油采取真空滤油处理，使油箱底部水分在真空加热滤油过程中挥发掉，直至绝缘电阻合格为止。

（3）变压器内部混入金属异物，造成绝缘电阻不合格的分析处理。

例 3-6 一台电炉变压器 B 相对地的绝缘电阻为零。

分析处理： 该变压器在运行中二段母线接地信号铃响，电压表指示一相电压降低、两相电压升高。经拉闸检查 6kV 开关、母线和变压器高压套管均无异常，用兆欧表测变压器绝缘，一次侧 B 相绝缘电阻为零，其余正常，判定 B 相接地。经吊心检查发现一、二次绕组之间有一只顶丝，使一次对二次短路放电，引起不完全的接地，同时还发现二次绕组裸扁铜排外层有轻度电弧烧伤。经取出顶丝检查，发现是上方电抗器线圈上的顶丝因松脱落入变压器内。将顶丝重新拧入电抗器线圈上，再合闸，变压器运行正常，B 相绝缘电阻达 120MΩ。

例 3-7 有一台 S$_7$-800kV·A 变压器相对地绝缘击穿。

分析处理： 该变压器在运行中有异常响声且绝缘电阻仅为 1.5MΩ，但未引起值班人员重视，某天突然出现 A 相瓷瓶处放电，气体继电器动作。经检查为 A 相绕组接地而击穿。原因是有一个 M10×85 螺柱卡在 A 相瓷瓶和箱盖之间，构成 A 相绕组接地。取下 M10 螺栓，吊出器身解体，取出 A 相一次绕组进行清理、检查，未发生排间、层间及匝间短路，将外层用绝缘带包扎好后套入，考虑到加强整体绝缘强度，全部绕组重新烘干、浸漆处理，变压器油重新过滤合格。

该类故障要求检修人员检修时一定要仔细，不要排除了旧故障，又因操作不当引起新故障。

（4）变压器直流电阻不合格、断路和短路故障。对三相变压器其一次或二次绕组出现三相直流电阻不平衡，或某一相（或两相）大，另两相（或一相）小，说明变压器绕组有开路、引线脱焊或虚接，绕组匝数错误或有匝间、层间短路等故障；还可能是同一绕组用不同规格导线绕制以及绕向反或连接错等。而这些原因均会造成变压器三相直流电阻不平衡、变压器送电跳闸、不运行或带负载能力下降等。为防止断路故障，应从下述几方面做好预防工作：

① 绕组绕制时用力不宜过猛，换位时换位处 S 弯不要弯折过度。

② 接头焊接要牢，不应有虚焊、假焊，焊口不应有毛刺或飞边。

③ 绕制的线圈层间、排间绝缘距离要符合规范，以防放电时灼伤导线而断路。

④ 防止变压器过载运行。

⑤ 母排和一次绕组瓷套管导杆连接要牢，一、二次绕组引线与本相套管引接头焊接要牢，如螺栓连接的螺母要拧紧。

⑥ 应加强变压器的日常维护保养工作。

例 3-8 有一台 SJ$_1$-560kV·A 变压器在运行中过热，拉闸检查发现三相直流电阻不平衡。

分析处理： 该变压器额定电压为 13.8/0.4kV、Y/y$_{n0}$ 连接，经检查发现 A 相直流电阻是 B、C 相的两倍。经吊心检查 A 相两根并绕的导线有一根在引线处脱焊。将脱焊的这根导线重新和另一根并齐焊牢在引线上，从而排除了故障。

例 3-9 有一台 SJL-1000/10 型变压器在运行中因过热而跳闸，拉闸检查发现三相直流电阻不平衡。

分析处理： 吊心检查发现 B 相二次绕组绝缘变色，该相直流电阻比 A、C 相小，经检查 B 相双螺旋式绕组中有三匝，因匝间绝缘损坏而形成匝间短路。将该二次绕组用 3.08mm×10.80mm 扁铝纸包线 14 根并绕 18 匝组成，该 B 相绕组取出加热后将电缆纸剥去，分别用0.05mm×25.00mm 亚胺薄膜粘带穿套式连续补包好，略加整形，恢复原高度后再套装好。变压器油二次过滤，器身经烘烤合格。

例 3-10 某台 3 200kV·A 变压器一送电就跳闸，直流电阻两小一大。

分析处理： 该变压器为 35/10.5kV 三相电力变压器，运行中有过热现象，曾出现一送电就跳闸，现场测一、二次对地绝缘电阻较高；测三相绕组直流电阻 A、B 两相相等且比 C 相低。退出电网经吊心检查发现 A、B 两相一次绕组靠近上方的出头线有 1/3 绕组匝间绝缘变色发脆、呈焦糊状，形成匝间短路，仔细查看这两相绕组引线和套管均呈虚假焊，基本处于断开状态，该故障是因引线虚假焊导致的匝间短路。修理时更换 A、B 相一次绕组，用原规格扁铜导线，绕制原匝数后，经整形、预烘、浸漆、烘干及套装，同时对变压器油进行真空过滤，这样彻底排除了该故障。

（5）绕组放电、击穿或烧毁故障。在变压器内部如果存在局部放电，表明变压器绝缘有薄弱环节，或绝缘距离不符合要求，放电时间一长或放电严重，将会使绝缘击穿，绕组击穿或烧毁是较大故障。只有提高修造质量、按规程操作、加强维护保养，才能防止放电或击穿变压器。因此必须采取有效措施，防止变压器发生放电故障。

① 加强日常维护保养，对大中型及重要供电区域的变压器应有监视设备。

② 修理变压器应选用优质的绝缘材料，绝缘距离应符合要求，修复后密封要严。

③ 保持吸湿器有效，应有防雷措施。

④ 大型高压变压器要装有接地屏，防止放电。

例 3-11 有一台 SJ_6-750kV·A 变压器一次绕组出现放电故障。

分析处理： 该变压器在运行中出现异声，油温逐渐升高，最后经气体继电器动作，用 1000V 绝缘电阻表测一次绝缘电阻为 0.5MΩ，二次为 2.1MΩ。吊心检查发现器身受潮，A、B 两相一次绕组中底部有放电痕迹。查出其主要原因是注油后注油孔未垫胶垫和拧入堵塞，潮气由此入侵，而吸湿器因注油孔未堵不起吸湿作用，所以绕组和油均受潮而放电。对变压器油现场真空滤油，一次绕组虽放电但并未受电弧严重灼伤，不需包扎处理，仅器身烘干后组装，封、堵好注油孔，即排除了该故障。

例 3-12 一台 SL_7-630/10 型变压器交接试验时出现放电现象。

分析处理： 该变压器修后交接试验中，发生放电故障。经检查是一次瓷套管下端和油箱法兰盘处出现打火放电。其主要原因是一次绕组引出线在法兰盘上安装不正，偏向一边，缩小了绝缘距离，加之一次绕组引出线较长且未固定好，安装时出现了位置变形。

在油箱法兰内侧增加一只绝缘套管，在一次绕组颈部增加数片绝缘垫片，所增片数多少以固定紧绝缘套管为准，加强了一次绕组的固定，使之位置不偏斜，不挤向法兰边。

（6）变压器油不合格的原因、防止措施和判定方法。变压器油如果保管存放不当、在运行中油受潮或过热，都会逐渐变质、老化和劣化，使绝缘性能下降，必须及时更换，或采取滤油方式，使不合格的绝缘油合格，从而保证油浸变压器及互感器正常运行，减少变压器故障。

① 运行中的变压器油受潮原因及防止方法。

a. 变压器油注入油箱后，在运行中油会受潮或进入水分，其主要原因是：在吊心检修时或向变压器中注油时，油本身接触了空气，虽时间不长，但已吸收了少量潮气和水分；安装或检修变压器时密封不严、外界潮气和水分进入了变压器油箱。

b. 防止方法如下：修理人员必须将变压器严格密封，既防止油漏出，又防止外界潮气入侵；吊心检修必须在晴天进行，超过 24h 的，变压器器身必须烘干处理；注油、滤油应采取真空滤油为好；防止变压器过热和温升超限，减少油氧化发生。

② 变压器油质的判定方法。打开油箱盖（或放出一器皿油），用肉眼观察变压器油的颜色，如果油的颜色发暗、变成深褐色，或油黏度、沉淀物增大，闻到有酸的气味，油中有水滴等，均说明该变压器油已经老化和劣化，已经不合格，必须采取措施，提高其性能。

③ 运行中变压器油质量标准、内容及指标。要判定变压器油的质量，应进行多项测定和化验，所测数值应与标准值对比，这样从量的角度来判定其超标的程度，因此掌握运行油的质量标准，对维修人员十分重要。运行油质量标准可参见相关标准。

3.10.2 变压器铁芯故障及处理

1. 变压器铁芯过热故障的原因分析及解决方法

导致变压器铁芯过热的主要原因是铁芯多点接地和铁芯片间绝缘不好造成铁耗增加所致。因此必须加强对变压器铁芯多点接地的检测和预防。

（1）铁芯多点接地的检测。

① 交流法。给变压器二次（低压）绕组通以 220～380V 交流电压，则铁芯中将产生磁通。打开铁芯和夹件的连接片，用万用表的毫安挡检测，当两表笔在逐级检测各级铁轭时，正常接地时表中有指示，当触接到某级上表中指示为零时，则被测处因无电流通过，该处叠片为接地点。

② 直流法。打开铁芯与夹件的连接，在铁轭两侧的硅钢片上施加 6V 直流电压，再用万用表直流电压挡，依次测量各级铁芯叠片间的电压。当表指针指示为零或指针指示相反时，则被测处有故障接地点。

③ 电流表法。当变压器出现局部过热，怀疑是铁芯有多点接地，可用电流表测接地线电流。因为铁芯接地导线和外接地线导管相接，利用其外引接地套管，接入电流表，如测出有电流存在，说明铁芯有多点接地处；如果只有一点正常接地，测量时电流表应无电流值或仅有微小电流值。

（2）变压器铁芯多点接地的预防措施。制造或大修变压器而需要更换铁芯时，要选好材质；裁剪时，勿压坏叠片两面绝缘层，裁剪毛刺要小；保持叠片干净，污物、金属粉粒不可落在叠片上，叠压合理，接地片和铁芯要搭接牢固，和地线要焊牢。接地片离铁轭、旁柱符合规定距离，防止器身受潮使铁芯锈蚀，总装变压器时铁芯与外壳或油箱的距离应符合规定；其他金属组件、部件不可触及铁芯，加强维护，防止过载运行，一旦出现多点接地应及时排除。

例 3-13　有台 560kV·A 电力变压器在运行中有异声且过热。

分析处理：该变压器在供电运行中出现"嚓嚓"响声、手摸外壳烫手，但配电盘上电压表、电流表指示正常。拉闸后吊心检查，发现下夹件垫脚与铁轭间的绝缘纸板脱落且破损，使垫脚铁轭处叠片相碰，导致接地所致。此时松开上、下夹件紧固螺母，更换上、下铁轭间的绝缘纸板，放正垫脚，重新固定好上、下夹件螺母，就可以排除两点接地故障。

例 3-14　一台 SJ_1-320kV·A 变压器在运行中出现铁芯过热现象。

分析处理：停运检测铁耗不合格，测一、二次绕组直流电阻合格，对地绝缘电阻达 100MΩ。判定铁芯质量不佳。吊心后发现铁轭变色，拆下叠片查出叠片间漆膜多处脱落，未脱落的漆皮过热老化变色，形成铁芯片间短路而构成多点接地。因此将所有叠片经碱水洗刷，去除两面残存漆膜，经清水冲洗，再烘干后上涂漆机，两面均匀涂上一层硅钢片漆，烤干后叠装。

2. 变压器铁芯接地、短路故障的检测

变压器铁芯接地、短路故障的检测方法如下：

（1）电流表法。用钳式电流表分别测量夹件接地回路中电流 I_1 和铁芯接地回路中电流 I_2。当测得回路中电流相等，判定为上铁轭有多点接地；当所测 $I_2 \gg I_1$，则说明下铁轭有多点接地；当所测 $I_1 \gg I_2$，根据多年测试经验判定为铁芯轭部与外壳或油箱相碰。

（2）用绝缘电阻表测量绝缘电阻。用绝缘电阻表检测铁芯、夹件、穿心螺杆等件的绝缘电阻时，判定其标准如下：

对运行的大中型变压器，一般采用 1 000V 绝缘电阻表测量穿心螺杆对铁芯和对夹件的绝缘电阻。对 10kV 及以下变压器，绝缘电阻应不小于 2MΩ 为合格；20～35kV 级的绝缘电阻应不小于 5MΩ；40～66kV 级的，应不小于 7.5MΩ；66kV 以上至 220kV 高压变压器绝缘电阻应不小于 20MΩ。所测值小于上述规定时，说明有短路故障存在，应进一步打开接地片，分别测夹件、铁芯、穿心螺杆、钢压环件对地的绝缘电阻，找出短路故障并及时排除。

（3）直流电压法。用 12～24V 直流电压施加在铁芯上铁轭两侧，再用万用表毫伏挡分别测量各级铁芯段的电压降，对称级铁芯段的电压降应相等。在测量时若发现某一级电压降非常小，可能该级叠片间有局部短路故障，应进一步检查排除。

（4）双电压表法。给变压器内、外铁芯施给一定的励磁电压，来测量铁芯内外磁路电压值。具体方法是：用两只电压表，电压表 V_1 两表笔接内铁芯、电压表 V_2 接外铁芯，如果磁路有故障，则电压表指示为零：当表 V_1 为零而 V_2 不为零，则外磁路有短路处，当表 V_2 为零而 V_1 不为零，是内磁路有故障。

本 章 小 结

在本章中，主要介绍了变压器的基本工作原理、空载和负载时的运行情况、试验方法、运行特性、连接组别以及并联运行，介绍了一些特殊用途变压器的工作原理。以单相变压器为对象进行研究，得出了一些具有普遍性的结论，这些结论也适用于对称运行的三相变压器。

变压器通过铁芯中的交变磁通来传递能量，通过原、副绕组的不同匝数来实现变压。变压器中存在电路问题和磁路问题，我们通过引入励磁阻抗和漏阻抗，把磁场问题化为电路问题。

电压平衡方程式和磁动势平衡方程式反映了变压器的基本电磁关系，是对变压器进行分析、计算的基础。由此导出的等效电路，使分析、计算更加方便。

变压器的参数可以通过试验方法测出。励磁参数反映了变压器铁芯的性能，短路参数反映了变压器输出电压的稳定性，空载损耗、短路损耗分别反映了铁损耗、铜损耗的大小。

外特性和效率特性形象地表征了变压器带负载运行时的性能，是变压器运行的两个主要技术指标。

三相变压器的连接组别表示了原、副绕组线电势的相位关系。通过采用不同的连接组别，可以使原、副绕组对应线电动势的相位差为 30° 的倍数，达到变换相位的目的。电力变压器必须按规定的连接组别进行连接，否则将带来严重后果。

三相变压器的并联运行被广泛应用，具体应用时必须满足并联运行的条件。

仪用互感器在自动控制系统、电力系统中的应用很广泛，使用时要注意人身及设备的安全，注意测量等级、精度的合理选择和确定。

自耦变压器的特点是一、二次绕组间不仅有磁的偶合，而且还有电的直接联系，从而使得其具有节省材料、损耗小、体积小的优点，同时也带来了使用安全、短路电流大的缺点。

习 题 3

一、填空题

3.1　变压器是一种能变换_____电压，而_____不变的静止电气设备。

3.2　变压器的种类很多，按相数分，可分为单相和三相变压器；按冷却方式分，可分为_____、风冷式、自冷式和_____变压器。

3.3　电力系统中使用的电力变压器，可分为_____变压器、_____变压器和_____变压器。

3.4　变压器的空载运行是指变压器的一次绕组_____，二次绕组_____的工作状态。

3.5　一次绕组为 660 匝的单相变压器，当一次侧电压为 220 V 时，要求二次侧电压为 127 V，则该变压器的二次绕组应为_____匝。

3.6　一台变压器的变压比为 1:15，当它的一次绕组接到 220 V 的交流电源上时，二次绕组输出的电压是_____V。

3.7　变压器空载运行时，由于_____损耗较小，_____损耗近似为零，所以变压器的空载损耗近似等于——损耗。

3.8　变压器带负载运行时，当输入电压 U_1 不变时，输出电压 U_2 的稳定性主要由_____和_____决定，而二次侧电路的功率因数 $\cos\varphi_2$ 主要由_____决定，与变压器关系不大。

3.9　收音机的输出变压器二次侧所接扬声器的阻抗为 8Ω，如果要求一次侧等效阻抗为 288Ω，则该变压器的变比应为_____。

3.10　变压器的外特性是指变压器的一次侧输入额定电压和二次侧负载_____一定时，二次侧_____与_____的关系。

3.11　当变压器的负载功率因数 $\cos\varphi_2$ 一定时，变压器的效率只与_____有关；且当_____时，变压器的效率最高。

3.12　短路试验是为了测出变压器的_____、_____和_____。

3.13　在铁芯材料和频率一定的情况下，变压器的铁耗与_____成正比。

3.14　变压器绕组的极性是指变压器一次绕组、二次绕组在同一磁通作用下所产生的感应电动势之间的相位关系，通常用_____来标记。

3.15　所谓同名端，是指_____，一般用_____来表示。

3.16　所谓三相绕组的星形接法，是指把三相绕组的尾端连在一起，接成_____，三相绕组的首端分别_____的连接方式。

3.17　某变压器型号为 S7-500/10，其中 S 表示_____，数字 500 表示_____；10 表示_____。

3.18　一次侧额定电压是指变压器额定运行时，_____，它取决于_____和_____。而二次侧额定电压是指一次侧加上额定电压时，二次侧空载时的_____。

3.19　为了满足机器设备对电力的要求，许多变电所和用户都采用几台变压器并联供电来提高_____。

3.20　变压器并联运行的主要条件有两个：一是_____；二是_____。否则，不但会增加变压器的能耗，还有可能发生事故。

3.21　两台变压器并联运行时，要求一次侧、二次侧电压_____，变压比误差不允许超过_____。

3.22　变压器并联运行时的负载分配（即电流分配）与变压器的阻抗电压_____。因此，为了使负载分配合理（即容量大，电流也大），就要要求它们的——都一样。

3.23　并联运行的变压器容量之比不宜大于_____，U_k 要尽量接近，相差不大于_____。

3.24　自耦变压器的一次侧和二次侧既有_____的联系，又有_____的联系。

3.25　为了充分发挥自耦变压器的优点，其变压比一般在_____范围内。

3.26　电流互感器一次绕组的匝数很少，要_____接入被测电路；电压互感器一次绕组的匝数较多，要_____接入被测电路。

3.27　用电流比为 200/5 的电流互感器与量程为 5 A 的电流表测量电流，电流表读数为 4.2 A，则被测电流是_____A。若被测电流为 180 A，则电流表的读数应为_____A。

3.28　电压互感器的原理与普通_____变压器是完全一样的，不同的是它的_____更准确。

3.29　在选择电压互感器时，必须使其_____符合所测电压值；其次，要使它尽量接近_____状态。

二、判断题（在括号内打"√"或打"×"）

3.30 在电路中所需的各种直流电，可以通过变压器来获得。（　　）

3.31 变压器的基本工作原理是电流的磁效应。（　　）

3.32 同心绕组是将一次侧、二次侧线圈套在同一铁柱的内、外层，一般低压绕组在外层，高压绕组在内层。（　　）

3.33 热轧硅钢片比冷轧硅钢片的性能更好，其磁导率高而损耗小。（　　）

3.34 储油柜也称油枕，主要用于保护铁芯和绕组不受潮，还有绝缘和散热的作用。（　　）

3.35 心式铁芯是指线圈包着铁芯，其结构简单、装配容易、省导线，适用于大容量、高电压。（　　）

3.36 变压器中匝数较多、线径较小的绕组一定是高压绕组。（　　）

3.37 变压器既可以变换电压、电流和阻抗，又可以变换相位、频率和功率。（　　）

3.38 变压器空载运行时，一次绕组的外加电压与其感应电动势在数值上基本相等，而相位相差180°。（　　）

3.39 当变压器的二次侧电流增加时，由于二次绕组磁势的去磁作用，变压器铁芯中的主磁通将要减小。（　　）

3.40 当变压器的二次侧电流变化时，一次侧电流也跟着变化。（　　）

3.41 接容性负载对变压器的外特性影响很大，并使电压下降。（　　）

3.42 变压器进行短路试验时，可以在一次侧电压较大时，把二次侧短路。（　　）

3.43 变压器的铜耗 P_{Cu} 为常数，可以看成是不变损耗。（　　）

3.44 变压器并联运行时连接组别不同，但只要二次侧电压大小一样，那么它们并联后就不会因存在内部电动势差而导致产生环流。（　　）

3.45 自耦变压器绕组公共部分的电流，在数值上等于一次侧、二次侧电流数值之和。（　　）

3.46 自耦变压器既可作为降压变压器使用，又可作为升压变压器使用。（　　）

3.47 自耦变压器一次侧从电源吸取的电功率，除一小部分损耗在内部外，其余的全部经一次侧、二次侧之间的电磁感应传递到负载上。（　　）

3.48 利用互感器使测量仪表与高电压、大电流隔离，从而保证仪表和人身的安全，又可大大减少测量中能量的损耗，扩大仪表量程，便于仪表的标准化。（　　）

3.49 应根据测量准确度和电流要求来选用电流互感器。（　　）

3.50 与普通变压器一样，当电压互感器二次侧短路时，将会产生很大的短路电流。（　　）

3.51 为了防止短路造成危害，在电流互感器和电压互感器二次侧电路中都必须装设熔断器。（　　）

3.52 电压互感器的一次侧接高电压，二次侧接电压表或其他仪表的电压线圈。（　　）

三、选择题（将正确答案的序号填入括号内）

3.53 油浸式变压器中的油能使变压器（　　）。

　　A. 润滑　　　　　　　B. 冷却　　　　　　　C. 绝缘　　　　　　　D. 冷却和增加绝缘性能

3.54 常用的无励磁调压分接开关的调节范围为额定输出电压的（　　）。

　　A. ±10%　　　　　　B. ±5%　　　　　　　C. ±15%

3.55 安全气道又称防爆管，用于避免油箱爆炸引起的更大危害。在全密封变压器中，广泛采用（　　）做保护。

　　A. 压力释放阀　　　　B. 防爆玻璃　　　　　C. 密封圈

3.56 有一台 380 V/36 V 的变压器，在使用时不慎将高压侧和低压侧互相接错，当低压侧加上 380 V

电源后，会发生的现象是（   ）。

  A．高压侧有 380 V 的电压输出 B．高压侧没有电压输出，绕组严重过热

  C．高压侧有高压输出，绕组严重过热 D．高压侧有高压输出，绕组无过热现象

3.57 有一台变压器，一次绕组的电阻为 10Ω，在一次侧加 220 V 交流电压时，一次绕组的空载电流
（   ）。

  A．等于 22 A   B．小于 22 A   C．大于 22 A

3.58 变压器降压使用时，能输出较大的（   ）。

  A．功率   B．电流   C．电能   D．电功

3.59 将 50 Hz、220 V/127 V 的变压器接到 100 Hz、220 V 的电源上，铁芯中的磁通将（   ）。

  A．减小   B．增加   C．不变   D．不能确定

3.60 变压器的空载电流 I_0 与电源电压 U_1 的相位关系是（   ）。

  A．I_0 与 U_1 同相   B．I_0 滞后 U_1 90°

  C．I_0 滞后 U_1 接近 90° 但小于 90° D．I_0 滞后 U_1 略大于 90°

3.61 用一台变压器向某车间的异步电动机供电，当开动的电动机台数增多时，变压器的端电压将
（   ）。

  A．升高   B．降低   C．不变   D．可能升高，也可能降低

3.62 变压器短路试验的目的之一是测定（   ）。

  A．短路阻抗   B．励磁阻抗   C．铁耗   D．功率因数

3.63 变压器空载试验的目的之一是测定（   ）。

  A．变压器的效率 B．铜耗   C．空载电流

3.64 单相变压器一次侧、二次侧电压的相位关系取决于（   ）。

  A．一次侧、二次侧绕组的同名端

  B．对一次侧、二次侧出线端标志的规定

  C．一次侧、二次侧绕组的同名端以及对一次侧、二次侧出线端标志的规定

3.65 变压器二次侧绕组采用三角形接法时，如果有一相接反，将会产生的后果是（   ）。

  A．没有电压输出   B．输出电压升高

  C．输出电压不对称   D．绕组烧坏

3.66 变压器二次侧绕组采用三角形接法时，为了防止发生一相接反的事故,正确的测试方法是(   )。

  A．把二次侧绕组接成开口三角形，测量开口处有无电压

  B．把二次侧绕组接成闭合三角形，测量其中有无电流

  C．把二次侧绕组接成闭合三角形，测量一次侧空载电流的大小

  D．以上三种方法都可以

3.67 将自耦变压器输入端的相线和零线反接，（   ）。

  A．对自耦变压器没有任何影响

  B．能起到安全隔离的作用

  C．会使输出零线成为高电位而使操作有危险

3.68 自耦变压器的功率传递主要是（   ）。

  A．电磁感应   B．电路直接传导   C．两者都有

3.69 自耦变压器接电源之前应把自耦变压器的手柄位置调到（   ）。

A．最大值 　　　　　B．中间 　　　　　C．零

3.70 如果不断电拆装电流互感器二次侧的仪表，则必须（ ）。

A．先将一次侧断开 　　　　　　　　B．先将一次侧短接

C．直接拆装 　　　　　　　　　　　D．先将一次侧接地

3.71 电流互感器二次侧回路所接仪表或继电器线圈的阻抗必须（ ）。

A．高 　　　　B．低 　　　　C．高或者低 　　　　D．既有高，又有低

四、简答题

3.72 为什么要高压输送电能？

3.73 变压器能改变直流电压吗？如果接上直流电压会发生什么现象？为什么？

3.74 什么是主磁通、漏磁通？

3.75 画出变压器空载运行的向量图，并根据向量图说明为什么变压器在空载时功率因数很小。

3.76 变压器带负载运行时，输出电压的变动与哪些因素有关？

3.77 试述变压器空载试验的实际意义。

3.78 二次侧为星形接法的变压器，空载测得三个线电压为 U_{UV}=400 V，U_{WU}=230 V，U_{VW}=230 V，请作图说明是哪相接反了。

3.79 二次侧为三角形接法的变压器，测得三角形的开口电压为二次侧相电压的 2 倍，请作图说明是什么原因造成的。

3.80 变压器并联运行没有环流的条件是什么？

3.81 电流互感器工作在什么状态？为什么严禁电流互感器二次侧开路？为什么二次侧和铁芯要接地？

3.82 使用电压互感器时应注意哪些事项？

五、计算题

3.83 变压器的一次绕组为 2000 匝，变压比 K=30，一次绕组接入工频电源时铁芯中的磁通最大值 Φ_m=0.015 Wb。试计算一次绕组、二次绕组的感应电动势各为多少？

3.84 变压器的额定容量是 100 kV·A，额定电压是 6000 V/230 V，满载下负载的等效电阻 R_L=0.25Ω，等效感抗 X_L=0.44Ω。试求负载的端电压及变压器的电压调整率。

3.85 某变压器额定电压为 10 kV/0.4 kV，额定电流为 5 A/125 A，空载时高压绕组接 10 kV 电源，消耗功率为 405 W，电流为 0.4 A。试求变压器的变压比，空载时一次绕组的功率因数以及空载电流与额定电流的比值。

3.86 一台三相变压器，额定容量 S_N=400 kV·A，一次侧、二次侧额定电压 U_{1N}/U_{2N}=10 kV/0.4 kV，一次绕组为星形接法，二次绕组为三角形接法。试求：

（1）一次侧、二次侧额定电流；

（2）在额定工作情况下，一次绕组、二次绕组实际流过的电流；

（3）已知一次侧每相绕组的匝数是 150 匝，问二次侧每相绕组的匝数应为多少？

第4章 三相交流异步电动机

内容提要

本章先讲述三相异步电动机的工作原理、基本结构、主要系列，然后针对定子绕组的基本知识、绕组的感应电动势、三相异步电动机的空载、负载运行特性、功率及转矩平衡、工作特性等进行讨论。最后针对三相交流异步电动机的常见故障进行分析介绍。

现代各种生产机械都广泛使用电动机来驱动。由于现代电网普遍采用三相交流电，而三相异步电动机又比直流电动机有更好的性价比，因此三相电动机比直流电动机使用得更广泛。在工矿企业的电气传动生产设备中，三相异步电动机是所有电动机中应用最广泛的一种。据有关资料统计，现在电网中的电能 2/3 以上是由三相异步电动机消耗的，而且工业越发达，现代化程度越高，其比例也越大。

三相异步电动机与其他电动机相比较，具有结构简单、制造方便、运行可靠、价格低廉等一系列优点；还具有较高的运行效率和较好的工作特性，能满足各行各业大多数生产机械的传动要求。异步电动机还便于派生成各种专用特殊要求的形式，以适应不同生产条件的需要。

4.1 三相异步电动机的工作原理及结构

三相异步电动机具有结构简单、工作可靠、价格低廉、维护方便、效率较高、体积小、重量轻等一系列优点。与同容量的直流电动机相比，三相异步电动机的重量和价格约为直流电动机的 1/3。三相异步电动机的缺点是功率因数较低，启动和调速性能不如直流电动机。因此，三相异步电动机广泛应用于对调速性能要求不高的场合，在中小企业中应用特别多，例如：普通机床、起重机、生产线、鼓风机、水泵以及各种农副产品的加工机械等。

4.1.1 三相异步电动机的结构

三相异步电动机的种类很多，但各类三相异步电动机的基本结构是相同的，它们都由定子和转子这两大基本部分组成，在定子和转子之间具有一定的气隙。此外，还有端盖、轴承、接线盒、吊环等其他附件，如图 4-1 所示。

1. 定子部分

定子是用来产生旋转磁场的。三相电动机的定子一般由外壳、定子铁芯、定子绕组等部分组成。

（1）外壳。三相电动机外壳包括机座、端盖、轴承盖、接线盒及吊环等部件。

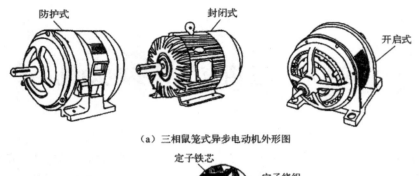

（a）三相鼠笼式异步电动机外形图

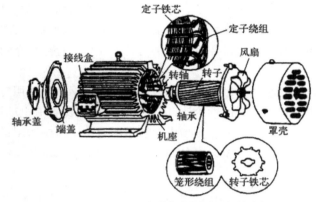

（b）三相鼠笼式异步电动机的结构

图 4-1　三相笼形异步电动机结构图

① 机座：铸铁或铸钢浇铸成型，它的作用是保护和固定三相电动机的定子绕组。中、小型三相电动机的机座还有两个端盖支承着转子，它是三相电动机机械结构的重要组成部分。通常，机座的外表要求散热性能好，所以一般都铸有散热片。

② 端盖：用铸铁或铸钢浇铸成型，它的作用是把转子固定在定子内腔中心，使转子能够在定子中均匀地旋转。

③ 轴承盖：也是铸铁或铸钢浇铸成型的，它的作用是固定转子，使转子不能轴向移动，另外起存放润滑油和保护轴承的作用。

④ 接线盒：一般是用铸铁浇铸，其作用是保护和固定绕组的引出线端子。

⑤ 吊环：一般是用铸钢制造，安装在机座的上端，用来起吊、搬抬三相电动机。

（2）定子铁芯。异步电动机定子铁芯是电动机磁路的一部分，由 0.35～0.5mm 厚、表面涂有绝缘漆的薄硅钢片叠压而成，如图 4-2 所示。硅钢片较薄而且片与片之间是绝缘的，减少了由于交变磁通通过而引起的铁芯涡流损耗。铁芯内圆有均匀分布的槽口，用来嵌放定子绕组，槽的形状有：开口槽、半开口槽和半闭口槽等，如图 4-3 所示，供大、中、小型电动机选用。

（3）定子绕组。定子绕组是三相电动机的电路部分，三相电动机有三相对称绕组，通入三相对称交流电流时，就会产生旋转磁场。三相绕组由三个彼此独立的绕组组成，且每个绕组又由若干线圈连接而成。每个绕组即为一相，每个绕组在空间相差 120° 电角度。线圈由绝缘铜导线或绝缘铝导线绕制。中、小型三相电动机多采用圆漆包线，大、中型三相电动机的定子线圈则用较大截面的绝缘扁铜线或扁铝线绕制后，再按一定规律嵌入定子铁芯槽内。定子三相绕组的 6 个出线端都引至接线盒上，首端分别标为 U_1，V_1，W_1，末端分别标为 U_2，V_2，W_2。这 6 个出线端在接线盒里的排列如图 4-4 所示，可以接成星形或三角形。

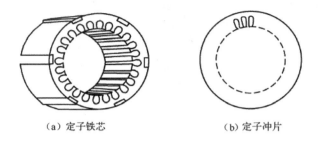

（a）定子铁芯　　　　　　（b）定子冲片

图 4-2　定子铁芯及冲片示意图

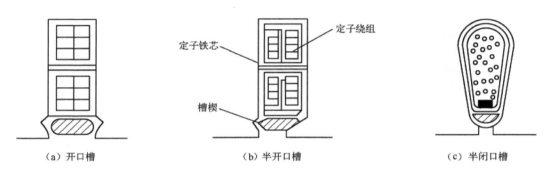

（a）开口槽　　　　　（b）半开口槽　　　　　（c）半闭口槽

图 4-3　定子铁芯槽形

2．转子部分

（1）转子铁芯。是用 0.5mm 厚的硅钢片叠压而成，套在转轴上，作用和定子铁芯相同，一方面作为电动机磁路的一部分，一方面用来安放转子绕组。

（2）转子绕组。异步电动机的转子绕组分为绕线形与笼形两种，由此分为绕线转子异步电动机与笼形异步电动机。

① 绕线形绕组：与定子绕组一样也是一个三相对称绕组，一般接成星形，三相引出线分别接到转轴上的三个与转轴绝缘的集电环上，通过电刷装

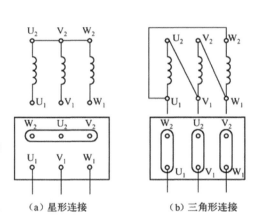

（a）星形连接　　　　（b）三角形连接

图 4-4　定子绕组的连接

置与外电路相连，这就有可能在转子电路中串接电阻或电动势以改善电动机的运行性能，其结构和接线如图 4-5 所示。

② 笼形绕组：在转子铁芯的每一个槽中插入一根铜条，在铜条两端各用一个铜环（称为端环）把导条连接起来，称为铜排转子，如图 4-6（a）所示。也可用铸铝的方法，把转子导条和端环风扇叶片用铝液一次浇铸而成，称为铸铝转子，如图 4-6（b）所示。100kW 以下的异步电动机一般采用铸铝转子。

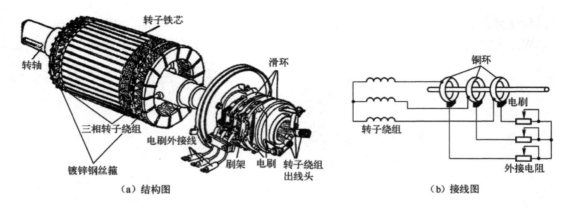

（a）结构图   （b）接线图

图 4-5　绕线形转子与外加变阻器的连接

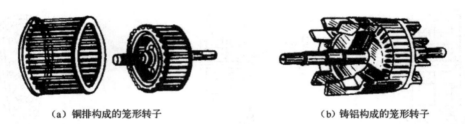

（a）铜排构成的笼形转子   （b）铸铝构成的笼形转子

图 4-6　笼形转子绕组

笼形绕组因结构简单、制造方便、运行可靠，所以得到广泛应用。

3．其他部分

其他部分包括端盖、风扇等。端盖除了起防护作用外，在端盖上还装有轴承，用以支撑转子轴。风扇则用来通风冷却电动机。三相异步电动机的定子与转子之间的空气隙，一般仅为 0.2～1.5mm。气隙太大，电动机运行时的功率因数降低；气隙太小，使装配困难，运行不可靠，高次谐波磁场增强，从而使附加损耗增加以及使启动性能变差。

4.1.2　工作原理

1．旋转磁场

三相异步电动机转子之所以会旋转、实现能量转换，是因为转子气隙内有一个旋转磁场。下面来讨论旋转磁场的产生。

如图 4-7 所示，U_1U_2，V_1V_2，W_1W_2 为三相定子绕组，在空间彼此相隔 120°，接成 Y 形。三相绕组的首端 U_1，V_1，W_1 接在三相对称电源上，有三相对称电流通过三相绕组。设电源的相序为 U，V，W，i_U 的初相角为零，波形图如图 4-8 所示。

设：
$$i_U = \sin \omega t$$

$$i_V = \sin(\omega t - 120°)$$

$$i_W = \sin(\omega t + 120°)$$

为了分析方便，假设电流为正值时，在绕组中表示为从首端流向末端，电流为负值时，在绕组中表示为从末端流向首端。

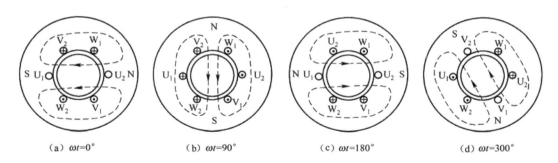

（a）$\omega t = 0°$ 　（b）$\omega t = 90°$ 　（c）$\omega t = 180°$ 　（d）$\omega t = 300°$

图 4-7　两极旋转磁场示意图

当 $\omega t = 0°$ 的瞬间，$i_U = 0$，i_V 为负值，i_W 为正值，根据"右手螺旋定则"，三相电流所产生的磁场叠加的结果，便形成一个合成磁场，如图 4-7（a）所示，可见此时的合成磁场是一对磁极（即二极），右边是 N 极，左边是 S 极。

当 $\omega t = 90°$ 时，即经过 1/4 周期后，i_U 由零变成正的最大值，i_V 仍为负值，i_W 已变成负值，如图 4-7（b）所示，这时合成磁场的方位与 $\omega t = 0°$ 时相比，已按逆时针方向转过了 $90°$。

用同样的方法，可以得出如下结论：当 $\omega t = 180°$ 时，合成磁场就转过了 $180°$，如图 4-7（c）所示；当

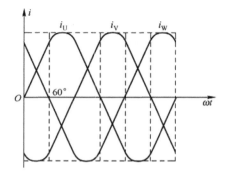

图 4-8　三相交流电流波形图

$\omega t = 300°$ 时合成磁场方向旋转了 $300°$，如图 4-7（d）所示；当 $\omega t = 360°$ 时合成磁场旋转了 $360°$，即转 1 周，如图 4-7（a）所示。

由此可见，对称三相电流 i_U，i_V，i_W 分别通入到对称三相绕组 U_1U_2，V_1V_2，W_1W_2 中所形成的合成磁场，是一个随时间变化的旋转磁场。其电流波形如图 4-8 所示。

以上分析的是电动机产生一对磁极时的情况，当定子绕组连接形成的是两对磁极时，运用相同的方法可以分析出此时电流变化一个周期，磁场只转动了半圈，即转速减慢了一半。

由此类推，当旋转磁场具有 p 对极时（即磁极数为 $2p$），交流电每变化一个周期，其旋转磁场就在空间转动 $1/p$ 转。因此，三相电动机定子旋转磁场每分钟的转速 n_1、定子电流频率 f 及磁极对数 p 之间的关系是：

$$n_1 = \frac{60f}{p} \tag{4-1}$$

2. 转动原理

如图 4-9 所示为三相异步电动机转动原理示意图。

三相交流电通入定子绕组后，便形成了一个旋转磁场，其转速 $n_1 = \dfrac{60f}{p}$。旋转磁场的磁力线被转子导体切割，根据电磁感应原理，转子导体产生感应电动势。转子绕组是闭合的，

则转子导体有电流流过。设旋转磁场按顺时针方向旋转，且某时刻为：上为北极 N 下为南极 S，如图 4-9 所示。根据右手定则，在上半部转子导体的电动势和电流方向由里向外，用 ⊙ 表示；在下半部则由外向里，用 ⊕ 表示。

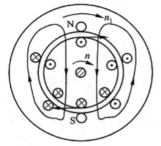

图 4-9　三相电动机的转动原理

流过电流的转子导体在磁场中要受到电磁力作用，力 F 的方向可用左手定则确定，如图 4-9 所示。电磁力作用于转子导体上，对转轴形成电磁转矩，使转子按照旋转磁场的方向旋转起来，转速为 n。

三相电动机的转子转速 n 始终不会加速到旋转磁场的转速 n_1。因为只有这样，转子绕组与旋转磁场之间才会有相对运动而切割磁力线，转子绕组导体中才能产生感应电动势和电流，从而产生电磁转矩，使转子按照旋转磁场的方向继续旋转。由此可见，$n_1 \neq n$ 且 $n < n_1$，是异步电动机工作的必要条件，"异步"的名称也由此而来。

3．转差率

旋转磁场转速 n_1 与转子转速 n 之差与同步转速 n_1 之比称为异步电动机的转差率 s，即：

$$s = \frac{n_1 - n}{n_1} \tag{4-2}$$

转差率是异步电动机的一个基本参数，对分析和计算异步电动机的运行状态及其机械特性有着重要的意义。当异步电动机处于电动状态运行时，电磁转矩 T_{em} 和转速 n 同方向。转子尚未转动时，$n=0$，$s = \dfrac{n_1 - n}{n_1} = 1$；当 $n_1 = n$ 时，$s = \dfrac{n_1 - n}{n_1} = 0$，可知异步电动机处于电动状态时，转差率的变化范围总在 0 和 1 之间，即 $0 < s < 1$。一般情况下，额定运行时 $s_N = 1\% \sim 5\%$。

4.1.3　铭牌

在三相异步电动机的外壳上，固定有一牌子，称铭牌。铭牌上注明这台三相电动机的主要技术数据，是选择、安装、使用和修理（包括重绕绕组）三相电动机的重要依据，如表 4-1 所示，铭牌的主要内容如下。

表 4-1　三相异步电动机铭牌

三相异步电动机						
型号 Y2-200L-4		额定功率　30kW		额定电流　57.63A		额定电压　380V
频率　50Hz		接法　D		额定转速　1 470r/min		防护等级 IP54
工作制 SI		F 级绝缘		功率因数　0.82		效率　0.84
××电机厂						

1．型号

国产中小型三相电动机型号的系列为 Y 系列，是按国际电工委员会 IEC 标准设计生产的三相异步电动机，它是以电动机中心高度为依据编制型号谱的，如

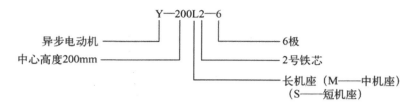

中、小型三相异步电动机的机座号与定子铁芯外径及中心高度的关系如表4-2和表4-3所示。

表4-2　小型异步三相电动机的机座规格

机座号	1	2	3	4	5	6	7	8	9
定子铁芯外径/mm	120	145	167	210	245	280	327	368	423
中心高度/mm	90	100	112	132	160	180	225	250	280

表4-3　中型异步三相电动机的机座规格

机座号	11	12	13	14	15
定子铁芯外径/mm	560	650	740	850	990
中心高度/mm	375	450	500	560	620

2. 额定功率

额定功率是指在满载运行时三相电动机轴上所输出的机械功率,用 P_N 表示,以千瓦(kW)或瓦(W)为单位。

3. 额定电压

额定电压是指接到电动机绕组上的线电压,用 U_N 表示。三相电动机要求所接的电源电压值的变动一般不应超过额定电压的±5%。电压过高,电动机容易烧毁;电压过低,电动机难以启动,即使启动后电动机也可能带不动负载,容易烧坏。

4. 额定电流

额定电流是指三相电动机在额定电源电压下,输出额定功率时,流入定子绕组的线电流,用 I_N 表示,以安(A)为单位。若超过额定电流过载运行,三相电动机就会过热乃至烧毁。

三相异步电动机的额定功率与其他额定数据之间有如下关系式:

$$P_N = \sqrt{3}U_N I_N \cos\varphi_N \eta_N \qquad (4-3)$$

式中,　$\cos\varphi_N$ ——额定功率因数;

　　　　η_N ——额定效率。

5. 额定频率

额定频率是指电动机所接的交流电源每秒钟内周期变化的次数,用 f_N 表示。我国规定标准电源频率为 50Hz。

6. 额定转速

额定转速表示三相电动机在额定工作情况下运行时每分钟的转速,用 n_N 表示,一般是略小于对应的同步转速 n_1。如 n_1=1 500r/min，则 n_N ≈1 440r/min 左右。

7．绝缘等级

绝缘等级是指三相电动机所采用的绝缘材料的耐热能力，它表明三相电动机允许的最高工作温度。三相电动机的绝缘等级和最高允许温度将在后面介绍。

8．定额

定额是指三相电动机的运转状态，即允许连续使用的时间，分为连续、短时、周期断续三种。定额的意义在于合理选用电动机的容量大小。

（1）连续工作状态。连续工作状态是指电动机带额定负载运行时，运行时间很长，电动机的温升可以达到稳态温升的工作方式。

（2）短时工作状态。短时工作状态是指电动机带额定负载运行时，运行时间很短，使电动机的温升达不到稳态温升；停机时间很长，使电动机的温升可以降到零的工作方式。

（3）周期断续工作状态。周期断续工作状态是指电动机带额定负载运行时，运行时间很短，使电动机的温升达不到稳态温升；停止时间也很短，使电动机的温升降不到零，工作周期小于 10min 的工作方式。

9．接法

三相电动机定子绕组的连接方法有星形（Y）和三角形（D）两种。定子绕组的连接只能按规定方法连接，不能任意改变接法，否则会损坏三相电动机。

10．防护等级

防护等级表示三相电动机外壳的防护等级，其中 IP 是防护等级标志符号，其后面的两位数字分别表示电动机防固体和防水能力。数字越大，防护能力越强，如 IP44 中第一位数字"4"表示电动机能防止直径或厚度大于 1 毫米的固体进入电动机内壳。第二位数字"4"表示能承受任何方向的溅水。

4.1.4 主要系列

Y 系列三相异步电动机主要系列的型号、名称、使用特点和场合如表 4-4 所示。

表 4-4 常用 Y 系列三相异步电动机的型号、名称、使用特点和场合

型　号	名　称	使用特点和场合
Y（IP44）Y（IP23）	（封闭式）小型三相异步电动机（防护式）	为一般用途三相笼形异步电动机，可用于启动性能、调速性能及转差率无特殊要求的机械设备，如金属切削、机床、水泵、运输机械、农用机械 IP44——封闭式，能防止灰尘、水滴大量地进入电动机内部，适用于灰尘多、水土飞溅的场合 IP23——防护式，能防止水滴或其他杂物从垂直线成 60°角的范围内，落入电动机内部，适用于周围环境比较干净、防护要求较低的场合
YX	高效率三相异步电动机	电动机效率指标较基本系列平均提高 3%，适用于运行时间较长，负载率较高的场合，可较大幅度地节约电能
YD	变极多速三相异步电动机	电动机的转速可逐级调节，有双速、三速和四速三种类型，调节方法比较简单，适用于不要求平滑调速的升降机、车床切削等

型　号	名　称	使用特点和场合
YH	高转差率三相异步电动机	较高的启动转矩，较小的启动电流，转差率高机械特性软。适用于具有冲击性负载启动及逆转较频繁的机械设备，如剪床、冲床、锻冶机械等
YB	隔爆型三相异步电动机	电动机外客结构有隔爆措施，可用于燃性气体（如瓦斯和煤尘）或蒸气与空气形成的爆炸混合物的化工、煤矿等易燃易爆场所
YCT	电磁调速三相异步电动机	由普通笼形电动机、电磁转差离合器组成，用晶闸管可控直流进行无级调速，具有结构简单、控制功率小，调速范围较广等特点，转速变化率程度可达小于3%，适用于纺织、化工、造纸、水泥等恒转矩和通风机型负载
YR（IP44）	（封闭式）绕线转子三相	能在转子回路中串入电阻，减小启动电流，增大启动转矩；并能进行调速，适用于对启动转矩要求高及需要小范围调速的传动装置上
YR（IP23）	异步电动机（防护式）	IP44与IP23的适用情况见表格前述
YZ YZR	起重冶金三相异步电动机	适用于冶金辅助设备及启动重机电力传动用的动力设备，电动机为断续工作制，基准工作制为S_3、40%。YZ、YZR分别是笼形和绕线转子型

4.2　三相异步电动机的定子绕组

三相异步电动机的旋转磁场是依靠定子绕组中通以交流电流来建立的。因此，定子绕组必须保证当它通入三相交流电流以后，其所建立的旋转磁场接近正弦波形以及由该旋转磁场在绕组本身中所感应的电动势是对称的。因此需要了解定子绕组的基本要求和分类，也需要了解三相异步电动机定子绕组的基本概念。

4.2.1　对定子绕组的基本要求和分类

1．对定子绕组的基本要求

（1）绕组通过电流之后，必须形成规定的磁极对数，这由正确的连线来保证。

（2）三相绕组在空间位置上必须对称，以保证三相磁动势及电动势对称。这不仅要求每相绕组的匝数、线径及在圆周上的分布情况相同，而且要求三相绕组的轴线在空间互差120°电角度，因此一对磁极范围内6个相带的顺序应为U_1，W_2，V_1，U_2，W_1，V_2。

（3）三相绕组通过电流所建立的磁场在空间的分布应尽量为正弦分布，而且旋转磁场在三相绕组中的感应电动势必须随时间按正弦规律变化。

（4）在一定的导体数之下，建立的磁场最强，而且感应电动势最大。

（5）用铜量少，嵌线方便，绝缘性能好，机械强度高，散热条件好。

2．定子绕组的分类

异步电动机定子绕组的种类很多，按相数分：有单相、两相和三相绕组；按槽中绕组数量的不同分类：有单层、双层与单双层混合绕组；按绕组端接部分的形状分类：单层绕组有同心式、交叉式和链式，双层绕组有叠绕组和波绕组；按每极每相所占的槽数是整数还是分数分类：有整数槽和分数槽等。异步电动机定子绕组的种类虽多，但其构成原则是一致的。

4.2.2　定子绕组的几个基本概念

从三相异步电动机的工作原理可知，定子三绕组是建立旋转磁场，进行能量转换的核心部件。为了便于掌握绕组的排列和连接规律，先介绍有关交流绕组的一些基本知识与概念。

1. 线圈

组成交流绕组的单元是线圈。它有两个引出线，一个叫首端，另一个叫末端，在简化实际线圈的描述时，可用一匝线圈来等效多匝线圈，其中，铁芯槽内的直线部分称为有效边，槽外部分称为端部，如图 4-10 所示。

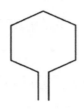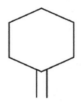

图 4-10 交流绕组线圈

2. 电角度与机械角度

电动机圆周在几何上分成 360°，这个角度称为机械角度。从电磁观点来看，若磁场在空间按正弦波分布，则经过 N、S 一对磁极恰好相当于正弦曲线的一个周期。如有导体去切割这种磁场，经过 N、S 一对磁极，导体中所感应产生的正弦电动势的变化也为一个周期，变化一个周期即经过 360° 电角度，因而一对磁极占有的空间是 360° 电角度。若电动机有 p 对磁极，电动机圆周期按电角度计算就为 $p×360°$，而机械角度总是 360°，因此电角度=$p×$机械角度。

3. 绕组及绕组展开图

绕组是由多个线圈按一定方式连接起来构成的。表示绕组的连接规律一般用绕组展开图，即设想把定子（或转子）沿轴向展开、拉平，将绕组的连接关系画在平面上。

4. 极距 τ

每个磁极沿定子铁芯内圆所占的范围称为极距。极距 τ 可用磁极所占范围的长度或定子槽数 z_1 表示：

$$\tau = \frac{\pi D}{2p} \tag{4-4}$$

或

$$\tau = \frac{z_1}{2p} \tag{4-5}$$

式中，D——定子铁芯内径；

   z_1——定子铁芯槽数；

   p——磁极对数。

5. 节距 y

一个线圈的两个有效边所跨定子内圆上的距离称为节距。一般节距 y 用槽数表示。当

$y=\tau=\dfrac{z_1}{2p}$ 时，称为整距绕组，当 $y<\tau$ 时，称为短距绕组，当 $y>\tau$ 时，称为长距绕组。长距绕组端部较长，费铜料，故较少采用。

6．槽距角 α

相邻两槽之间的电角度称为槽距角，槽距角 α 用下式表示：

$$\alpha = \frac{p \times 360^\circ}{z_1} \qquad (4\text{-}6)$$

槽距角 α 的大小即表示了两相邻槽的空间电角度，也反映了两相邻槽中导体感应电动势在时间上的相位移。

7．每极每相槽数 q

每一个磁极下每相所占有的槽数称为每极每相槽数，以 q 表示：

$$q = \frac{z_1}{2m_1 p} \qquad (4\text{-}7)$$

式中，m_1——定子绕组的相数。

8．相带

每相绕组在一个磁极下所连续占有的宽度（用电角度表示）称为相带。在异步电动机中，一般将每相所占有的槽数均匀地分布在每个磁极下，因为每个磁极占有的电角度是 180°，对三相绕组而言，每相占有的电角度是 60°，又称 60° 相带。由于三相绕组在空间彼此相距 120° 电角度，所以相带的划分沿定子内圆排列应依次为 U_1、W_2、V_1、U_2、W_1、V_2，如图 4-11 所示。只要掌握了相带的划分和线圈的节距，就可以掌握绕组的排列规律。

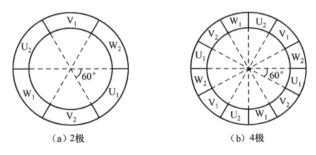

（a）2极　　　　　　（b）4极

图 4-11　60° 相带三相绕组

4.2.3　三相单层绕组

单层绕组的每个槽内只放置一个线圈边，所以电动机的线圈总数等于定子槽数的一半。单层绕组分为链式绕组、交叉式绕组和同心式绕组。

1．单层链式绕组

单层链式绕组是由几个几何尺寸和节距都相同的线圈连接而成，就整个外形来说，形如长链，故称为链式绕组。下面以 $z=24$，$2p=4$ 的三相异步电动机定子绕组为例，说明链式绕组的构成。

例 4-1　有一台极数 $2p=4$，槽数 $z=24$ 的三相单层链式绕组电动机，说明单层链式绕组的构成原理并绘出绕组展开图。

解：（1）计算极距 τ、每极每相槽数 q 和槽距角 α：

$$\tau = \frac{z}{2p} = \frac{24}{4} = 6$$

$$q = \frac{z}{2mp} = \frac{24}{2\times3\times2} = 2$$

$$\alpha = \frac{p\times360°}{z} = \frac{2\times360°}{24} = 30°$$

（2）分相：在如图 4-12 所示的平面上画 24 根垂直线表示定子 $z=24$ 个槽和槽中的线圈边，并且按 1，2，…顺序编号。据 60° 相带的排列次序，即 $q=2$，相邻 2 个槽组成一个相带（每个极距内属于同相的槽所占有的区域），两对磁极共有 12 个相带。每对磁极按 U_1，W_2，V_1（N 极）U_2，W_1，V_2（S 极）顺序给相带命名，如表 4-5 所示。由表 4-5 可知，划分相带实际上是给定子上每个槽划分相属，如属于 U 相绕组的槽号有 1，2，7，8，13，14，19，20 这 8 个槽，如表 4-5 所示。

表 4-5　相带与槽号对应表

相带 槽号	U_1	W_2	V_1	U_2	W_1	V_2
第一对磁极	1，2	3，4	5，6	7，8	9，10	11，12
第二对磁极	13，14	15，16	17，18	19，20	21，22	23，24

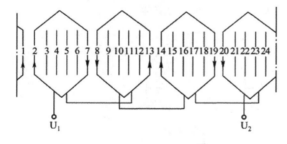

图 4-12　单层链式绕组 U 相的展开图

以 U 相为例，槽 1 与槽 7，槽 2 与槽 8，它们相距的电角度为 $\alpha\times6=180°$，可以把槽 1 与槽 7 的线圈边构成一个线圈。同理，槽 2 与槽 8，槽 13 与槽 19，槽 14 与 20 中的线圈边也都分别构成线圈，这样 U 相绕组就有 4 个线圈，把它们依次串联起来，就构成了一相绕组（也可以看成是 8 个导体串联而成），其展开图如图 4-12 所示。

2．单层交叉式绕组

单层交叉式绕组的特点是，线圈个数和节距都不相等，但同一组线圈的形状、几何尺寸和节距都相同，各线圈组的端部互相交叉。

例 4-2　一台三相交流电动机，$z=36$，$2p=4$，试绘出三相单层交叉式绕组展开图。

解：（1）计算极距 τ、每极每相槽数 q 和槽距角 α：

$$\tau = \frac{z}{2p} = \frac{36}{4} = 9$$

$$q = \frac{z}{2mp} = \frac{36}{2 \times 3 \times 2} = 3$$

$$\alpha = \frac{p \times 360^\circ}{z} = \frac{2 \times 360^\circ}{36} = 20^\circ$$

（2）分相：由 $q=3$，按相带顺序列表，如表 4-6 所示。

表 4-6 相带与槽号对应表

槽号＼相带	U_1	W_2	V_1	U_2	W_1	V_2
第一对磁极	1，2，3	4，5，6	7，8，9	10，11，12	13，14，15	16，17，18
第二对磁极	19，20，21	22，23，24	25，26，27	28，29，30	31，32，33	34，35，36

根据 U 相绕组所占槽数不变的原则，把 U 相所属的每个相带内的槽导体分成两部分，一部分是把 2 号与 10 号槽、3 号和 11 号槽内导体相连，形成两个节距 $y=8$ 的"大线圈"，并串联成一组；另一部分是把 1 号和 30 号槽内导体有效边相连，组成另一个节距 $y=7$ 的"小线圈"。同样将第二对极下的 20 号和 28 号槽、21 号和 29 号槽内导体组成 $y=8$ 的线圈，19 号和 12 号槽组成 $y=7$ 的线圈，然后根据电动势相加的原则，把这 4 组线圈按"头接头，尾接尾"的规律相连，即得 U 相交叉绕组，其展开图如图 4-13 所示。

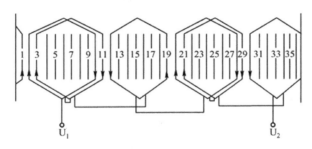

图 4-13 单层交叉式绕组 U 相的展开图

同样，可根据对称原则画出 V、W 相绕组展开图。

可见，这种绕组由两个大小线圈交叉布置，故称交叉式绕组。交叉式绕组的端部连线较短，节约大量原材料，因此广泛应用于 $q>1$ 且为奇数的小型三相异步电动机中。

3．单层同心式绕组

单层同心式绕组是由几个几何尺寸和节距不等的线圈连成同心形状的线圈组构成。

例 4-3　一台三相交流电动机，$z=24$，$2p=2$，试绘出三相单层同心式绕组展开图。

解：（1）计算极距 τ、每极每相槽数 q 和槽距角 α：

$$\tau = \frac{z}{2p} = \frac{24}{2} = 12$$

$$q = \frac{z}{2mp} = \frac{24}{2 \times 3} = 4$$

$$\alpha = \frac{p \times 360^\circ}{z} = \frac{1 \times 360^\circ}{24} = 15^\circ$$

（2）分相：由 $q=4$ 和 $60°$ 相带的划分顺序，分相列表，填入表 4-7 中。

表 4-7 相带与槽号对应表

槽号 ＼ 相带	U₁	W₂	V₁	U₂	W₁	V₂
一对磁极	1，2 3，4	5，6 7，8	9，10 11，12	13，14 15，16	17，18 19，20	21，22 23，24

把属于 U 相的每一相带内的槽分为两半，把 3 和 14 槽内导体的有效边连成一个节距 $y=11$ 的线圈，4 和 13 槽内导体连成一个节距 $y=9$ 的线圈，再把这两个线圈组成一组同心式线圈，同样，把 2 和 15 槽内导体、1 和 16 槽内导体构成另一个同心式线圈。两组同心式线圈再按"头接头，尾接尾"的规律相连，得 U 相同心式线圈的展开图如图 4-14 所示。

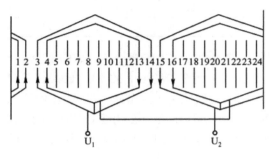

用同样的方法，可以得到另外两相绕组的连接规律。

单层绕组的优点是每槽只有一个线圈边，嵌线方便，槽利用率高，而且链式或交叉式绕组的线圈端部也较短，可以省铜材料。但是从电磁

图 4-14 单层同心式绕组 U 相的展开图

观点来看，其等效节距仍然是整距的，不可能用绕组的短距来改善感应电动势及磁场的波形。因而其电磁性能较差，一般只能适用于中心高 160mm 以下的小型异步电动机。

4.2.4 三相双层绕组

双层绕组是铁芯的每个线槽中分上、下两层嵌放两条线圈边的绕组。为了使各线圈分布对称，安排嵌线时一般某个线圈的一条边如在上层，另一条则一定在下层。以叠绕组为例，这种绕组的线圈用一绕线模绕制，线圈端部逐个相叠，均匀分布，故称"叠绕组"。为使绕组产生的磁场分布尽量接近正弦分布，一般取线圈节距等于极距的 $\frac{5}{6}$ 左右，即 $y=\frac{5}{6}\tau$，这种 $y<\tau$ 的绕组叫短距绕组。这种绕组可以通过选择合适的节距来改善电动势或磁动势波形，使电动机工作性能得到改善，其技术性能优于单层绕组。线圈绕制规律简单，目前 10kW 以上的电动机，几乎都采用双层短距叠绕组。下面举例说明三相双层叠绕组的排列和连接的规律。

例 4-4 一台三相交流电动机，$z=24$，$2p=4$，试绘出三相双层叠式绕组展开图。

解：（1）计算极距 τ、每极每相槽数 q 和槽距角 α：

$$\tau=\frac{z}{2p}=\frac{24}{4}=6$$

$$q=\frac{z}{2mp}=\frac{24}{2\times3\times2}=2$$

$$\alpha=\frac{p\times360°}{z}=\frac{2\times360°}{24}=30°$$

（2）确定绕组的节距：采用短距绕组，取 $y=\frac{5\tau}{6}=\frac{5\times6}{6}=5$。

（3）分相：画 24 对虚实线代表 24 对有效边（实线代表上层边，虚线代表下层边）并按顺序编号，如图 4-15 所示；根据每个相带有 $q=2$ 个槽来划分，两对极共得到 12 个相带，如表 4-8 所示。

表 4-8　双层绕组相带划分

极对数＼相带／槽号		U_1	W_2	V_1	U_2	W_1	V_2
第一对磁极	上层边	1，2	3，4	5，6	7，8	9，10	11，12
	下层边	6′，7′	8′，9′	10′，11′	12′，13′	14′，15′	16′，17′
第二对磁极	上层边	13，14	15，16	17，18	19，20	21，22	23，24
	下层边	18′，19′	20′，21′	22′，23′	24′，1′	2′，3′	4′，5′

需要指出的是，对于双层绕组，每槽的上下层线圈边可能属于同一相的两个不同线圈，也可能属于不同相的，所以表 4-8 所给出的相带划分并非表示每个槽的相属，而是每个槽的上层边相属关系，即划分的相带是对上层边而言。例如，13 号槽是属于 U_1 相带的，仅表示 13 号槽上层边，对应的下层边放在哪一个槽的下层，则由节距 y 来决定，与表 4-8 的相带划分无关。由表 4-8 可知，属于 U 相绕组的上层边槽号是 1，2，7，8，13，14，19，20。

（4）画绕组展开图：先画 U 相绕组，如图 4-15 所示。从 1、2 号槽的上层边（用实线表示）开始，根据 $y=5$ 槽，可知组成对应线圈的另一边分别 6，7 号槽的下层（用虚线表示），将此属于同一个 U 相的相邻的 $q=2$ 个线圈串联起来组成一个线圈组 $U_{11}U_{12}$。由图 4-15 可见，7,8 槽的上层边与对应的 12,13 号槽的下层边也串联成属于 U 相的另一个线圈组为 $U_{12}U_{22}$。同理，由 13，14 槽的上层边与对应的 18，19 槽的下层边。19，20 槽的上层边与对应的 24，1 号槽的下层边可得 U 相的另两个线圈组为 $U_{13}U_{23}$ 和 $U_{14}U_{24}$，此例两对磁极电动机的每相共有 $4=2p$ 个线圈组。由此可知，双层叠绕组每相共有 $2p$ 个线圈组。

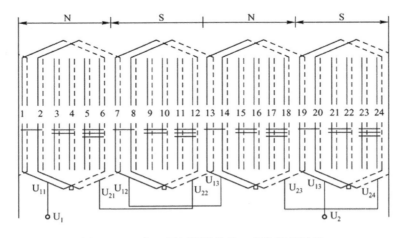

图 4-15　三相双层短距叠绕组 U 相绕组展示图

此例的 4 个线圈组完全对称，可并可串。串并联的原则仍然是：同一相的相邻极下的线圈边电流应反相，以形成规定的磁场极数。这 4 个线圈组可并可串，得到的并联支路数可以为 $a=1$，$a=2$，$a_{max}=2p=4$。

同理可画出 V, W 相绕组展开图，然后再连接成 Y 或 D 而得到三相对称的双层叠绕组。

综上所述，一般三相绕组的排列和连接的方法为：计算极距；计算每极每相槽数；划分相带；组成线圈组；按极性对电流方向的要求分别构成相绕组。

4.3 三相异步电动机的运行

三相异步电动机与变压器相似，定子与转子之间是通过电磁感应联系的。定子相当于变压器的一次绕组，转子相当于二次绕组，可仿照分析变压器的方式进行分析。

4.3.1 空载运行

1. 空载运行的电磁关系

当三相异步电动机的定子绕组接到对称三相电源时，定子绕组中就通过对称三相交流电流 $\dot{I}_{1U}$，$\dot{I}_{1V}$，$\dot{I}_{1W}$，三相交流电流将在气隙内形成按正弦规律分布，并以同步转速 n_1 弦转的磁动势 F_1。由旋转磁动势建立气隙主磁场。这个旋转磁场切割定、转子绕组，分别在定、转子绕组内感应出对称定子电动势 $\dot{E}_{1U}$，$\dot{E}_{1V}$，$\dot{E}_{1W}$，转子绕组电动势 $\dot{E}_{2U}$，$\dot{E}_{2V}$，$\dot{E}_{2W}$ 和转子绕组电流 $\dot{I}_{2U}$，$\dot{I}_{2V}$，$\dot{I}_{2W}$。空载时，轴上没有任何机械负载，异步电动机所产生的电磁转矩仅克服了摩擦、风阻的阻转矩，所以是很小的。电动机所受阻转矩很小，则其转速接近同步转速，$n \approx n_1$，转子与旋转磁场的相对转速就接近零，即 $n_1 - n \approx 0$。在这样的情况下可以认为旋转磁场不切割转子绕组，则 $E_{2s} \approx 0$（"s" 下标表示转子电动势的频率与定子电动势的频率不同），$I_{2s} \approx 0$。由此可见，异步电动机空载运行时定子上的合成磁动势 F_1 即是空载磁动势 F_{10}，则建立气隙磁场 B_m 的励磁磁动势 F_{m0} 就是 F_{10}，即 $F_{m0}=F_{10}$，产生的磁通为 Φ_{m0}。

励磁磁动势产生的磁通绝大部分同时与定、转子绕组交链，这部分称为主磁通，用 Φ_m 表示，主磁通参与能量转换，在电动机中产生有用的电磁转矩。主磁通的磁路由定、转子铁芯和气隙组成，它受饱和的影响，为非线性磁路。此外有一小部分磁通仅与定子绕组相交链，称为定子漏磁通。漏磁通不参与能量转换并且主要通过空气闭合，受磁路饱和的影响较小，在一定条件下漏磁通的磁路可以看作是线性磁路。

2. 空载时的定子电压平衡关系

设空载时定子绕组上每相所加的端电压为 $\dot{U}_1$，相电流为 $\dot{I}_0$，主磁通 Φ_m 在定子绕组中感应的每相电动势为 $\dot{E}_1$，定子漏磁通 $\Phi_{\sigma1}$ 在每相绕组中感应的电动势为 $\dot{E}_{\sigma1}$，定子绕组的每相电阻为 R_1，类似于变压器空载时的一次侧，则可以列出电动机空载时每相的定子电压平衡方程式：

$$\dot{U}_1 = -\dot{E}_1 - \dot{E}_{\sigma1} + \dot{I}_0 R_1 \tag{4-8}$$

与变压器的分析方法相似，可写出：

$$E_1 = 4.44 f_1 N_1 k_{W1} \Phi_m$$
$$\dot{E}_1 = -\dot{I}_0 (R_m + jX_m) \tag{4-9}$$

式中，$R_m + jX_m = Z_m$ 为励磁阻抗，其中 R_m 为励磁电阻，是反映铁耗的等效电阻，X_m 为励磁电抗，与主磁通 Φ_m 相对应。

$$E_{\sigma1} = I_0 X_{\sigma1} = 4.44 f_1 N_1 k_{W1} \Phi_{\sigma1} \tag{4-10}$$

$$\dot{E}_{\sigma1} = -j\dot{I}_0 X_{\sigma1}$$

式中，$X_{\sigma1}$ 为定子漏磁电抗，与漏磁通 $\Phi_{\sigma1}$ 相对应；

N_1 为定子每相绕组的总匝数。

于是电压方程式可以改写为：

$$\dot{U}_1 = -\dot{E}_1 + \dot{I}_0(R_1 + jX_{\sigma1}) = -\dot{E}_1 + \dot{I}_0 z_1 \tag{4-11}$$

式中，z_1 为定子每相漏阻抗 $z_1 = R_1 + j X_{\sigma1}$。

因为 E_1 远大于 $I_1 Z_1$，可近似地认为：

$$\dot{U}_1 = -\dot{E}_1 \quad 或 \quad U_1 = E_1$$

显然，对于一定的电动机，当频率 f_1 一定时，$U \propto \Phi_m$。由此可见，在异步电动机中，若外加电压一定，主磁通 Φ_m 大体上也为一定值，这和变压器的情况一样，只是变压器无气隙，空载电流很小，仅为额定电流的 4%～10%。而异步电动机有气隙，空载电流则较大，在小型异步中，甚至可达到额定电流的 60%。

4.3.2 负载运行

1. 负载运行时的电磁关系

负载运行时，电动机将以低于同步转速 n_1 的速度 n 旋转，其转向仍与气隙旋转磁场的转向相同。因此气隙磁场与转子的相对转速为 $\Delta n = n_1 - n = sn_1$，$\Delta n$ 也就是气隙旋转磁场切割转子绕组的速度，于是在转子绕组中就感应出电动势，产生电流，其频率为：

$$f_2 = \frac{p\Delta n}{60} = \frac{spn_1}{60} = sf_1 \tag{4-12}$$

负载运行时，除了定子电流 $\dot{I}_1$ 产生一个定子磁动势 F_1 外，转子电流 $\dot{I}_2$ 也会产生转子磁动势 F_2，它的磁极对数与定子的磁极对数始终是相同的，而总的气隙磁动势则是 F_1 与 F_2 的合成。转子磁动势相对转子的旋转速度为 $n_2 = \frac{60 f_2}{p_2} = \frac{s 60 f_1}{p} = sn_1$，若定子旋转磁场为顺时针方向，由于 $n < n_1$，因此感应而形成的转子电动势或电流的相序也必然按顺时针方向。由于合成磁动势的转向取决于绕组中电流的相序，所以转子合成磁动势 F_2 的转向与定子磁动势 F_1 的转向相同，也为顺时针方向，并且可以证明转子磁动势 F_2 在空间的（即相对于定子）的旋转速度与定子磁动势 F_1 的旋转速度相等，即两者是同步的。

2. 转子绕组各电磁量特点

当三相异步电动机负载运行时，由于轴上机械负载转矩的增加，原空载时的电磁转矩无法平衡负载转矩，电动机开始降速，磁场与转子之间的相对运动速度加大，转子感应电动势增加，转子电流和电磁转矩增加，当电磁转矩增加到与负载转矩和空载制动转矩相平衡时，电动机就以低于空载时的转速而稳定运行。由此可见，当负载转矩改变时，转子转速 n 或转

差率 s 随之变化，而 s 的变化引起了电动机内部许多物理量的变化。

（1）转子绕组感应电动势及电流的频率为：

$$f_2 = sf_1$$

即转子电动势的频率 f_2 与转差率 s 成正比，所以转子电路和变压器的二次绕组电路具有不同的特点。

（2）转子旋转时转子绕组的电动势 E_{2s}：

$$E_{2s} = 4.44 f_2 k_{w2} \Phi_m = 4.44 sf_1 k_{w2} \Phi_m = sE_2 \tag{4-13}$$

上式表明，转子电动势大小与转差率成正比。当转子不动时，$s=1$，$E_{2s}=E_2$，转子电动势达到最大，即转子静止时的电动势；当转子转动时，E_{2s} 随 s 的减小而减小。E_2 为转子电动势的最大值（也称堵转电动势）。

（3）转子电抗 X_{2s}：

$$X_{2s} = 2\pi f_2 L_2 = 2\pi sf_1 L_2 = sX_2 \tag{4-14}$$

式中，L_2——转子绕组的每相漏电感；

X_2——转子静止时的每相漏电抗，$X_2 = 2\pi f_1 L_2$。

上式表明转子电抗的大小与转差率成正比，当转子不动时，$s=1$，$X_{2s}=X_2$，转子电抗达到最大即转子静止时的电抗 X_2。当转子转动时 X_{2s} 随 s 的减小而减小。

（4）转子电流 I_{2s}：由于转子电动势和转子漏抗都随 s 而变，并考虑转子绕组电阻 R_2，故转子电流 I_{2s} 也与 s 有关，即：

$$I_{2s} = \frac{E_{2s}}{\sqrt{R_2^2 + X_{2s}^2}} = \frac{sE_2}{\sqrt{R_2^2 + (sX_2)^2}} \tag{4-15}$$

上式说明转子电流随 s 的增大而增大，当电动机启动瞬间，$s=1$ 为最大，转子电流也为最大；当转子旋转时，s 减小，转子电流也随之减小。

（5）转子电路的功率因数 $\cos\varphi_2$：转子每相绕组都有电阻和电抗，是一感性电路。转子电流滞后于转子电动势 φ_2 角度，其功率因数为：

$$\cos\varphi_2 = \frac{R_2}{\sqrt{R_2^2 + (sX_2)^2}} \tag{4-16}$$

上式说明转子功率因数随 s 的增大而减小。必须注意 $\cos\varphi_2$ 只是转子的功率因数，若把整个电动机作为电网的负载来看，其功率因数指的是定子功率因数，二者是不同的。

3. 磁动势平衡方程

当异步电动机空载运行时，主磁通是由定子绕组的空载磁动势单独产生的；异步电动机负载运行时，气隙中的合成旋转磁场的主磁通，是由定子绕组磁动势和转子绕组磁动势共同产生的，这一点和变压器相似。由电磁关系可知，定子、转子磁动势在空间相对静止，因此可以合并为一个合成磁动势，即：

$$F_0 = F_1 + F_2 \tag{4-17}$$

式中，F_0 称为励磁磁动势，它产生气隙中的旋转磁场。

该式称为异步电动机的磁动势平衡方程式，它也可以写成：

$$F_1 = F_0 + (-F_2) \tag{4-18}$$

可以认为定子电流建立的磁动势有两个分量：一个是励磁分量 F_0 用来产生主磁通；另一个是负载分量（$-F_2$）用来抵消转子磁动势的去磁作用，以保证主磁通基本不变。这就是异步电动机的磁动势平衡关系，使电路上无直接联系的定子、转子电流有了关联，定子电流随转子负载转矩的变化而变化。

4. 电压平衡方程式

根据前面的分析，异步电动机负载时的定子、转子电路与变压器一、二次绕组不同的是：转子电路的频率为 f_2 且转子电路自成闭路，对外输出电压为零，如图 4-16 所示。

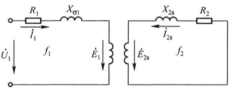

图 4-16　异步电动机的定子、转子电路

由以上电路图可列出定子电路的电动势平衡方程式为：

$$\dot{U}_1 = -\dot{E}_1 + \dot{I}_1 R_1 + j\dot{I}_1 X_{\sigma 1} = -\dot{E}_1 + \dot{I}_1 (R_1 + jX_{\sigma 1}) \tag{4-19}$$

转子电路的电动势平衡方程式为：

$$\dot{E}_{2s} = \dot{I}_{2s}(R_2 + jX_{2s}) = \dot{I}_{2s} z_{2s} \tag{4-20}$$

式中，Z_{2s} 为转子绕组在转差率为 s 时的漏阻抗，$Z_{2s} = R_2 + jX_{2s}$。

4.3.3　等效电路

1. 折算

异步电动机定子、转子之间没有直接电路上的联系，只有磁路上的联系，不便于实际工作的计算，所以必须像变压器那样进行等效电路的分析。为了能将转子电路与定子电路做直接的电的连接，等效要在不改变定子绕组的物理量（定子的电动势、电流、及功率因数等）而且转子对定子的影响不变的原则下进行，即将转子电路折算到定子侧时要保持折算前后 F_2 不变以保证磁动势平衡不变和折算前后各功率不变。为了找到异步电动机的等效电路，除了进行转子绕组的折合外，还需要进行转子频率的折算。

（1）频率折算。将频率为 f_2 的旋转转子电路折算为与定子频率 f_1 相同的等效静止转子电路，称为频率折算，转子静止不动时 $s=1$，$f_2=f_1$。因此，只要将实际上转动的转子电路折算为静止不动的等效转子电路，便可达到频率折算的目的。为此将下式实际运行的转子电流：

$$\dot{I}_{2s} = \frac{\dot{E}_{2s}}{R_2 + jX_{2s}} = \frac{s\dot{E}_2}{R_2 + jsx_2} \tag{4-21}$$

分子分母同除以转差率 s 得：

$$\dot{I}_2 = \frac{\dot{E}_2}{\dfrac{R_2}{s} + jX_2} = \frac{\dot{E}_2}{\left(R_2 + \dfrac{1-s}{s}R_2\right) + jX_2} \tag{4-22}$$

以上两式的电流数值仍是相等的，但是两式的物理意义不同。式（4-21）中实际转子电流的频率为 f_2，式（4-22）中为等效静止的转子所具有的电流，其频率为 f_1。前者为转子转动时的实际情况，后者为转子静止不动时的等效情况。由于频率折算前后转子电流的数值未变，所以磁动势的大小不变。同时磁动势的转速是同步转速与转子转速无关，所以式（4-22）的频率折算保证了电磁效应的不变。

由式中可看出频率折算前后转子的电磁效应不变，即转子电流的大小、相位不变，除了改变与频率有关的参数以外，只要用等效转子的电阻 $\frac{R_2}{s}$ 代替实际转子中的电阻 R_2 即可。

$\frac{R_2}{s}$ 可分解为：$\frac{R_2}{s}=R_2+\frac{1-s}{s}R_2$，式中 $\frac{1-s}{s}R_2$ 为异步电动机的等效负载电阻，等效负载电阻上消耗的电功率为 $I_2^2 R_2\left(\frac{1-s}{s}\right)$，这部分损耗在实际电路中并不存在，它实质上是等效了异步电动机输出的机械功率，频率折算后的定子、转子电路如图4-17所示。

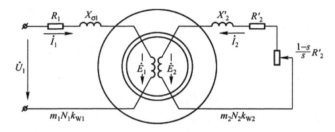

图 4-17　转子绕组频率折算后的异步电动机的定子、转子电路

（2）绕组折算。进行频率折算以后，虽然已将旋转的异步电动机转子电路转化为等效的静止电路，但还不能把定子、转子电路连接起来，因为两个电路的电动势大小还不相等。与变压器的绕组折算一样，异步电动机绕组折算也就是人为地用一个相数、每相串联匝数以及绕组系数和定子绕组一样的绕组代替相数为 m_2，每相串联匝数为 N_2 以及绕组系数为 k_{W2} 而经过频率折算的转子绕组。但仍然要保证折算前后转子对定子的电磁效应不变，即转子的磁动势、转子总的视在功率、铜耗及转子漏磁场储能均保持不变。转子折算值上均加"′"表示。

2．等效电路

根据折算前后各物理量的关系，可以作出折算后的 T 形等效电路，如图4-18所示。由 T 形等效电路可得异步电动机负载时的基本方程式为：

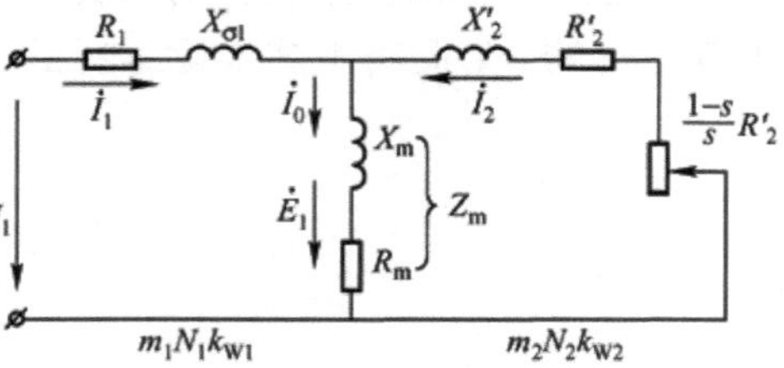

$$
\left.\begin{aligned}
\dot{U}_1 &= -\dot{E}_1 + \dot{I}_1(R_1 + jX_{\sigma1}) \\
-\dot{E}_1 &= \dot{I}_0(R_m + jX_m) \\
\dot{E}_1 &= \dot{E}_2' \\
\dot{I}_1 + \dot{I}_2' &= \dot{I}_0 \\
\dot{E}_2' &= \dot{I}_2'\left(\frac{R_2'}{s} + jX_2'\right)
\end{aligned}\right\}
\tag{4-23}
$$

图 4-18　三相异步电动机的 T 形等效电路

（1）当空载运行时 $n \to n_1,\ s \to 0,\ \frac{1-s}{s}R_2' \to \infty$，由图可见相当于转子开路。

（2）转子堵转时（接上电源转子被堵住转不动时）$n=0,\ s=1,\ \frac{1-s}{s}R_2'=0$，相当于变压器二次侧短路情况。因此在异步电动机启动初始接上电源时，就相当于短路状态，会使电动机电流很大，这在电动机实验及使用电动机时应多加注意。

4.4 功率和电磁转矩

4.4.1 功率平衡方程式

异步电动机的功率关系可用 T 形等效电路图来分析。异步电动机通电运行时，T 形等效电路中每个电阻上均产生一定损耗，如

定子电阻 R_1 产生定子铜损耗：
$$p_{\text{Cu1}} = 3I_1^2 R_1 \qquad (4\text{-}24)$$

励磁电阻 R_m 产生定子铁损耗：
$$p_{\text{Fe}} = p_{\text{Fe1}} = 3I_\text{m}^2 R_\text{m} \quad（忽略 p_{\text{Fe2}}） \qquad (4\text{-}25)$$

转子电阻产生转子铜损耗：
$$p_{\text{Cu2}} = 3I_2'^2 R_2' \qquad (4\text{-}26)$$

从而可得三相异步电动机运行时的功率关系如下：

电源输入电功率除去定子铜损耗和铁损耗便是定子传递给转子回路的电磁功率，即：
$$P_{\text{em}} = P_1 - p_{\text{Cu1}} - p_{\text{Fe}} \qquad (4\text{-}27)$$

电磁功率又等于等效电路转子回路全部电阻上的损耗，即：
$$P_{\text{em}} = 3I_2'^2\left[R_2' + \frac{(1-s)}{s}R_2'\right] = 3I_2'^2 \frac{R_2'}{s} \qquad (4\text{-}28)$$

电磁功率除去转子绕组上的损耗，就是等效负载电阻 $\frac{1-s}{s}R_2'$ 上的损耗，这部分等效损耗实际上是传输给电动机转轴上的机械功率，用 P_{MEC} 表示。它是转子绕组中电流与气隙旋转磁场共同作用产生的电磁转矩，带动转子以转速 n 旋转所对应的功率：
$$P_{\text{MEC}} = P_{\text{em}} - p_{\text{Cu2}} = 3I_2'^2 \frac{1-s}{s}R_2' = (1-s)P_{\text{em}} \qquad (4\text{-}29)$$

电动机运行时，还存在由于轴承等摩擦产生的机械损耗 p_{mec} 及附加损耗 p_{ad}。大型电动机中 p_{ad} 约为 $0.5\%P_\text{N}$，小型电动机的 $p_{\text{ad}} = （1\sim3）\%P_\text{N}$。

转子的机械功率为 P_{MEC} 减去机械损耗 p_{mec} 和附加损耗 p_{ad} 后才是转轴上实际输出的功率，用 P_2 表示：
$$P_2 = P_{\text{MEC}} - p_{\text{mec}} - p_{\text{ad}} \qquad (4\text{-}30)$$

可见异步电动机运行时，从电源输入电功率 P_1 到转轴上输出机械功率的全过程为：
$$P_2 = P_1 - (p_{\text{Cu1}} + p_{\text{Fe}} + p_{\text{Cu2}} + p_{\text{mec}} + p_{\text{ad}}) = P_1 - \Sigma p \qquad (4\text{-}31)$$

功率关系可用图 4-19 来表示。从以上功率关系定量分析看出，异步电动机运行时电磁功率 P_{em}、转子损耗 p_{Cu2} 和机械功率 P_{MEC} 三者之间的定量关系是：
$$P_{\text{em}}:p_{\text{Cu2}}:P_{\text{MEC}} = 1:s:(1-s) \qquad (4\text{-}32)$$

也可写成下列关系式：

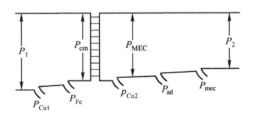

图 4-19 异步电动机功率流程图

$$P_{em} = p_{Cu2} + P_{MEC}$$

$$p_{Cu2} = sP_{em}$$ （4-33）

$$P_{MEC} = (1-s)P_{em}$$

上式表明，当电磁功率一定，转差率 s 越小，转子铜损耗越小，机械功率越大，效率越高。电动机运行时，若 s 增大，转子铜耗也增大，电动机易发热，效率降低。

4.4.2　转矩平衡方程式

机械功率 P_{MEC} 除以轴的角速度 Ω 就是电磁转矩，即：

$$T_{em} = \frac{P_{MEC}}{\Omega}$$ （4-34）

电磁转矩与电磁功率关系为：

$$T_{em} = \frac{P_{MEC}}{\Omega} = \frac{P_{MEC}}{\frac{2\pi n}{60}} = \frac{P_{MEC}}{(1-s)\frac{2\pi n_1}{60}} = \frac{P_{em}}{\Omega_1}$$ （4-35）

式中，Ω_1 为同步角速度（用机械角速度表示）。

式（4-30）两边同时除以角速度可得出：

$$T_2 = T_{em} - T_0$$ （4-36）

$$T_0 = \frac{p_{mec} + p_{ad}}{\Omega} = \frac{p_0}{\Omega}$$

式中，T_0——空载转矩；

　　　T_2——输出转矩。

在电力拖动系统中，常可忽略 T_0，则有：

$$T_{em} \approx T_2 = T_L$$

式中，T_L——负载转矩。

4.5　工作特性

异步电动机的工作特性是指定子的电压及频率为额定时，电动机的转速 n、定子电流 I_1、功率因数 $\cos\varphi_1$、电磁转矩 T_{em}、效率 η 等与输出功率 P_2 的关系曲线。这些关系曲线可以通过直接给异步电动机带负载测得，也可以利用等效电路参数计算得出。如图 4-20 所示为三相异步电动机的工作特性曲线。

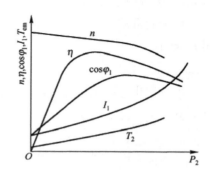

图 4-20　三相异步电动机的工作特性曲线

1．转速特性 $n=f(P_2)$

三相异步电动机空载时，转子的转速 n 接近于同步转速 n_1。随着负载的增加，转速 n 会略微降低，这时转子电动势 $E_{2s} = sE_2$ 增大，从而使转子电流 I_{2s} 增大，以产生较大的电磁转矩来平衡负载转矩。因此，随着 P_2 的增加，转子转速 n 下降，转差率 s 增大。转速特性是一条"硬"特性，如图 4-20 所示。

2. 转矩特性 $T_{em}=f(P_2)$

空载时 $P_2=0$，电磁转矩 T_{em} 等于空载制动转矩 T_0。随着 P_2 的增加，已知 $T_2=\dfrac{9.55P_2}{n}$，如 n 基本不变，则 T_2 为过原点的直线。考虑到 P_2 增加时，n 稍有降低，故 $T_2=f(P_2)$ 随着 P_2 增加略向上偏离直线。在 $T_{em}=T_0+T_2$ 式中，T_0 之值很小，而且认为它是与 P_2 无关的常数。所以 $T_{em}=f(P_2)$ 将比 $T_2=f(P_2)$ 平行上移 T_0 数值，如图 4-20 所示。

3. 定子电流特性 $I_1=f(P_2)$

当电动机空载时，转子电流 I_2' 近似为零，定子电流等于励磁电流 I_0。随着负载的增加，转速下降（s 增大），转子电流增大，定子电流也增大。当 $P_2>P_N$ 时，由于此时 $\cos\varphi_2$ 降低，I_1 增长更快些，如图 4-20 所示。

4. 功率因数特性 $\cos\varphi_1=f(P_2)$

三相异步电动机运行时，必须从电网中吸取感性无功功率，它的功率因数总是滞后的，且总是小于 1。电动机空载时，定子电流基本上只有励磁电流，功率因数很低，一般不超过 0.2。当负载增加时，定子电流中的有功电流增加，使功率因数提高。接近额定负载时，功率因数也达到最高。超过额定负载时，由于转速降低较多，转差率增大，使转子电流与电动势之间的相位角 φ_2 增大，转子的功率因数下降较多，引起定子电流中的无功电流分量也增大，因而电动机的功率因数 $\cos\varphi_1$ 趋于下降，如图 4-20 所示。

5. 效率特性 $\eta=f(P_2)$

根据
$$\eta=\frac{P_2}{P_1}=1-\frac{\Sigma p}{P_2+\Sigma p} \tag{4-37}$$

知道，电动机空载时 $P_2=0$，$\eta=0$ 随着输出功率 P_2 的增加，效率 η 也增加。在正常运行范围内，因主磁通变化很小，所以铁损耗变化不大，机械损耗变化也很小，合起来称不变损耗。定、转子铜损耗与电流平方成正比，随负载变化，称可变损耗。当不变损耗等于可变损耗时，电动机的效率达最大。对于中、小型异步电动机，大约 $P_2=(0.75\sim1)P_N$ 时，效率最高。如果负载继续增大，效率反而降低。

由此可见，效率曲线和功率因数曲线都是在额定负载附近达到最高，因此选用电动机容量时，应注意使其与负载相匹配。如果选得过小，电动机长期过载运行影响寿命；如果选得过大，则功率因数和效率都很低，浪费能源。

4.6　三相异步电动机的维护

三相异步电动机在生产设备中长期不间断地工作，是目前工矿企业的主要动力装置，为了保证各种生产生活设备长期、安全、经济、可靠地工作，对异步电动机的正确安装、运行监视和定期检修维护显得非常必要，对提高生产效率以及预防事故的发生都有非常重要的意义。

4.6.1 异步电动机的安装

1．电动机安装前的清理与检查

（1）安装前，应详细核对电动机铭牌上的型号以及各项数据，如额定功率、电压等与实际要求是否相符。

（2）清除掉积尘、脏物和不属于电动机的任何物件，并用小于两个大气压的压缩空气吹净附着在电动机内外各部位的灰尘。

（3）检查电动机装配是否良好，紧固件应无松动。

（4）各导电连接部分必须接触良好，并无锈蚀情况，直流电动机应检查电刷与换向器接触是否良好，交流电动机应检查电刷集电环接触是否良好，接触面积应大于电刷截面积的 75%，电刷弹簧压力大小是否适当，电刷在刷握中是否梗阻，如有不符合要求之处应消除。

（5）检查轴承的润滑情况，轻轻转动转子，其转动应灵活无碰擦声。

（6）用兆欧表测电动机绕组的绝缘电阻，其测得值应不低于允许值，如低于允许值，必须经干燥处理，方能安装。

2．电动机的安装与调整

（1）电动机的水平调整。电动机安装时，首先用普通水平仪来检测电动机的纵向和横向的水平情况，并用 0.5～5mm 厚的钢板垫块调整电动机的水平。

电动机底板安装在钢垫块上，应根据底板负载分布和地脚螺栓分布位置，在基础上划出垫块放置位置。一般垫块应放置在轴承座和定于机座下边、地脚螺栓两旁。两组垫块间的距离应为 250～300mm，其余地方的间隙可按 600～800mm 预留。要求各垫块组垫稳、垫实，并要求二次灌浆层与底板底面接触严密。否则会引起机组振动和转子轴向窜动，严重的会造成轴承、轴瓦损坏，定子、转子相擦。

每一垫块组应尽量减少垫块的数目，一般不超过 5 块，少用薄垫块，并将各垫块相互焊牢。每一垫块组要放置整齐平稳。垫块与基础接触面应进行研磨平整，接触要良好，接触面积应大于 65%。底板找平后，每一垫块组应均匀被压紧，并用 0.5kg 手锤逐组轻击听音检查。

垫块安装好后，应露出底板底面外缘，平垫块应露出 10～30mm，斜垫块应露出 10～50mm。

垫块对中小型电动机采用垫块宽度为 50～80mm，大型电动机一般为 80～130mm。中小型电动机的垫块长度通常伸入底座底面，应超过设备地脚螺杆孔；大型电动机的垫块长度应大于底板面窄度 25～50mm。垫块一般采用平垫块和斜垫块两种，斜垫块的斜面一般取 1/10～1/20，斜面与斜面应相吻合，成对放置。

（2）电动机与其他机器的连接。电动机与其他机器连接方式，一般采用联轴器、传动带等。

① 采用联轴器的连接要求。当电动机与一台或两台以上机器耦合在一起时，机组各转轴中心线要构成一条连续、光滑的挠度曲线，即相互连接的两联轴器轴线应重合。这种调整工作称为轴线的定心，是安装工作中的关键工序之一。机组轴线校调工作的好坏，是影响机组能否正常运行的重要因素。若轴线未校调好，会引起机组振动、转子轴向窜动和轴承发热，严重时会造成轴承、轴瓦或轴损坏的重大事故。

当电动机功率较小或轴较短时，轴中心线基本为一直线，这样的机组校轴中心线是将各台机器的轴线调整为直线。当电动机功率较大、转子质量及轴承间的距离均较大时，转轴将产生挠度，其轴线实际上不再是一条直线。轴线的校调按下述方法调整：

总轴线在垂直面上应是一条平滑的曲线，而在水平面上的投影应是一条直线。若轴线调整正确，则连接两联轴器的端面应该是平行的，轴心线应该对准，并且一条是另一条的延长线，即整个机组的轴线是一条连续的曲线，如图 4-21 所示。因此，外侧的轴承应当比中间的轴承垫高一些。在安装时，用水平仪放在两端轴颈处的扬度值（即水平仪的气泡向一个方向偏移的读数）应相等且方向相反。当机组台数为偶数时，水平仪放在中间两联轴器上，气泡应在中间，如图 4-21（a）所示。当机组台数为奇数时，其中间的机器轴应按水平要求安装，如图 4-21（b）所示。有些机组，如一台同步电动机和三台直流发电机组成或带飞轮的机组，为考虑机组轴颈扬度值能较合适地分配，往往将具有两个轴承的电机轴颈或具有最重负荷的轴颈安装成水平。

机组轴线定心，一般用测量轴颈的水平和两轴伸出联轴器的径向及轴向间隙的方法。如果联轴器半径大于 200mm，且与电动机轴颈同轴，端面与轴心线垂直时，可用塞尺和水平仪直接测量，如图 4-22（a）所示。如果两半联轴器有加工误差，则应采用在联轴器外圆固定，彼此相差 180°位置进行测量，如图 4-22（b）中 b_1、b_2 所示。在两个电枢同顺序回转 0°、90°、180°、270°四个位置时，测量一组径向间隙和两组轴向间隙，如图 4-23 所示。

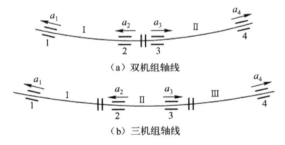

（a）双机组轴线

（b）三机组轴线

图 4-21　机组的正确轴线

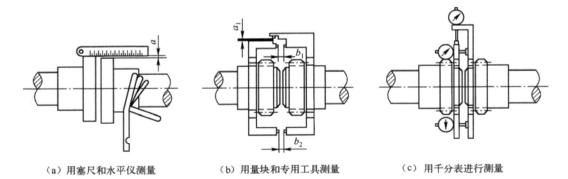

（a）用塞尺和水平仪测量　　（b）用量块和专用工具测量　　（c）用千分表进行测量

图 4-22　测量两联轴器间的间隙

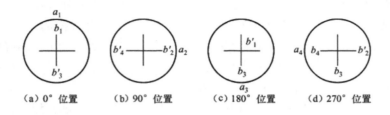

（a）0°位置　　　（b）90°位置　　　（c）180°位置　　　（d）270°位置

图 4-23　两联轴器在不同位置测量时的间隙

将测得四个位置的 a、b 值做好记录，然后根据 a_1、a_3 和 b_1、b_3 来调整轴承座的高低；根据 a_2、a_4 和 b_2、b_4 来调整轴承座的左右位置。一般通过调整靠近联轴器端的轴承座端的高度和左右位置来解决轴向偏斜。但是，两个轴承的调整，往往会互相影响，这就需要耐心和熟练的操作，最后达到两个联轴器端面平行且轴心线一致。

② 采用带轮或正齿轮传动的要求。采用带轮或正齿轮传动时，电动机的轴中心线应与其连接机器的轴中心线平行，且要求带传动中心线与轴中心线相互垂直。电动机所用带轮的最小直径，受电动机轴伸端允许径向拉力的限制。

4.6.2　异步电动机的启动

1．启动前的准备

对新安装或久未运行的电动机，在通电使用之前必须先做下列检查，以验证电动机能否通电运行。

（1）安装检查。要求电动机装配灵活、螺栓拧紧、轴承运行无阻、联轴器中心无偏移等。

（2）绝缘电阻检查。要求用兆欧表检查电动机的绝缘电阻，包括三相相间绝缘电阻和三相绕组对地绝缘电阻，测得的冷态绝缘电阻一般不小于 $10M\Omega$。

（3）电源检查。一般当电源电压波动超出额定值+10%或-5%时，应改善电源条件后投入运行。

（4）启动、保护措施检查。要求启动设备接线正确（全压启动的中小型异步电动机除外），电动机所配熔丝的规格合适，外壳接地良好。

在以上各项检查无误后，方可合闸启动。

2．启动时的注意事项

（1）合闸后，若电动机不转，应迅速、果断地拉闸，以免烧坏电动机。

（2）电动机启动后，应注意观察，若有异常情况，应立即停机。待查明故障并排除后，才能重新合闸启动。

（3）笼形转子电动机采用全压启动时，短时间内连续启动的次数不宜过于频繁。对功率较大的电动机要随时注意电动机的温升。

（4）绕线转子异步电动机启动前，应注意检查启动电阻是否接入。接通电源后，随着电动机转速的上升而逐渐切除启动电阻。

（5）几台电动机由同一台变压器供电时，不能同时启动，应从大到小逐台启动。

4.6.3 运行中的监视

对运行中的电动机应经常检查它的外壳有无裂纹，螺钉是否脱落或松动，电动机有无异响或振动等。监视时，要特别注意电动机有无冒烟和异味出现，若闻到焦糊味或看到冒烟，必须立即停机检查处理。

对轴承部位，要注意它的温度和声音。温度升高，响声异常则可能是轴承缺油或磨损。

用联轴器传动的电动机，如果中心校正不好，会在运行中发出响声，并伴随着发生电动机振动和联轴器螺栓胶垫的迅速磨损。这时应重新校正中心线。用带传动的电动机，应注意带不应过松而导致打滑，也不能过紧而使电动机轴承过热。

在发生以下严重故障情况时，应立即停机处理：

（1）人身触电事故。

（2）电动机冒烟。

（3）电动机剧烈振动。

（4）电动机轴承发热严重。

（5）电动机转速迅速下降，温度迅速升高。

4.6.4 定期维护

电动机的定期检修是消除故障隐患，防止故障发生或扩大的重要措施。定期检修分为定期小修和定期大修。

1．定期小修的期限和项目

定期小修一般不拆开电动机，只对电动机进行清理和检查，小修周期为 6～12 个月。

定期小修的主要项目有：

（1）清扫电动机外壳，擦除运行中积累的油垢。

（2）测量电动机定子绕组的绝缘电阻，注意测后要重新接好线，拧紧接头螺母。

（3）检查电动机端盖、地脚螺栓是否紧固，若有松动应拧紧或更换新螺栓。

（4）检查接地线是否可靠。

（5）检查、清扫电动机的通风道及冷却装置。

（6）拆下轴承盖，检查润滑油是否干涸、变质，并及时加油或更换洁净的润滑油，处理完毕后，应注意上好轴承盖及紧固螺栓。

（7）检查电动机与负载机械间的传动装置是否良好。

（8）检查电动机的启动和保护装置是否完好。

2．定期大修的期限和项目

电动机的定期大修应结合负载机械的大修进行，大修周期一般为 2～3 年。定期大修时，需把电动机全部拆开，进行以下项目的检查和修理。

（1）定子的清扫及检修。

① 用压力为 0.2～0.3MPa 的干净压缩空气吹净通风道和绕组端部的灰尘或杂质，并用棉

布蘸汽油擦净绕组端部的油垢，但必须注意防火，如果油垢较厚，可用木板或绝缘板制成的刮片清除。

② 检查外壳、地脚，应无开焊、裂纹和损伤变形。

③ 检查铁芯各部位应紧固完整，没有过热变色、锈斑、磨损、变形、折断和松动等异常现象。铁芯的松紧可用小刀片或螺丝刀插试，若有松弛现象．应在松弛处打入绝缘板制成的楔子。若发现铁芯有局部过热烧成的蓝色痕迹，应进行处理并做铁芯发热实验。

④ 检查槽楔是否有松动、断裂、变形等现象，并用小木锤轻轻敲击应无宰振声。如果松动的槽楔超过全长的 1 / 3，须退出槽楔，加绝缘垫后重新打紧。更换槽楔后应喷漆或涂漆，并按规程规定做耐压实验。

⑤ 检查定子绕组端部绝缘有无损坏、过热、漆膜脱落现象，端部绑线、垫块等有无松动，若漆膜有脱落、膨胀、变焦和裂纹等，应刷漆修补，脱落严重时应在彻底清除后，重新喷涂绝缘漆，甚至更换绕组，若端部绑线松弛或断裂时，应重新绑扎牢固。

⑥ 检查定子绕组引线及端子盒，引线绝缘应完好无损，否则应重包绝缘，引线焊接应无虚焊、开焊，引线应无断股，引线接头应紧固无松动。

⑦ 测量定子绕组的绝缘电阻和吸收比，判断绕组绝缘是否受潮或有无短路，若绕组有短路、接地(触壳)故障，应进行修理；若绝缘受潮，应根据具体情况和现场条件选用适当的干燥方法进行干燥处理。

（2）转子的清扫及检修。

① 用压力为 0.2～0.3MPa 的干净压缩空气吹扫转子各部位的积灰，用棉布蘸汽油擦除油垢，再用干净的棉布擦净。

② 检查转子铁芯，应紧密，无锈蚀、损伤和过热变色等现象。

③ 检查转子绕组，对笼型转子，导条及短路环应紧固可靠，没有断裂和松动，如发现有开焊、断条等现象应进行修理；对绕线式转子，除检查与定子绕组相同的项目外，还要检查转子两端钢轧带应紧固可靠，无松动、移位、断裂、过热和开焊等现象。

④ 检查绕线式转子的集电环和电刷装置，检查并清扫电刷架、集电环引线，调整电刷压力，打磨集电环，还要检查举刷装置，其动作应灵活可靠。

⑤ 检查风扇叶片应紧固，铆钉齐全丰满，用木锤轻敲叶片，响声应清脆，风扇上的平衡块应紧固无移位。

⑥ 检查转轴滑动面应清洁光滑，无碰伤、锈斑及椭圆变形。

（3）轴承的清洗及检修。

① 清除轴承内的旧润滑油，用汽油或煤油清洗后，再用干净的棉布擦拭干净，清洗后不得将刷毛或布丝遗留在轴承内。

② 对清洗后的轴承进行仔细检查，滑动轴承瓦胎与钨金应紧密结合，钨金面应圆滑光亮，无砂眼、碰伤等现象，滚动轴承内、外圈应光滑，无伤痕、裂纹和锈迹，用手拨转应转动灵活，无卡涩、制动、摇摆及轴向窜动等缺陷，否则应进行修理或更换。

③ 测量轴承间隙，滑动轴承的间隙可用塞尺测量，滚动轴承间隙可用塞尺或铅丝测量，若测得的轴承间隙超过规定值，应进行修理或更换新轴承。

④ 检查轴承盖、轴承、放油门及轴头等接合部位，应严密无漏油现象。

4.6.5　三相异步电动机的保护

1．保护种类

普通中、小型低压电动机应装设短路保护、接地保护、过载保护。必要时装设专门的断相保护和低电压保护等。

2．短路保护

短路故障常用熔断器或电磁式过电流继电器来进行保护，当交流电动机正常运行、正常启动或自启动时，短路保护器件不应误动作，因此要合理选择短路保护器件的动作值。

3．过载保护

三相异步电动机运行中容易过载的电动机、启动或自启动条件困难而要求限制启动时间的电动机，应装设过载保护。额定功率大于 3kW 的连续运行电动机，宜装设过载保护；但断电导致损失比过载更大时，不宜装设过载保护，或使过载保护动作于信号。过载故障最常用的是双金属片型热继电器，它利用电流的热效应实现保护，保护具有反时限特性。

4．断相保护

连续运行的三相电动机，当采用熔断器保护时，应装设断相保护；当采用低压断相断路器保护时，宜装设断路器保护；当低压断路器兼作电动机控制电器时，可不装设断相保护；短时工作的电动机、断续周期工作的电动机或额定功率不超过 3kW 的电动机，可不装设断相保护。断相保护器件宜采用断相保护热继电器，也可采用温度保护或专用的断相保护装置。

5．低电压保护

不允许自启动的电动机或为保证重要电动机自启动而需要切除的次要电动机，应装设低电压保护。需要自启动的重要电动机不宜装设低电压保护，但按工艺或安全条件在长时间停电后不允许自启动时，应装设长延时的低电压保护，其时限可取 9~20s。低电压保护器件宜采用低压断路器的欠电压脱扣器或接触器的电磁线圈，必要时可采用低电压继电器和时间继电器。

6．新型电动机监控器和保护器

（1）DZJ 型电动机智能监控器　DZJ 型电动机智能监控器集电流互感器、电流表、电压表、热继电器和时间继电器的功能于一体，主要用于对运行中的电动机进行自动检测、保护、监控，也可实现与微机联网。

DZJ 型监控器共有 A、B、D 三种型号。其中，A 型可实现对电动机电流、电压、三相不平衡等的监测、监控；过电流、过电压、欠电压、断相、漏电等保护和就地显示；B 型由主体单元及显示单元组成，适用于主体置于板后而显示设备置于面板上的装置，功能与 A 型相同；D 型具有 RS485 通信接口，可实现与计算机的远程通信，通信距离可达 1200m。

（2）抗干扰固态断相保护器。抗干扰固态断相得护器的原理框图如图 4-24 所示。它由检测电路、滤波电路、鉴别电路、开关电路、执行电路和稳压电源组成。

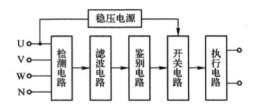

图 4-24 抗干扰固态断相保护器原理框图

传统的电压型断相保护器普遍装设在三相对称负载的人工中性点上，当电动机发生断相故障时，人工中性点对地电压升高，当对地电压超过稳压管击穿电压时，触发晶闸管使保护电路导通，再通过执行电路（如继电器）切断接触器线圈的电源，使电动机停转，从而保护电动机。这种保护装置的不足之处在于，人工中性点对地存在着严重的谐波干扰电压，其峰值为 8～25V 不等（一般为 8～10V）。为了避免误动作，稳压管的稳压值需大于干扰电压峰值，但对于 3kW 以上的电动机，在空载运转发生断相故障时，人工中性点对地的电压峰值仅为 22～24V，此值又小于稳定管的稳压值，保护器不能起保护作用。为此，需滤除谐波干扰电压才行。抗干扰固态断相保护器有滤除谐波的功能。

使用抗干扰固态断相保护器时应注意以下事项：

① 该保护器适用于三相四线制供电系统，控制箱内应有零线。

② 被保护的电动机应具有可靠的过载保护。

③ 对于不同线圈电压的交流接触器，保护器均按图 4-25 接线。

④ 接线端子 U、V、W 和 P、Q 均无相位要求，端子 N 接电源的零线。

⑤ 安装完毕，经检查接线无误后，按启动按钮，先让电动机半载运行，然后用断路器人为地断开一相电源（对 10kW 以下的电动机，可以直接断开一相熔断器），以检验断相保护器是否有效。当确认有效后，方可投入使用。

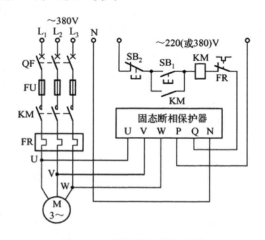

图 4-25 断相保护器接线图

（3）JD5 型电动机综合保护器。JD5 型电动机综合保护器采用了集成模式全封闭结构。产品集过载、缺相、内部 Y-D 断相（适用电动机 Y-D 启动保护）、堵转及三相不平衡保护和故障、运行特性指示等功能于一体，且具有极其良好的反时限特性，其断相速断保护时间小于 2s，过电压 1～40s，过载 3～80s，这是热继电器所不能实现的。该保护器安装调试方便，排除故障迅速，且具有节能（比热继电器的节能效果好）、动作灵敏、精确度高、耐冲击震动、重复性好、保护功能齐全、功耗小等优点；由于采取全封闭结构，可在灰尘杂质多、污染较严重的场合下使用。

（4）GDH-30 系列智能化电动机保护器。

① 保护器的特点。GDH-30 系列电动机保护器是以单片机为核心的纯数字化电动机保护器。输入信号直接由 12 位 A／D 转换器读入单片机，单片机对数字信号进行分析和比对，判断出故障原因及错误信号。由于它是纯数字信号处理，在信号分析过程中不会出现模拟电路带来的不稳定、热漂移、误差、干扰等问题，大大提高了工作的可靠性和准确性。

用户可以根据自己的需要、用途、使用环境而设定电动机的工作参数及条件，从而可使电动机工作在最佳状态，既能可靠地保护电动机，又能使电动机发挥最佳效率。该保护器的参数设定十分方便，用户可以根据面板上的 4 个按键，像调整电子表一样把所需的指令设定到单片机里面。操作人员还可以在设定区设置一级口令，非操作人员不知道口令，仅能通过按键查看当前的工作状态，改变不了参数，从而避免了因错误的设定而导致的故障。

② 保护器的功能。GDH-30 系列保护器具有下列功能：

a. 具有缺相保护、过流保护和三相不平衡保护功能。

b. 具有启动时间长、欠电流、热累积等保护功能。

c. 具有故障预报警、远距离预报警、故障动作状态指示等显示功能。

d. 可对过电流、堵转、欠电流的动作时间进行设定。

e. 具有手动、自动延时复位功能。

f. 具有定时限、反时限特性的任意设定等功能。

g. 对非必用功能可进行关闭。

另外，厂家还可以根据用户提出的某些特殊功能进行设计，如可以把保护器设计为 Y-D 启动型、分时启动型等。

4.7 三相异步电动机的常见故障及解决方法

4.7.1 运行条件

三相异步电动机的良好运行依赖于电源条件、环境条件和负载条件的好坏。对各种不同型式三相异步电动机的运行条件，可参见该类产品的技术条件和维护使用说明书，现将其基本运行条件介绍如下。

1. 电动机的运行条件

（1）电源条件：电源的相数、电压和频率应与电动机铭牌数据相符。供电电压应为对称三相正弦波电压，并且在额定频率时电压与其额定值相差不超过±5%；在电压为额定时频率与其额定值的偏差应不超过±1%。

（2）环境条件：电动机运行位置的环境温度和海拔高度均必须符合技术条件的规定，其防护能力应与其工作地点的周围环境条件相适应。

（3）负载条件：电动机的性能应与启动、运行、制动、不同定额的负载以及变速或调速等负载条件相适应，并在运行时应保持其负载不超过电动机规定能力。

2．电动机合理运行的主要内容

（1）电动机运行时应尽可能使电压的波动小，三相电压值尽可能平衡。

（2）电动机运行时的温升不得超过额定值，以保证电动机正常的使用寿命。

（3）电动机运行的效率和功率因数均应达到其额定值，以保证其具有良好的经济性。

（4）电动机运行时不应影响其他设备与电动机的正常使用。

4.7.2 运行中常见故障的原因分析和解决方法

电动机常会由于安装不当、缺少维护、机械碰撞和制造缺陷等原因，而发生不应有的振动、噪声，定、转子相擦和机座、端盖破损等机械故障。

1．振动故障

振动故障有机械振动和电磁振动两种。

（1）电动机产生机械振动故障的主要原因及解决方法。

① 电动机安装基础未达水平要求，以及基础刚度不够或地脚螺栓固定不牢。

② 安装时轴心线不对中。在安装电动机时，应使电动机和负载机械的轴心线相重合。当轴心线不重合时，电动机运行时就会受到来自联轴器的作用力而产生振动。其特征是当电动机单独运行时，这种振动会立即消失。

③ 联轴器配合不好产生的振动。电动机与负载机械联轴器配合不好，如其中某个弹性销子有误差，就会产生一个不平衡力 F，从而使电动机产生振动。

④ 带轮或联轴器转动不平衡，或传动皮带接头不平滑引起振动。

⑤ 被拖动机械产生故障，其振动传递给了电动机。

出现上述故障解决的方法是加固安装基础或重新按要求安装电动机。

⑥ 电动机转子本身不平衡。出现该故障时，应按图 4-26 的方法对电动机转子进行静平衡检查和处理。

⑦ 电动机的轴承或轴瓦磨损非常严重。滚动轴承因负载过重、润滑不良、安装方法不当、异物进入等原因，都会造成轴承磨损、表面剥落、碎裂、锈蚀等故障。而轴承的损伤，加工装配的误差都会引起电动机在运行中的振动。特别是小型电动机，滚动轴承故障是导致电动机无法正常运行的常见原因。滑动轴承长期运行后轴瓦间隙往往变大，轴承负载变轻或润滑油黏度过大等，这些均会产生振动。出现该故障时应清洗或更换新轴承。

例 4-5 有一台 JO$_2$-82-6 型、额定电压 U_N=380V、额定功率 P_N=40kW 的笼形转子电动机，在空载运行时即产生较强振动，带负载后振动更为剧烈。

分析处理： 经全面仔细检查该电动机后，发现其故障是由转子不平衡所致。通过如图 4-26 所示的平衡架进行静平衡，找出不平衡量的方位，确定使转子平衡所需的平衡重力，并用等重的平衡块或平衡垫圈牢固地安装在转子的平衡柱上面。该电动机经过静平衡处理后，空载振动和带负载后振动加剧的故障基本上得到消除。

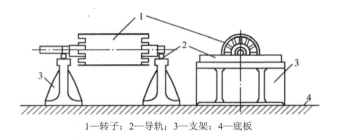

1—转子；2—导轨；3—支架；4—底板

图 4-26　电动机转子的静平衡

例 4-6　有一台 Y225M-4 型、额定电压 U_N=380V、额定功率 P_N=45kW 的笼形转子电动机，运行中出现剧烈振动。经检查发现其转轴已经产生弯曲现象。

分析处理：对于转轴出现弯曲故障的小型电动机，通常多采用在油压机或螺纹压机上矫正的办法进行修理。首先可将转子整体放置在静平衡架上，用手把转子转动 360°并用百分表检查轴的弯曲程度。然后将转轴凸出的一面朝上，接着用压力机的压杆对此凸面施加压力，同时在测量点百分表监测轴弯曲度的变化。施加的压力应该使百分表指示该轴已朝反向弯曲为止，再慢慢松去压力并记录百分表的变化值。经这样反复并逐渐加大压力矫正，使轴在除去压力后，百分表指示轴反向弯曲 0.04mm 左右即可。该例电动机弯曲的转轴经加压调正和重校静平衡后，故障得以消除并恢复正常运行。

（2）电动机产生电磁振动故障的主要原因及解决方法。

① 定子绕组旋转磁场不对称。如电网三相电压不平衡、因接触不良造成单相运行、定子三相绕组不对称等都会造成定子旋转磁场的不对称，从而使电动机产生振动。

② 定子铁芯和定子线圈松动。在这种情况下，将会使电磁振动和电磁噪声加大。

③ 气隙不均匀引起的电磁振动。

④ 转子导体异常引起的电磁振动。如笼形电动机因笼条断裂或绕线式电动机转子回路电气不平衡都会产生电磁振动。

例 4-7　有一台 Y180L-2 型、额定电压 U_N=380V、额定功率 P_N=22kW 的笼形三相异步电动机，采用时间继电器控制的 Y-D 降压启动。当按下启动按钮做 Y 启动时一切正常，而换接成 D 运行时则电动机噪声明显增大，并伴有强烈的振动、电动机温升增加和邻近的照明灯变暗等。

分析处理：根据电动机产生电磁振动主要原因分析，经过现场检查发现，该线路接至电动机接线端子处的接线鼻子中有一相严重锈蚀并且接触不良，造成接触电阻过大，因 Y 形启动时电流小对电动机影响不明显。但是在转入 D 运行时，由于电压升高而电流增大，在接线鼻子锈蚀处的接触电阻上的压降也明显增大，因此造成定子绕组三相电压不平衡。经过对锈蚀处的除锈清理，将线路接线鼻子与电动机接线端子重新接线后，电动机故障现象消失，并且电动机运行正常。

2. 噪声故障

噪声故障有机械噪声和电磁噪声。机械噪声主要是由机械故障引起，而电气原因主要是电磁噪声。区分的方法是：当电动机运行时，出现噪声，而当电动机停电瞬间，如果噪声不存在，说明是电磁噪声，否则即为机械噪声。

（1）机械噪声：由机械故障造成的噪声（包括定子、转子相擦在内），称为机械噪声。产生机械噪声的主要原因有以下几点：

① 定子、转子相擦。

a. 可先尝试转动一下转子，定子、转子相擦严重时，转子根本转不动。

b. 相擦不严重时，虽然用手可以转动，但转到某一角度时，会感到比较吃力。

c. 有时定子、转子摩擦比较轻微，必须用手慢慢转动转子，直至某一角度时才会略感有点阻力。

d. 实际操作中，可以给电动机加上额定电压，让电动机空转，静听声音（也可通过旋具来听）。如果在均匀的噪声中，混杂有一种不均匀的"嚓嚓"声，就很可能是相擦。

② 利用声音判断故障。

a. 滚珠轴承发出的"咕噜"声。

b. 电动机转动时风叶与空气摩擦产生的噪声。

c. 转子与定子相擦引起的"嚓嚓"声。

前两种噪声很难避免，只要不太严重就行。但如果存在第三种噪声，就必须找出摩擦原因，并予以排除。对于新的电动机，在试运行时，还可能出现一种特别的机械声音，这是由于定子槽内绝缘纸或竹楔凸出于槽口外，使转子外壁与之相擦而产生的，这种声音与磁擦声不同，它不像金属与金属相擦的声音。此外，有的电动机会出现一种低沉的"嗡"声，这种声音是由于转子和定子长度配合不好而产生的。正常的情况应该是，定子长度比转子长度略长一些，如果长得比较多，就会产生"嗡"声。这种声音不但会影响运行的安静，而且会造成隐患。

③ 转轴与轴承内套配合过松而"走动"，或轴承室与轴承外套配合过松而造成轴承"跑"外圈。当电动机因拆装次数过多而使端盖的轴承室磨大以后，转子就会产生轴向窜动。转子的轴向窜动，会使转子铁芯和定子铁芯在轴向错开而不能对齐，这样会增大电动机的空载电流，降低电动机的电磁性能。为了消除这种隐患，可以在端盖内垫上厚度适当的垫圈。此外，若挡油圈固定不好，或挡油圈外径比轴承外径大等，也会产生机械噪声。

④ 轴承或轴瓦损坏。

例 4-8 某台额定功率 P_N=1 750kW 轧钢电动机呈现有规律的异常响声。

分析处理： 该高压电动机在轧钢生产中异常响声很有规律，即轧制钢材时响声大，空载时响声小，控制柜上的电压表和电流表均显示正常。经仔细检查，判定为定、转子之间有摩擦。

经仔细检测发现电动机负载端侧两只地基螺栓上没有放弹簧垫圈而造成螺母松动，在轧制中因振动使定子机体产生位移，形成电动机气隙在轴向不均匀，形成单边磁拉力，产生异响。松开联轴器螺栓和电动机非负载端地基螺母，调整定子机体，测定转子气隙达均匀后，分别拧紧螺母，安放弹簧垫圈后，螺母锁紧。从此例中应吸取的教训是应加强日常电动机、电气及机械设备的检查维护。

例 4-9 有一台 JO$_2$-92-6 型、额定电压 U_N=380V、额定功率 P_N=75kW 的笼形转子电动机，运行中出现了轴承及轴承盖过热、振动加剧、电流不稳和发出不正常响声的故障。

分析处理： 根据现场情况分析判断，该故障极有可能是由轴承损坏所引起的。电动机基础不稳、机械传动有误、振动过大、过负载或带轮过紧、润滑油脂过多或过少以及安装和拆卸轴承的方法不当等，均可能造成轴承的损坏。

将该电动机解体，拆下轴承进行检查，发现轴承的支架已经损坏且有个别滚珠已破碎，所以需要重新更换轴承。该电动机换上新轴承后，所有故障现象全部消除，并正常地运行于原供电线路上。

对转子与定子之间的相擦故障，如果轴承室磨损严重、轴承与轴承室之间配合太松会造成转子因自重而下坠、转轴弯曲、端盖止口磨损，以及安装时端盖平面与轴线不垂直等，也会使转子外圆与定子内壁相擦。

（2）电气噪声：由电气故障造成的噪声为电气噪声，产生电气噪声的主要原因有以下几点：

① 电动机单相运行，这时其吼声会特别大。此时可采取断电后再通电的办法，以检查电动机能否再启动。如果不能启动，就说明电动机或电源、启动设备存在断路故障，此时电动机已经是单相运行。

② 笼形绕组导条或端环断裂，会产生时高时低的"嗡嗡"声，同时电流忽高忽低，电动机转速明显降低。

③ 定子绕组出线端头尾接反或部分线圈的极性接错，电动机将产生低沉的吼声。

④ 电动机超载运行，这时将发出沉闷的吼声和绕组高温。

例 4-10　某台 Y160L-2 型、额定电压 U_N=380V、额定功率 P_N=18.5kW 的三相交流异步电动机，在运行中出现异常响声。

分析处理：经检查该电动机产生异常响声的原因为超载所致，调整负荷后电动机即投入正常运行。

3．发热故障

电动机在运行中存在电流和磁通，通过电动机的电流将产生铜损耗；铁芯中的交变磁通产生铁损耗；电动机在旋转时轴承及电刷的摩擦、转动部分与空气摩擦均产生机械损耗。这些损耗都会转换成热能从而引起电动机的温度升高。电动机自身温度与环境温度之差称为温升，因此，运行中的电动机必然会存在温升。

当电动机的运行温度高于环境温度时，它就将散发出热量。于是，电动机因损耗而产生的热量一部分被储藏起来，引起本身温度升高，另一部分则散发到周围环境中去，因此处在运行中电动机的温度总是要高于其所处的环境温度。一般地，电动机在运行中的温升每高出额定温升 8℃~10℃，其使用寿命将降低一半左右。所以电动机在超过允许的额定温升下运行，危害极大，使用中应尽量避免出现这种情况。电动机产生发热故障既有机械方面的原因，也有电气方面的原因。

（1）机械方面的原因：

① 轴承损坏或有缺陷。

② 负载过载且过载时间过长。

③ 通风不足或进风温度太高。

④ 定子、转子径向错位。

⑤ 电动机受潮或浸漆后没有烘干。

例 4-11　某台额定功率为 315kW、额定电压为 6kV 的高压电动机发生过热而产生"抱轴"故障。

分析处理：经了解，该电动机定期更换端部轴承后，通电试车发现轴承过热，尤其是非悬挂端部轴承升温急剧，仅 15min 该端部轴承就过热冒烟，出现"抱轴"现象，结果造成电气保护系统跳闸。经解体前后检测，发现电动机轴承挡与轴承室底座有 4mm 误差，使前轴承盖之间产生 4mm 缝隙，即转子系统整体轴向前移 4mm 左右。经分析是由于修理人员拆装不仔细，使定子、转子铁芯未对齐，从而导致电动机运行中，在短时间内使非悬挂端部轴承柱面在受力情况下（铁芯未对齐而产生的电磁力）旋转时急剧发热，烧坏轴承并出现"抱轴"现象。

　　更换轴承并使轴承安装到位，更换润滑脂，总装时将定子、转子铁芯轴向对齐，并将电动机气隙调整到规定值范围后，电动机运行正常。

　　（2）电气方面的主要原因：

　　① 电动机缺相运行。

　　② 电源电压波动较大。

　　③ 电动机接法错误。

　　④ 绕线型转子绕组焊接点脱焊。

　　⑤ 电动机定子绕组短路或接地故障。

　　例 4-12　有一台 Y225M-4 型、380V、D 接法、采用 Y-D 降压启动的 45kW 电动机。原带负载运行很正常，现转子突然停止运转，稍后电动机开始冒烟并发出绝缘烧焦气味。

　　分析处理：现场检查，该电动机接法正确，电源也正常。经检查，该电动机转子突然停转由 V_1 相电源进线熔丝运行中熔断所致（如图 4-27 中打"×"处）。拆开电动机后发现一相绕组的线圈全部烧焦，另外两相绕组也有部分线圈烧坏。最后，该台电动机只能重新换线圈。

　　这是因为三角形接法电动机的电源进线之中若有一相断路时，如图 4-27 所示，因 UV 相线圈与 VW 相线圈变成串联后才和 UW 相线圈并联，而此时 UW 相线圈的电流将会猛增，约为正常负载相电流的 2.8 倍左右，超过电动机最大电流却拖不动负载而停转。电动机停转并未与电源脱离而其电流将会更大，UW 相线圈的发热将使绝缘烧焦甚至起火。由于 UW 相线圈是均匀分布在定子铁芯四周的，故发热起火必将波及另外两相线圈。如果电源切断得快，那么 UV 相和 VW 相线圈才可以保全，否则三相线圈有可能全部被烧毁。

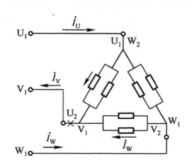

图 4-27　电动机 D 接法一相进线断路

　　⑥ 电刷与集电环故障。电刷型号错误、电刷与集电环工作面接触不良、电刷与刷盒配合不当等均会出现该故障。对此可采用更换符合规定型号的电刷、研磨电刷周边尺寸和与集电环吻合的接触面的方法来进行处理。

　　⑦ 举刷与短接装置故障。转子的举刷与短接装置不能协调一致、短接装置在运行中不

能将转子三相绕组有效短路等，均可能造成转子绕组接触不良及单相运行故障，从而引发运行中转子绕组过热现象。因此可根据故障的具体情况，对转子的举刷与短接装置进行清洗、调整或更换处理。

⑧ 连接部位焊接不牢故障。转子绕组两侧端部并头套、零线环及引出线等接线位置焊接不牢，都会引起转子绕组发热，严重时还可能发生断路。为此，应通过外观检查、直流电阻测试和大电流发热等方法，查明焊接故障的准确位置，再按焊接的工艺要求补焊。

例 4-13 某台 YR280M-4 型、额定电压为 380V、额定功率为 132kW 的绕线式转子电动机，带负载运行时转子绕组过热。

分析处理： 经检查该电动机的转子绕组焊接质量差，多处并头套的焊接为虚焊，直流电阻测试时其三相电阻值也不平衡。通过对转子绕组的全部并头套及焊接点逐一检查，将存在焊接缺陷的位置重新补焊后，转于绕组的过热故障消除。

4. 定子绕组故障

定子绕组故障主要有接地故障、短路故障、断路故障、绕组线圈接线错误故障。这些故障轻则使电动机不能正常工作，严重时不但危及设备的安全，影响生产，而且还会对人身安全造成危害。在运行中的电动机，其故障主要表现在接地故障、短路故障、断路故障。

（1）接地故障。由于嵌线工艺不当而将槽口底部绝缘压破、槽口绝缘封闭不良、槽绝缘损伤等，均会引起导线裸铜（或铝）与铁芯机壳接通，造成定子绕组接地故障。

① 产生接地故障的原因：

a. 绕组受潮，绝缘物失去绝缘作用。特别是长期搁置不用的电动机，往往容易出现这类故障。

b. 电动机长期过载运行，绝缘物老化、开裂、脱落。

c. 嵌线时绝缘物受损伤。

d. 绕组端部碰端盖。

e. 引出线绝缘损坏，与壳体相撞。

f. 定子、转子相擦，引起绝缘物损坏。

g. 绕组绝缘受雷击损坏等。

② 检查诊断：对接地故障的检查诊断，可用以下方法进行。

a. 观察法：目测绕组端部及接近槽口部分的绝缘物有无破裂和焦黑的痕迹，如果有，这里可能就是接地点。

b. 检验灯检验法：将检验灯一端引出线接机座，另一端与电动机引出线相接。如灯亮，表示有接地故障。

c. 万用表检查法：把万用表拨至测量电阻挡，万用表一根引出线接在机座上，另一根引出线接在电动机引出线上，如果电阻值很小，表示绕组有接地故障。

d. 兆欧表检查法：把 500V 兆欧表的一根引出线接在机座，另一根接在电动机引出线上，测量绝缘电阻。如果绝缘电阻接近于零，则表示该相绕组有接地。

e. 耐压试验检查法：用一只试验变压器，次极串接一电流表，次极一端接在机座上，另一端接在电动机引出线上，逐步升高电压，如果电流表摆动，则说明绕组接地。

③ 定子绕组接地故障的修理。

a. 因绝缘老化、机械强度降低造成接地故障时，需要重新换线；如果线圈绝缘完好，仅个别线圈有接地故障，可采用局部修复。

b. 槽口部位接地故障修理。为了查明故障，可升高电压将虚接部位击穿，由火花或冒烟痕迹来判断位置。"实接"部位可根据放电烧焦的绝缘部位查出。查明接地槽口部位后，须将线圈加热至 130℃左右使绝缘软化，然后用理线板或竹板撬开接地处绝缘，将接地或烧焦部分的绝缘清理干净，并涂上环氧胶。

c. 双层绕组线圈接地故障修理。由于竹楔吸潮、油污、槽下绝缘垫偏等，均会引起双层绕组的上层对铁槽产生接地故障。修理方法是先将线圈加热至 130℃左右，剔除接地线圈上的槽楔，将故障线圈的上层边抬出槽口，用新绝缘纸将槽内垫好，同时检查故障点是否有匝间绝缘损伤。如有，要处理好，然后将上层边嵌入槽内；折合槽绝缘，并打入槽楔。双层绕组下层边对地击穿时，可采用局部换线法或穿线修复法。

（2）断路故障　断路故障有一相断路、匝间断路、并联分路处断路和并联几根中一根断路等。

① 产生断路故障的原因：

a. 接头焊接不好，电动机过热后脱落。

b. 受机械力的影响，将线碰撞或拉断。

c. 匝间短路没有及时发现，电动机长期运行且发热后导致导体熔断。

② 检查诊断：对断路故障的检查诊断，可用以下方法进行。

a. 观察法：仔细观察绕组端部是否有碰撞现象以及裸铜现象，找出碰断处。

b. 检验灯检查法：如图 4-28 所示。

对于 Y 接法的电动机，把检验灯一根线接在绕组 V_1 上，另一根接 W_1，如果灯不亮，则说明有断路相；然后在 U_1 和 W_1 之间再进行检查，如果灯亮，说明是 V_1 相断路可参见图 4-28（a）所示。

对于 D 接法的电动机，先把每相拆开，然后分别试验。如果灯亮，说明该回路是通的，反之，说明该相断路可参见图 4-28（b）所示。

c. 万用表检查法。基本思路与检验灯检查法一样。

对于 Y 接法的电动机，首先将万用表拨在电阻挡上，一根线接在中心点上，而另一根线依次接在三相绕组首端。电动机定子绕组的直流电阻应该很小，如果此时测得某一相的电阻为无穷大，则说明该相断路。

对于 D 接法的电动机，先要把三相拆开，然后再用万用表分别测量各相绕组，电阻值无穷大则表明该相绕组断路。

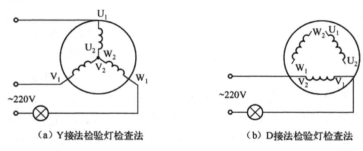

（a）Y接法检验灯检查法　　　　（b）D接法检验灯检查法

图 4-28　检验灯检查法

d. 兆欧表检查法：Y接法和D接法检查与用万用表检查法一致，阻值为无穷大的一相表示该相断路。

e. 电桥检查法：Y接法和D接法与用万用表检查法一致，电阻值为无穷大的一相表示该相断路。

对于中等容量的电动机大多采用多根导线并绕或采用多支路并联，对其中一根或几根、一路或几路断线，通常采用以下两种检查方法。

三相电流平衡法：对Y接法的电动机，通入低电压可参见图4-29（a）所示，如果三相电流值相差大于10%时，电流小的一相为断路相；对D接法的电动机，通入低电压可参见图4-29（b）所示，如果三相电流值相差大于10%时，则电流小的一相为断路相。

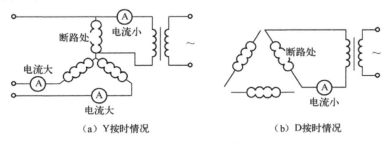

图4-29 三相电流平衡检查法

电桥检查法：用电桥测量三相绕组的电阻，如果电阻值相差大于10%，则电阻值较大的相为断路相。

由于绕组故障烧坏线圈会引起绕组断路故障，而更常见的是由于焊接不良造成绕组断路，至于因导线本身断裂而引起绕组断裂的机会很少。因此当发生绕组断路故障时，应先检查绕组引出线和各过桥线的焊接处是否有焊锡熔化，或有焊接点松脱现象。

③ 定子绕组断路故障的修理。

a. 引线和过桥线的开焊修理。如果查明断路点是引出线或线圈过桥线的焊接部分开焊，可将脱焊处清理干净，然后在待焊处附近的线圈上铺垫一层绝缘纸，防止焊锡流入而损伤线间绝缘，最后再进行补焊。

b. 端部线圈烧断的修理。端部线圈烧断一根或几根导线时，需将线圈加热至130℃，使绝缘软化，然后将烧断的线匝撬起，分清每根导线的端头，用相同规格的导线连接在烧断的导线端点上，焊好后，包扎绝缘，再进行涂绝缘漆处理。

c. 槽内导线烧断故障的修理。槽内导线烧断故障的处理方法，与前述线圈接地或短路处理方法相似，也须加热线圈，软化绝缘，然后剔除槽楔，由槽内抬出烧断的线圈，将烧断的线匝两端由端部剪断，使焊接点移在端部，避免线槽内拥挤。用同规格新导线焊接好，并在焊接处包好绝缘，最后将处理好的线匝再嵌入槽内，垫好绝缘纸，打入槽楔，涂漆处理。

（3）短路故障：短路故障又分为匝间短路、线圈与线圈之间短路、极相组处短路和相间短路。

① 产生短路故障的原因：

a. 嵌线不熟练，造成电磁线绝缘损坏。

b. 绕组受潮，过高的电压使得绝缘击穿。

c. 电动机长期过载，电流大，使绝缘老化，失去绝缘作用。

d. 连接线绝缘不良或绝缘被损坏。

e. 端部或层间绝缘没能垫好。

f. 雷击或过电压使得绝缘损坏。

② 检查诊断：对短路故障的检查诊断，可用以下方法进行。

a. 观察法：电动机发生短路，在短路处由于电流过大产生过热，使短路处绝缘老化、焦脆，因此有烧焦绝缘或有臭味的地方即可能为短路点，或让电动机运转几分钟后，用手摸绕组看其发热是否均匀，如果不均匀，温度较高的地方，一般就是短路处。

b. 电桥电阻检查法：短路处一般相当于并联，电阻会变小，用电桥测量各相电阻，如果三相电阻相差 5%，则电阻小的一相表示该相短路。

c. 电流检查法：短路处相当于并联，被短路的这组线圈电阻变小，电流会变大，将电动机定子绕组通入低电压，电流表读数如果相差 10% 以上，则电流大的一相为短路相。

d. 短路侦察器检查法：将接通交流电源的短路侦察器放在定子铁芯槽口，沿着每个槽口逐槽移动，当它经过短路线圈时，串接在短路侦察器线圈中的电流表将指示出较大的电流。如果不用电流表，也可以用一片 0.5mm 厚的旧钢锯条，安放在被测线圈另一边所在的槽口上，如果被测线圈短路，则此钢锯条就会产生振动。

③ 定子绕组短路故障修理：

a. 线圈端部的极相组间短路故障修理。其修理方法是找到短路部位后，将线圈加热，软化绝缘，然后用理线板撬开线圈组之间的线圈，重新插入新绝缘垫，最后进行刷漆处理并烘干。

b. 绕组端部连接线或过桥线绝缘损伤引起的绕组短路故障修理。对连接线的绝缘套管的老化、破裂，造成的极相组间短路。修理时，用理线板撬开连接线处，清理旧套管，然后套入新绝缘套管，或者用绝缘带包扎好。对线圈与线圈之间过桥线发生的线圈短路故障，解决办法是将线圈加热软化，用理线板撬开过桥线处，增垫绝缘即可。

c. 绕组端部线匝短路的修理。对绕组端部线匝短路，通过降压法找到短路线圈后，为了快速找到线匝的短路点，将此相线圈通入单相低电压，并用交流电压表接在短路线圈的两端，这时用理线板或竹板轻轻撬动短路线圈各线匝，当电压表指针突然上升到正常值时，表明此短路点已被隔开，用绝缘垫将此处绝缘好，再做涂漆绝缘处理。

d. 双层线圈层间短路的修理。对槽内上下层间短路或上下层线圈本身的匝间短路故障的处理，与前述处理接地故障的方法相同。对于拆下的线圈经包扎绝缘复用时，还要检查拆除过程中对完好的线圈是否也引起匝间绝缘损伤，所以要利用简易的变压器装置进行检查。

例 4-14 一台 Y180L-4 型、380V、22kW 电动机，运行时电流突然比额定电流增大两倍以上，并且电动机迅速过度发热，初步分析是由绕组短路所致。

分析处理： 对电动机解体检查发现电动机绕组端部绝缘层有高温变色和局部匝间短路现象。经了解该电动机长期霉天放置，致使绕组严重受潮，在未经烘干处理情况下即通电运转，导致局部绝缘击穿，从而造成绕组匝间短路。所幸故障发现早停机也及时，才未将电动机绕组全部烧毁。经对绕组作局部返修和绝缘处理后，电动机即恢复了正常运行。

5. 定子绕组故障的应急处理

例 4-15 一台 Y180-4 型、380V、D 接法、18.5kW 电动机，在运行中发生绕组短路、断路、接地故障，一时难以完全修复但设备却要求能尽快恢复运行。

分析处理：对电动机解体检查后发现，该电动机定子绕组的短路、断路和接地故障点均发生在槽内部分。如进行重换新线圈的修理则需经拆旧线圈、垫新绝缘、穿绕新线圈、重新连接和淋漆烘干等过程，显然在短时间内不可能恢复运行。为此，对该电动机采取了以下的应急处理。

（1）绕组出现短路故障时的应急处理：如图 4-30 所示，将经检测找出的该短路线圈的后侧端部线匝全部剪断，并把各线匝断头上的绝缘刮净后扭接在一起，再用绝缘包好。应该注意的是线头扭接时一根都不能漏接，以免线圈内存在的短路线匝产生感应电流而发热。

（2）绕组出现断路故障时的应急处理：如图 4-30 所示，如果绕组内部断路点无法找出，那么可将断路线圈的所有线匝在其后侧端部短接起来。

（3）绕组出现接地故障时的应急处理：如图 4-30 所示，首先将有接地故障的线圈从绕组脱开，并把接地线圈与相邻线圈的接头拆开，然后再套上绝缘套管绑牢，然后将同一极相组内的其余线圈依序串接起来即可。如果该接地的线圈不止一处接地的话，那么可将该线圈在其端接处剪断并包好绝缘。

例 4-16 有一台 Y280M-6 型、380V、55kW 电动机，以前运行都很正常，今在额定电压下运行时其空载电流过大，电动机的温升也过高。

分析处理：异步电动机的空载电流与额定电流的百分比值如表 4-9 所示。当电动机的空载电流超过表 4-9 数值较大时，说明电动机可能已出现故障。通常引起电动机空载电流过大的原因主要有定、转子间气隙过大（超过规定值），转子轴向位移，定子、转子相擦等。此时，电动机的带负载能力会大大降低，严重时甚至根本带不动负载。

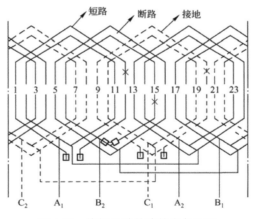

图 4-30　绕组几种故障的应急处理

表 4-9　三相异步电动机空载电流与额定电流百分比值参考

极数 \\ 功率/kW	0.125	0.5 以下	2 以下	10 以下	50 以下	100 以下
2	70～95	45～70	40～55	30～45	23～35	18～30
4	80～96	65～85	45～60	35～55	25～40	20～30
6	85～98	70～90	50～65	35～65	30～45	22～33
8	90～98	75～90	50～70	37～70	35～50	25～35

修理空载电流过大、温升过高电动机，应在找出故障原因后对症进行。若属于定、转子

间气隙超过规定值，可找电动机原制造厂洽购一台同型号、规格的转子予以更换，使空气隙重新符合规定值；如不可能换新转子，则只有酌情降低电动机的容量使用。如是转子轴向位移，则应重新调整对正定、转子铁芯位置，并应焊接固定。

经检查，该电动机故障为转子轴向移动，并依此进行了修复。

6. 转子故障

三相交流异步电动机转子有笼形和绕线式两种。因此转子的故障分为笼形转子故障和绕线式转子故障。

（1）笼形转子故障：笼形绕组有铸铝笼条、端环和铜笼条、端环两大类。但不论是铸铝转子还是穿铜条笼形转子，常发生断笼条故障：如铸铝笼条铸铝时产生缩孔或砂眼、端环断裂或局部脱落、铝笼风叶断裂或脱落，笼条在槽内松动和轴向位移，启动时出现火花，笼条过热，笼条烧熔等；铜笼条伸出铁芯部分笼条拱起、端部笼条沿转子旋转方向弯曲、铜笼条与铜端环焊接不良、焊接的铜端环在焊缝处断开等。

如果发现转子铝端环断裂，可采用局部焊修复断裂处。具体方法是：用凿子在裂缝处的端环两边剜出焊接坡口，再将锡、锌、铝按重量比（锡∶锌∶铝=0.63∶0.33∶0.04）混合加热熔化成 $\phi6mm$ 的焊条，然后用气焊枪给待焊处端环预热，将温度控制在 400℃～500℃，补焊时用气枪嘴将笼条烧熔，使焊剂填满裂缝。焊后应检查是否已焊牢，确认焊牢后再用锉刀锉平。

如果发现笼条断开，可将转子竖直放置，用长柄钻头从铝端环一头沿轴向钻通孔，然后穿上直径相近的铝棒，两端用气焊与端环焊牢。

（2）绕线式转子故障：绕线式转子故障比笼形转子故障复杂，其主要故障为：

① 转子绕组接地、短路、开路以及绝缘击穿。

② 集电环和电刷装置的各种故障。

③ 转子端箍断裂、转子不平衡、转轴弯曲或断裂。

对不同的故障应采用不同的修理方法。

例 4-17 某 YZR61-10 型、额定功率为 60kW 的绕线式三相异步电动机，运行中出现转子绕组虚地现象，测得转子的绝缘电阻接近为零。

分析处理： 出现这种现象大体上有以下 3 个原因：

① 电刷磨损的炭粉和生产现场的灰尘落在集电环和暴露端的绕组上，使转子绕组绝缘电阻降低，构成虚地。

② 转子端部炭粉、油污混为一体，使集电环绝缘体上满是油污，严重时造成转子绝缘电阻为零且三相接地，甚至使设备带电。

③ 集电环上的胶木绝缘件未经过烘干处理，使胶木绝缘件吸收了水分和潮气，从而降低了绝缘电阻。

对该台电动机用 500V 兆欧表测得转子绕组对地绝缘电阻为 0.5MΩ，拆下集电环引线和绕组引线的连接螺钉，对集电环测得绝缘电阻为 0.5MΩ，对转子绕组测得绝缘电阻在 50MΩ以上。清除集电环胶木绝缘件上的粉尘，发现胶木绝缘件含有水分，对胶木绝缘件进行浸漆烘干处理后，该故障完全清除。

异步电动机常见电气故障和机械故障的现象、故障原因以及修理方法归纳如表 4-10、表 4-11 所示。

表 4-10　异步电动机常见电气故障及修理方法

序号	故障现象	故障原因	修理方法
1	电动机不能启动	① 源未接通 ② 绕组断路 ③ 绕组接地或相间、匝间短路 ④ 绕组接线错误 ⑤ 熔体烧断 ⑥ 绕线转子电动机启动误操作 ⑦ 过电流继电器整定值太小 ⑧ 老式启动开关油杯缺油 ⑨ 控制设备接线错误	① 检查开关、熔丝，各对触点及电动机引出线头 ② 将断路部位加热到绝缘等级所允许的温度，使漆软化，然后将断线挑起，用同规格线将断掉部分补焊后，包好绝缘，再经涂漆，烘干处理 ③ 处理办法同上，只是将接地或短路部位垫好绝缘，然后涂漆烘干 ④ 核对接线图，将端部加热后重新按正确接法接好（包括绑扎、绝缘处理及涂漆） ⑤ 查出原因，排除故障，按电动机规格配新熔体 ⑥ 检查集电环短路装置及启动变阻器位置，启动时应先串接变阻器，启动完成后再接短路装置 ⑦ 适当调高整定值 ⑧ 加新油，达到油面线 ⑨ 校正接线
2	电动机接入电源后，熔丝被灼断	① 单相启动 ② 定子、转子绕组接地或短路 ③ 电动机负载过大或被卡住 ④ 熔体截面积过小 ⑤ 绕线转子电动机所接的启动电阻太小或被短路 ⑥ 电源到电动机之间的连接线短路	① 检查电源线，电动机引出线，熔断器，开关各对触点，找出断路或假接故障后进行修复 ② 采用仪表检查，进行修复 ③ 将负载调至额定值，并排除被拖动机构故障 ④ 熔体对电动机过载不起保护作用，一般应按下式选择熔体：熔体额定电流=堵转电流/2～3 即可 ⑤ 消除短路故障或增大启动电阻 ⑥ 检查短路点后进行修复
3	电动机通电后，电动机不启动，嗡嗡响	① 改极重绕后，槽配合选择不当 ② 定子、转子绕组断路 ③ 绕组引出线始末端接错或绕组内部接反 ④ 电动机负载过大或被卡住 ⑤ 电源未能全部接通 ⑥ 电压过低 ⑦ 对小型电动机，润滑脂变硬或装配太紧	① 选择合理绕组形式和绕组节距；适当车小转子直径；重新计算绕组参数 ② 查明断路点进行修复；检查绕线转子电刷与集电环接触状态，检查启动电阻是否断路或电阻过大 ③ 在定子绕组中通入直流，检查绕组极性（用指南针）；判定绕组首末端是否正确 ④ 检查设备，排除故障 ⑤ 更换熔断的熔体；紧固接线柱松动的螺钉；用万用表检查电源线断线或假接故障，然后修复 ⑥ 如果三角形连接电动机误接成星形连接，应改回三角形连接；电源电压太低时，应与供电部门联系解决；电源线压降太大造成电压过低时，应改粗电缆线 ⑦ 选择合适的润滑脂，提高装配质量
4	电动机外壳带电	① 电源线与接地线搞错 ② 电动机绕组受潮，绝缘严重老化 ③ 引出线与接线盒接地 ④ 线圈端部碰端盖接地	① 纠正错误 ② 电动机烘干处理；老化的绝缘要更新 ③ 包扎或更新引出线绝缘；修理接线盒 ④ 拆下端盖，检查接地点。线圈接地点要包扎、绝缘和涂漆，端盖内壁要垫绝缘纸
5	电动机空载或负载时，电流表指针不稳、摆动	① 绕线转子电动机有一相电刷接触不良 ② 绕线转子电动机集电环短路装置接触不良 ③ 笼型转子开焊或断条 ④ 绕线转子一相断路	① 调整刷压和改善电刷与集电环的接触面 ② 检修或更新短路装置 ③ 采用开口变压器或其他方法检查 ④ 用校验灯、万用表等检查断路处，排除故障
6	电动机启动困难，加额定负载后，电动机转速比额定转速低	① 源电压过低 ② D 连接绕组误接成 Y 连接 ③ 笼型转子开焊或断裂 ④ 绕线转子电刷或启动变阻器接触不良 ⑤ 定子、转子绕组有局部线圈接错或接反 ⑥ 重绕时匝数过多 ⑦ 绕线转子一相断路 ⑧ 电刷与集电环接触不良	① 用电压表或万用表检查电动机输入端电源电压大小，然后进行处理 ② 将 Y 连接改回 D 连接 ③ 检查开焊或断裂后，进行修理 ④ 检修电刷与启动变阻器接触部位 ⑤ 查出误接处并改正 ⑥ 按正确绕组匝数重绕 ⑦ 用校验灯、万用表等检查断路处，然后排除故障 ⑧ 改善电刷与集电环的接触面积，如磨电刷接触面、调刷压、车旋集电环表面等

序号	故障现象	故障原因	修理方法
7	绝缘电阻低	① 组受潮或被水淋湿 ② 绕组绝缘沾满粉尘、油垢 ③ 电动机接线板损坏，引出线绝缘老化破裂 ④ 绕组绝缘老化	① 进行加热烘干处理 ② 清洗绕组油垢，并经干燥、浸渍处理 ③ 重包引线绝缘，更换或修理出线盒及接线板 ④ 经鉴定可以继续使用时，可经清洗干燥，重新涂漆处理，如果绝缘老化，不能安全运行时，需更换绝缘
8	三相空载电流对称平衡，但普遍增大	① 绕时，线圈匝数不够 ② Y 连接电动机，误接成 D 连接 ③ 电源电压过高 ④ 电动机装配不当（如装反、定转子铁芯未对齐，端盖螺栓固定不匀称使端盖偏斜或松动等） ⑤ 气隙不均或增大 ⑥ 拆线时，使铁芯过热灼损	① 重绕线圈，增加合理的匝数 ② 将绕组接线改正为 Y 连接 ③ 测量电源电压，如果电源本身电压过高，则与供电部门协商解决 ④ 检查装配质量，消除故障 ⑤ 调整气隙，对于曾经车过转子的电动机需要换新转子或改绕，纠正空载电流大问题 ⑥ 检修铁芯或重新计算绕组进行补偿
9	电动机运行时有杂音，不正常	① 极重绕时，槽配合不当 ② 转子擦绝缘纸或槽楔 ③ 轴承磨损，有故障 ④ 定子、转子铁芯松动 ⑤ 电压太高或三相电压不平衡 ⑥ 定子绕组接错 ⑦ 绕组有故障（如短路） ⑧ 重绕时每相匝数不相等 ⑨ 轴承缺少润滑脂 ⑩ 风扇碰风罩或风道堵塞 ⑪ 气隙不均匀，定、转子相擦	① 要校验定子、转子槽配合 ② 修剪绝缘纸或检修槽楔 ③ 检修或更换新轴承 ④ 检查振动原因，重新压铁芯进行处理 ⑤ 测量电源电压，检查电压过高和不平衡原因并处理 ⑥ 查找并排除故障 ⑦ 查找并排除故障 ⑧ 重新绕线，改正匝数 ⑨ 清洗轴承，填加润滑脂，使其充满轴承室净容积的 1/2～1/3 ⑩ 修理风扇和风罩使其几何尺寸正确，清理通风道 ⑪ 调整气隙，提高装配质量
10	电动机过热或冒烟	① 电源电压过高，使铁芯磁通密度过饱和，造成电动机温升过高 ② 电源电压过低，在额定负载下电动机温升过高 ③ 灼线时，铁芯被过灼，使铁耗增大 ④ 定、转子铁芯相擦 ⑤ 绕组表面沾满尘垢或异物，影响电动机散热 ⑥ 电动机过载或拖动的生产机械阻力过大，使电动机发热 ⑦ 电动机频繁启动或正、反转过多 ⑧ 笼型转子断条或绕线转子绕组接线松脱，电动机在额定负载下转子发热，使电动机温升过高 ⑨ 绕组匝间短路、相间短路以及绕组接地 ⑩ 进风温度过高 ⑪ 风扇故障，通风不良 ⑫ 电动机两相运转 ⑬ 重绕后绕组浸渍不良 ⑭ 环境温度增高或电动机通风道堵塞 ⑮ 绕组接线错误	① 如果电源电压超标准很多，应与供电部门联系解决 ② 若因电源线电压降过大而引起，可更换较粗的电源线；如果是电源电压太低，可向供电部门联系，提高电源电压 ③ 做铁芯检查试验，检修铁芯，排除故障 ④ 检查故障原因如果轴承间隙超限，则应更换新轴承；如果转轴弯曲，则调整处理；铁芯松动或变形时应处理铁芯，消除故障 ⑤ 清扫或清洗电动机，并使电动机通风沟畅通 ⑥ 排除拖动机械故障，减少阻力，根据电流指示，如超过额定电流，需减低负载、更换较大容量电动机或采取增容措施 ⑦ 减少电动机启动及正、反转次数或更换合适的电动机 ⑧ 查明断条和松脱处，重新补焊或扭紧固定螺钉 ⑨ 用开口变压器和绝缘电阻表检查，并排除故障 ⑩ 检查冷却系统装置是否有故障，检查周围环境温度是否正常 ⑪ 检查电动机风扇是否损坏，扇叶是否变形或未固定好，必要时更换风扇 ⑫ 检查熔丝，开关接触点，排出故障 ⑬ 要采取二次浸漆工艺，最好采用真空浸渍措施 ⑭ 改善环境温度，采取降温措施，隔离电动机附近高温热源，避免电动机在日光下暴晒 ⑮ Y 连接电动机误接成 D 连接，或 D 连接电动机误接成 Y 连接，要改正接线

序号	故障现象	故障原因	修理方法
11	空载运行时空载电流不平衡，且相差很大	① 重绕时，三相绕组匝数不均 ② 绕组首尾端接错 ③ 电源电压不平衡 ④ 绕组有故障，如匝间短路、某组线圈接反等	① 绕组重绕改正 ② 查明首尾端，改正后再启动电动机试验 ③ 测量电源电压，找出原因，予以消除 ④ 拆开电动机检查绕组极性和故障，再改正或消除故障
12	层间绝缘击穿	① 层间垫条材质差，或厚度不够 ② 层间垫条垫偏，或尺寸不合适 ③ 线圈松动使层间垫条磨损	① 用材质好的如环氧玻璃布板垫条或适当加厚垫条 ② 要求下料尺寸正确、操作细心，严格按工艺规定进行 ③ 可加槽衬或加厚垫条，或采用"整浸"工艺
13	匝间绝缘击穿	① 匝间绝缘材质不良 ② 绕线、嵌线时匝间绝缘受损 ③ 匝间绝缘厚度不够或结构不合理	① 用浸树脂漆补强或采用"三合一"粉云母带。 ② 严格按工艺规定操作 ③ 按匝间电压大小正确选择匝间绝缘厚度或绝缘结构
14	绕组接地故障	① 电动机长期过载，绝缘老化变质引起绝缘对地击穿 ② 输电线雷击过电压或操作过电压击穿绝缘 ③ 由于导电粉尘积累使爬电距离缩小产生对地击穿或闪络 ④ 齿压片开焊，铁芯叠压不紧，齿部颤动以及弯曲的齿压片刮磨线圈绝缘，导致绕组接地故障 ⑤ 由于线圈短路烧焦绝缘，造成对地故障	① 调整负载或更换容量合适的电动机，避免局部过热 ② 增添或检查防雷保护装置 ③ 定期清扫绝缘，增设防尘密封装置 ④ 详细检查各部分焊接质量、变形情况，经校正或补焊保证垫片、齿压片等固定良好。铁芯叠压不紧时应添硅钢片或加高齿压条，并重新压装铁芯（对于内装压铁芯，铁芯不必从机座中取出） ⑤ 检查短路原因，拆除部分线圈，补加绝缘并浸漆烘干处理
15	绕组断路	① 线圈端部受到机械力、电磁力的作用，导致导线焊接点开焊 ② 焊接工艺不当，焊接点过热引起开焊 ③ 导线材质不好，有夹层脱皮等缺陷	① 检查焊接点，重新补焊并加强绕组端部的固定措施 ② 严格按焊接工艺操作 ③ 更换合格导线并进行绝缘处理
16	绕组短路	① 线路过电压 ② 绕组绝缘老化 ③ 绕组绝缘缝隙内堆积粉尘过多 ④ 遭受机械力、电磁力作用后绝缘受损	①调整过电压保护值 ②更换绕组或有关部位的绝缘 ③清扫或洗涤绝缘，然后再烘干→浸漆→烘干 ④局部朴强或更换绕组、绝缘，然后再进行浸漆烘干
17	定子线圈绝缘磨损或电腐蚀	① 线圈与槽壁间间隙过大（对于采用"模压"工艺的成形绕组） ② 槽楔松动 ③ 线圈外形尺寸超差 ④ 防晕漆失效 ⑤ 绝缘沾有油污、粉尘	① 可浸1032漆或树脂漆，将槽部空隙填满 ② 更换槽楔（调整槽楔的宽度或厚度）或在槽楔下加垫条 ③ 按图纸要求重绕线圈 ④ 起出线圈，重新涂防晕半导体漆 ⑤ 清洗或吹拂绕组上的污垢
18	泄漏电流大	① 动机受潮 ② 绝缘表面有油污、粉尘 ③ 绝缘老化	①清理后将绕组烘干 ②清扫或洗涤绕组绝缘 ③更换绝缘
19	介质损耗角增大	① 线圈遭到损伤，使绝缘内部产生较多的气隙 ② 绝缘受损 ③ 绝缘处理不当 ④ 绝缘老化	① 采取真空漫渍处理 ② 清理后局部补强，然后浸漆，烘干 ③ 改进绝缘处理方法 ④ 更换绝缘
20	线圈与端箍之间磨损击穿	① 线圈松动 ② 端箍固定、绑扎不牢 ③ 绝缘沾满粉尘	① 绑扎后整浸树脂漆，然后烘干 ② 绑扎后整浸树脂漆，然后烘干 ③ 清理绝缘，若重新嵌线可将端箍材质改为非金属的
21	线圈端部绝缘遭受机械损伤	① 拆、装时碰伤 ② 局部修理或更换线圈时将附近线圈碰伤	① 按工艺规定操作，局部损伤可用环氧胶修复 ② 检查故障情况，可以局部修理或更换部分线圈
22	槽楔松动	① 槽楔材质老化收缩。 ② 楔下垫条老化、松动 ③ 槽楔尺寸与铁芯配合不当 ④ 整块磁性槽楔在电磁力作用下磨损	① 换槽楔，目前国内在F级、B级绝缘上采用的3240环氧玻璃布板，其物理、化学性能较稳定，且有较好的热稳定性 ② 加厚垫条，重新放人垫条及槽楔 ③ 选择槽楔尺寸 ④ 改用磁性槽泥；若用整块磁性槽楔，应采用VPI"整浸"工艺

序号	故障现象	故障原因	修理方法
23	伸出铁芯部分的笼条拱起	当电动机在启动、制动和正、反转状态时，笼条内流过较大电流，在电热效应下使笼条局部热胀，当启动、制动状态终了后，笼条开始收缩，在离心力作用下，当笼条端部强度不够时，便产生笼条拱起故障	① 加热拱起部分，用机械方法使拱起部分调直 ② 拆下笼条，调直后再插入槽内焊接 ③ 更换强度较高的笼条
24	端部笼条沿转子旋转方向弯曲	这种故障常发生在转子具有较大的圆周速度和实心端环电动机转子上，是由钢制端箍固定不好，笼条在端箍圆周惯性力作用下造成的	① 将端箍改用无纬带绑扎或更换玻璃钢制作的端箍 ② 加强端环与转子支架的配合，选用合理的公差配合尺寸
25	焊接的铜端环，在焊口接触处断开	为了节省铜料。修理时有时采用几段铜料经焊接制成圆形端环，这种拼成的端环，如果焊接不良，会在运行当中胀开，并割破定子绝缘	① 采用铜料锻制整体端环 ② 改善焊接工艺 ③ 正确切开焊接坡口
26	铸铝转子风叶变形或断掉	① 装时机械损伤 ② 铸铝时，风叶有夹杂物	① 按工艺要求正确操作 ② 采用氩弧焊机补焊
27	铸铝转子笼条断裂	① 铝液或槽内含有较多杂质 ② 火熔化的旧铝复用，其中含有杂质 ③ 单冲时，转子冲片个别槽漏冲 ④ 转子铁芯压装过紧，铸铝后转子铁芯胀开，有过大的拉力使铝条拉断 ⑤ 浇注时中途停顿，先后注入的铝液结合不好 ⑥ 铸铝后脱模早	① 检查铝液化学成分 ② 用火熔化的旧铝不可直接复用 ③ 熔化铝后，将漏冲槽冲开 ④ 更换铜笼焊接结构 ⑤ 更换新转子 ⑥ 更换新转子
28	铸铝转子槽斜线犬牙交错，歪扭不齐	① 子叠片时槽壁不整齐 ② 假轴斜键与冲片键槽配合过松 ③ 转子铁芯预热后乱扔乱滚，冲片产生周向位移 ④ 铁芯叠压力小或有毛刺	① 将铝熔化后，重新叠片 ② 更换或修理键槽 ③ 按工艺规程操作 ④ 熔化铝后，重新压铁，更换铜笼焊接结构
29	笼条在槽内松动	① 笼条尺寸选择过小。 ② 槽形尺寸不一致。 ③ 笼条或槽形磨损。	① 按槽形选笼条尺寸 ② 校正槽形 ③ 校正槽形，更换笼条
30	楔形笼条由槽口凸出	① 电动机转速过高 ② 笼条下面垫条松动或弹力不	① 检查改极时转子强度 ② 打紧垫条，使固定好
31	双笼转子钢条开焊	① 电动机处于频繁重载下启、制动运行 ② 上笼电流密度过大，启动操作不合理	① 启动次数按产品说明书规定执行 ② 应按规程操作
32	铜笼在端环处断裂	① 产生机械振动及笼条在槽内松动 ② 端环采用焊接结构时，工艺不当	① 解决振动和松动原因及故障 ② 按工艺规程正确施焊
33	铜笼开焊	① 焊接工艺不当 ② 笼条与端环配合间隙不正确 ③ 笼条在槽内松动 ④ 机组振动 ⑤ 焊条牌号不适合 ⑥ 电动机过载	① 正确工艺施工 ② 使间隙均匀，在 0.1～0.12mm 之间 ③ 处理松动(按序号 29 中方法处理) ④ 解决机组振动 ⑤ 选用合适的焊条牌号 ⑥ 解决电动机过载问题
34	铝端环有轴向和径向裂纹	① 铸造时铝液中含有夹渣 ② 铝液含有杂质 ③ 模设计不合理	① 控制浇注温度和化学成分 ② 清除铝液内杂质 ③ 修改设计

表 4-11 异步电动机常见机械故障及修理方法

序号	故障现象	故障原因	修理方法
1	电动机振动	① 轴承磨损，间隙不合格 ② 气隙不均 ③ 转子不平衡 ④ 机壳强度不够 ⑤ 基础强度不够或安装不平 ⑥ 风扇不平衡 ⑦ 绕线转子的绕组短路 ⑧ 笼型转子开焊、断路 ⑨ 定子绕组故障（短路、断路、接地连接错误等） ⑩ 转轴弯曲 ⑪ 铁芯变形或松动 ⑫ 靠背轮或带轮安装不符合要求 ⑬ 齿轮接手松动 ⑭ 电动机地脚螺栓松动	① 检查轴承间隙 ② 调整气隙，使符合规定 ③ 检查原因，经过清理，紧固各部螺栓后校动平衡 ④ 出薄弱点，进行加固，增加机械强度 ⑤ 将基础加固，并将电动机地脚找平，垫平，最后紧固 ⑥ 检修风扇，校正几何形状和校平衡 ⑦ 检查后，重包绝缘处理 ⑧ 进行补焊或更换笼条 ⑨ 检出故障后，重绕或局部进行处理 ⑩ 校直转轴 ⑪ 校正铁芯，然后重新叠装铁芯 ⑫ 重新找正，必要时检修靠背轮或带轮，重新安装 ⑬ 检查齿轮接手，进行修理，使符合要求 ⑭ 紧固电动机地脚螺栓，或更换不合格的地脚螺栓
2	轴承发热超过规定	① 润滑脂过多或过少 ② 油质不好，含杂质 ③ 轴承内、外套配合不合理 ④ 油封太紧 ⑤ 轴承盖偏心，与轴相擦 ⑥ 电动机两侧端盖或轴承盖未装平 ⑦ 轴承有故障，磨损，有杂物等 ⑧ 电动机与传动机构连接偏心或传动带过紧 ⑨ 轴承型号选小，过载，使滚动体承受载荷过大 ⑩ 轴承间隙过大或过小 ⑪ 滑动轴承油环转动不灵活	① 按规程要求加润滑脂 ② 检查油内有无杂质，更换洁净润滑脂 ③ 过松时，采用胶黏剂或低温镀铁处理；过紧时，适当车细轴颈，使之符合配合公差要求 ④ 换或修理油封 ⑤ 修理轴承内盖，使与轴的间隙合适 ⑥ 按正确工艺将端盖或轴承盖装入止口内，然后均匀紧固螺钉 ⑦ 更换损坏的轴承，对含有杂质的轴承要彻底清洗，换油 ⑧ 校准电动机与传动机构连接的中心线，并调整传动带的张力 ⑨ 选择合适的轴承型号 ⑩ 更换新轴承 ⑪ 检修油环，使油环尺寸正确，校正平衡

4.8 电动机节能技术

由于我国电机系统装备的效率低，设计、选型匹配不尽合理等原因，使得我国电机拖动系统的能源利用效率约比国外低 20% 以上，我国电机系统节能潜力非常大。

我国电机的总装机容量约占全国总用电量的 60%，占工业耗电量的 75% 左右。各类在用电机中，80% 以上为 0.55～200kW 以下的中小型异步电动机，其中相当于世界 20 世纪 50 年代技术水平的 JO2 系列的电机约占 20%，相当于 70 年代末的 Y 系列电机不足 70%，具有 80 年代水平的 YX 系列的高效电机所占的比重更是微乎其微。在我国驱动风机、水泵、压缩机类机械电动机中，有 70% 以上应该调速运行，但至今调速运行的仅有 20% 左右，大部分是定速运行，存在严重的电能浪费，在中小企业尤为严重。

4.8.1 电机节能思路与主要措施

1. 合理选用电动机的品种和容量

电动机选用原则是尽可能选用效率高的产品，尽量选用高效节能型的品种。如可用笼式的就不用绕线式的，可用三相的就不用单相的，有 Y 系列的就不用 JO 系列的等。同时，合理选择电动机的极数，极数决定转速，常用的有 2、4、6、8 极等多种。电动机的转速必须尽量与机械设备所需转速相匹配，尽量避免采用机械传动变速方式来达到所需转速。

电动机容量的选择要与生产机械设备所需提供的功率相匹配，这样电动机能处于长期满负荷运行状态，此种状态最为理想。事实上电动机的启动力矩和意外的负荷过载运行等因素的存在，要求电动机容量留有适当的余量，以保证设备安全可靠运行。电动机容量的选择，通常也以负载率作为一项考核指标，当低于 48％时，应考虑给予更换。

2．采用电动机降压或调速运行

任何一台机械设备在启动阶段几乎都要求电动机提供较大的启动力矩，为了满足机械设备的需要，在选用时不得不考虑适当增加电动机的容量以达到较大的启动力矩。这也是多数电动机运行时难以得到较高负载率的原因。为此，设法在电动机进入正常运行阶段后降压或调速运行，就能较好地使电动机的负载率获得提高，从而有效达到电动机节电的目的。

常用的降压方法有降低输入电动机的电源电压和改换电动机绕组的连接方式运行。降低电源电压通常采用晶闸管调压装置进行降压，且具有无级调压功能，可随电动机的实际负荷大小而取得适当的降压程度。这种降压方法既有效又方便，但装置的费用较昂贵，维修也较复杂。电动机的(Y/D)绕组有 Y 接法和 D 接法两种，利用其变换可获得除以 $\sqrt{3}$ 的电压。这种方法虽然简单，只要用一台 Y/D 连接的转换开关(市场上有多种成品供应)，就可实现电动机的降压运行，缺点是降压程度没有选择余地，所降电压在许多场合往往无法适用。

许多机械设备由于工作特性决定了不能恒速运行，对电动机来说，它的负载率必然是十分不稳定的。如大型镗床的切削给进机构，转速变化幅度非常大，传统的方法通常采用齿轮调速机构来实现，不仅效率低，能耗也大。随着电动机调速技术的发展，这个难题获得了解决，故也就实现了电动机的节电目的。

3．提高检修质量

加强维护保养和提高检修质量也是实现电动机节电的另一条重要途径。维护保养主要从以下几方面注意：

（1）及时驱潮，提高电动机的绝缘能力，防止漏电电流引起的能量浪费。

（2）勤除尘去垢，因为尘垢会降低绝缘和增加摩擦损耗。

（3）定期清洗轴承，调换润滑脂，否则轴承容易损坏并增加摩擦。

（4）解体保养后的电动机组装要正确、灵活。

重绕绕组是电动机的大修内容之一，保证每道工艺正确、排除原有缺陷并降低损耗是节电的重要保障。检修主要从以下几方面注意：

（1）不可火烧旧绕组，贪图省事烧毁槽绝缘并抽出槽中旧绕组会烧毁硅钢片表面的绝缘膜，铁芯成为整体硅钢块，铁损加大、温升提高。

（2）努力降低铜损，包括尽可能扩大线径（不牺牲匝数）并采用薄型且强度高的材料作为槽楔、减小导线电阻等。

（3）尽量降低通风和摩擦损耗。

4. 提高电动机的自然功率因数

一台电动机的功率因数，一定意义上表明了它从电网吸取无功磁化电流的多少。为了降低无功功率，必须提高电动机的功率因数。正确选用电动机的型号，使电动机工作在75%的负载至满载时，功率因数较高，这对节约电能是十分有利的。以小容量的电动机代替负荷不足的大容量电动机也是提高功率因数的有效方法之一。

电机系统节能无疑是工矿企业建立节约型企业、发展循环经济的一项艰巨而浩大的技术革命和系统工程，研究探讨我国电机节能的思路与措施，将对工矿企业经济发展起到推动和促进作用。国家有关部门制定了电机系统节能规划并不断修正目标，推行相关法规和强制标准，不断提高节能电机的制造技术和应用水平。在普遍开展对电机通风、温升、噪声、电磁场进行优化设计的基础上，重点开发以下能够满足不同工况使用要求的电机系列产品：

（1）风机、水泵、压缩机等专用多速异步电动机。

（2）开关磁阻型电机。

（3）中、小型永磁同步电动机。

（4）高效率三相异步电动机。

（5）与变频器配用的变频专用电机。

同时，研制性能优越、规格齐全的各种节能产品，满足不同行业、各类用户的需求；建立激励机制，淘汰能耗高的机电产品，大力加强节能机电产品的推广应用。此外，还要不定期发布推广产品和淘汰品种名单，及时淘汰落后产品。建立企业信用制度，从淘汰之日起停止生产、流通，在用的淘汰产品要限期更新并采取强制措施，推行监察制度，加大执法力度。

4.8.2 配电变压器节能措施

配电变电是电网的最后一次变电，所以，配电变压器应用之广、数量之多可想而知。降低配变的损耗、提高其效率也是一个不可忽视的节电项目。具体从以下两方面实现。

1. 以经济运行原则来选用配电变压器容量

变压器有空载、轻载、满载及过载等多种运行状况，不同状况有不同的运行特性。变压器效率与负载率（负载量的大小）、负载性质（主要指负载功率因数）及自身性能参数（空载、短路损耗）有关。就同一容量变压器而言，若其空载和短路损耗较小，则效率较高；通常容量越大，效率就越高；铜质线圈的效率比铝质线圈的效率高。

变压器要达到经济运行所需遵循的原则如下：

（1）提高负载的功率因数。

（2）合理选用变压器的容量，应使变压器在运行时的负载率尽可能接近最佳负载率。

（3）选用损耗较低的新系列变压器，如新的S9、S11系列。

（4）对一个用户来说，尽可能减少变电的次数。

（5）在多台变压器并联运行时，要力求达到最低的损耗。

2. 调整运行负荷，采取合理的运行方式

调整运行负荷的目的，在于使变压器处于尽可能接近最佳负载率的状况下运行，以求变压器得到最高的利用率。如避开大功率负载的用电时间，不让负荷曲线形成过高的"峰巅"和过低的"谷底"；多台并联运行的变压器，按各台变压器负载率及时调整负荷，把负荷较大部分的负载及时切换到负载率较小的变压器上，以使各台变压器尽量都处于接近最佳负载率的运行状态。整个负荷处于"低谷"时，则解列一台或几台变压器，使其他变压器仍处于接近最佳负载率的运行状态。

合理运行方式主要指：合理投入变压器台数；配电变压器低压侧输出电网尽可能形成环路，以便能随负荷变化而采取及时切换。

4.8.3 电焊机节电技术

电焊机按照发热原理可分为电弧焊机和电阻焊机，这里主要介绍电弧焊机的节电技术。

1．交流弧焊机的主要损耗

交流弧焊机又叫交流弧焊变压器，在不焊接期间是空载运行的，这时候存在空载损耗。实际应用中，负载持续率往往比允许的最高负载率低得多，导致空载损耗的增加。

交流弧焊机的空载损耗有两种：一种是交流弧焊变压器本身的空载有功功率损耗；另一种是交流弧焊变压器空载运行时的空载电流在供电电网中引起的有功功率损耗。空载有功功率损耗主要由三部分组成：一是磁滞损耗；二是涡流损耗；三是空载电流在弧焊变压器绕组中流动在其电阻上产生的铜耗。磁滞损耗和涡流损耗都是在磁化铁芯的过程中产生的损耗，这两者之和总称为弧焊变压器的铁耗。

2．交流弧焊机的节电途径

由上可得，用电量大、负载率低是弧焊机费电的基本特征。尤其是解决负载率低这一问题，是实现弧焊机节电的主要途径。现在普遍推广使用的措施有以下几点。

（1）采用空载降压或自停装置。交流弧焊机的主要损耗在于它空载运行时所产生的空载损耗，这些损耗与其两端的电压有很大关系。因此，降低交流弧焊机的空载电压和采用空载自停装置就可以减少损耗，完全解决负载率低的问题，达到节约电能的目的。

（2）提高电焊机的功率因数。电焊机的功率因数一般都较低，利用电容补偿的办法，在电焊机不同的负载率下，采用不同的补偿方法可以提高其功率因数。

（3）推广应用低压交流弧焊机。采用低压交流输入可以降低空载电压，其输入功率也就相应减少了，从而达到节约电能的目的。

（4）推广应用逆变式电焊机。逆变式电焊机是采用场效应管的逆变新技术而制造的新型焊机，因其空载电流小、效率高，与老式焊机相比可节电30%～40%以上，并节约铜材、硅钢片达90%以上。随着大功率的VMOS管的出现，它逐渐得到推广和应用。

4.8.4 鼓风机与水泵的节电方法

鼓风机或通风机简称风机，通常都由电动机驱动。风机总使用量达700多万台，占全国总发电量的很大比例。风机的效率普遍很低，效率最低的仅20%左右。水泵的使用效率也普遍很低。提高效率的方法主要有以下几种。

1．更换低效风机与水泵

随着技术的进步，设计、工艺和原材料等方面都有了很大的改革，风机和水泵效率有了很大提高。近年来我国先后公布了多批推荐使用的节能型风机，淘汰了一批低效机。企业应该根据实际情况，有计划地更新一些旧式风机与水泵，实现较佳的节电目的。

2．改造低效风机和水泵

许多低效风机效率低的原因往往是鼓风叶轮的设计和材质不够先进。只要更换上先进的叶轮，效率会明显地提高。条件许可，改造风机其他部位的结构，也可取得理想的效果。如改造进气室方面，若采用流线形集流器来代替一般的圆柱形集流器往往能提高效率8％左右。水泵改造亦是如此，如用于锅炉供水的 GC 型多级泵，往往存在压力过高的现象，因此可从中抽去一级或两级来提高运行效率。需注意：抽去一级的，可抽去中间任意一级；抽去两级的，可抽去二、四级或三、五级。

3．加强技术管理和维修质量

加强技术管理和维修质量两方面的工作，不但能获得较好的节电效果，而且能维护风机的完好和延长使用寿命。

本 章 小 结

三相异步电动机是靠电磁感应作用来工作的，其转子电流是感应产生的，故也称异步电动机为感应电动机。

转差率是异步电动机的重要物理量，它的大小反映了电动机负载的大小，它的存在是异步电动机旋转的必要条件。用转差率的大小可区分异步电动机的运行状态。

异步电动机按转子结构不同，分笼形和绕线转子异步电动机两种，它们的定子结构相同，而转子结构不同。

从电磁感应本质看，异步电动机与变压器极为相似。因此可以采用研究变压器的方法来分析异步电动机。异步电动机和变压器具有相同的等效电路形式，但两者之间存在显著差异：如主磁场性质不同，即异步电动机是旋转磁场，而变压器是脉振磁场；能量转换关系不一样，前者电能变换为机械能，后者是电能变换成电能；前者定、转子电量的频率不同，而后者则相同；异步电动机主磁路有气隙，而变压器则没有，因此，两者参数相差较大；异步电动机的绕组大都采用短矩、分布绕组，而变压器绕组可看做是集中和整距绕组，所以两者的电动势、磁通势公式相差一个绕组系数。

为求作异步电动机的等效电路，除对转子绕组各量进行折算外，还须对转子频率进行折算。频率折算的实质就是用转子静止的异步电动机去代替转子旋转的异步电动机。等效电路中，$\frac{1-s}{2}R_2'$ 是模拟总机械功率的等值电阻。

异步电动机的电磁转矩和功率反映了能量传递过程中的功率分配。

当电动机负载变化时，其转速、转矩、定子电流、定子功率因数和效率将随输出功率而变化，其关系曲线称为异步电动机的工作特性，这些特性可衡量电动机性能的优劣。

习　题　4

一、填空题

4.1　电动机按其功能可分为_____电动机和_____电动机。

4.2　电动机按用电类型可分为_____电动机和_____电动机。

4.3　电动机按其转速与电网电源频率之间的关系可分为_____电动机和_____电动机。

4.4　电动机的工作原理是建立在_____定律和_____定律、电路定律和电磁力定律等基础上的。

4.5　产生旋转磁场的必要条件是在三相对称_____中通入_____。

4.6　电动机的转动方向与_____的转动方向相同，它由通入三相定子绕组的交流电流的_____决定。

4.7　电动机工作在_____时，铁芯中的磁通处于临界饱和状态，这样可以减少电动机铁芯的_____损耗。

4.8　工作制是指三相电动机的运转状态，即允许连续使用的时间，分为_____、_____和周期断续三种。

4.9　三相电动机定子绕组的连接方法有_____和_____两种。

4.10　根据获得启动转矩的方法不同，电动机的结构也存在较大差异，主要分为_____电动机和_____电动机两大类。

4.11　电动机发热故障的机械方面原因主要有_____、_____、_____、_____、_____、等。

二、判断题(在括号内打"√"或打"×")

4.12　三相异步电动机的定子是用来产生旋转磁场的。（　　）

4.13　三相异步电动机的转子铁芯可以用整块铸铁来制成。（　　）

4.14　三相定子绕组在空间上互差 120° 电角度。（　　）

4.15　"异步"是指三相异步电动机的转速与旋转磁场的转速有差值。（　　）

4.16　三相异步电动机没有转差也能转动。（　　）

4.17　负载增加时，三相异步电动机的定子电流不会增大。（　　）

4.18　不能将三相异步电动机的最大转矩确定为额定转矩。（　　）

4.19　电动机工作在额定状态时，铁芯中的磁通处于临界饱和状态。（　　）

4.20　电动机电源电压越低，定子电流就越小。（　　）

4.21　异步电动机转速越快则磁极对数越多。

4.22　额定功率是指三相电动机工作在额定状态时轴上所输出的机械功率。（　　）

4.23　额定电压是指接到电动机绕组上的相电压。（　　）

4.24　额定转速表示三相电动机在额定工作情况下运行时每秒钟的转数。（　　）

4.25　电动机维护的主要手段就是通过听、看、闻、摸等手段随时注意电动机的运行状态。（　　）

4.26　电动机绕组短路或接地是电动机转动时噪声大或振动大的原因之一。（　　）

三、选择题（将正确答案的序号填入括号内）

4.27　开启式电动机适用于（　　）的工作环境。

　　A．清洁、干燥　　　　B．灰尘多、潮湿、易受风雨　　　　C．有易燃、易爆气体

4.28　转速不随负载变化的是（　　）电动机。

　　A．异步　　　　　　B．同步　　　　　C．异步或同步

4.29 能用转子串电阻调速的是（　　）异步电动机。

    A．普通笼型　　B．绕线式　　　　C．多速笼型

4.30 适用于有易燃、易爆气体工作环境的是（　　）电动机。

    A．防爆式　　　B．防护式　　　　C．开启式

4.31 用兆欧表测量电机、电器设备的绝缘电阻时，（　　）

    A．只需要将弱电部分断开即可

    B．既要测量三相之间的绝缘，还要测量强弱电之间的绝缘

    C．被测设备先电源切断，并将绕组导线与大地接通放电

四、简答题

4.32 三相笼型异步电动机主要由哪些部分组成?各部分的作用是什么?

4.33 三相异步电动机的定子绕组在结构上有什么要求?

4.34 常用的笼型转子有哪两种?为什么笼型转子的导电条都做成斜的?

4.35 绕线转子的结构是怎样的?绕线电动机启动完毕而又不需调速时,如何减少电刷磨损和摩擦损耗?

4.36 简述三相异步电动机的工作原理。

4.37 当异步电动机的机械负载增加时,为什么定子电流会随着转子电流的增加而增加?

4.38 三相异步电动机旋转磁场的转速由什么决定?试问两极、四极、六极三相异步电动机的同步速度各为多少?若转子电路开路时会产生旋转磁场吗?转子是否会转动?为什么?

4.39 三相异步电动机转子电路中的电动势、电流、频率、感抗和功率因数与转差率有何关系?说明在 $s=1$ 和 $s=s_N$ 两种情况下,以上各量的对应大小。

4.40 简述电动机定期小修的期限和项目。

4.41 电动机节能的主要措施有哪些?

五、计算题

4.42 一台三相异步电动机的 $f_N = 50$ Hz,$n_N = 960$ r / min，该电动机的额定转差率是多少？另有一台 4 极三相异步电动机，其转差率 $s_N=0.03$，那么它的额定转速是多少？

4.43 某三相异步电动机的铭牌数据为：$U_N = 380$ V，$I_N = 15$ A，$P_N = 7.5$ kW，$\cos\varphi_N = 0.83$，$n_N = 960$ r/min。试求电动机的额定效率 η_N。

4.44 一台三角形连接的 Y132M-4 型三相异步电动机的额定数据为：$P_N = 7.5$ kW，$U_N = 380$ V，n_N1 440 r/min，$\cos\varphi_N = 0.82$，$n_N = 88.2\%$。试求该电动机的额定电流和对应的相电流。

4.45 一台 20 kW 电动机，其启动电流与额定电流之比为 6∶5，变压器容量为 5 690 kV·A，能否全压启动?另有一台 75 kW 电动机，其启动电流与额定电流之比为 7∶1，能否全压启动?

第5章 三相异步电动机的电力拖动

内容提要

三相异步电动机的定、转子之间没有直接电的联系，它们之间的联系是通过电磁感应而实现的。一台三相异步电动机的电磁转矩的大小决定了其拖动负载的能力，而三相异步电动机的电磁力矩的大小不仅与电动机本身的参数有关，也和其外加电源的电压有关。本章重点讲解电动机的电磁转矩和其参数、外加电压的关系，启动、调速、制动等各种运行状态的性能特点，以及在实际中转子启动电阻的计算问题。

5.1 三相异步电动机的机械特性

电动机作为一种将电能转化成机械能，从而带动其他机械进行工作的设备，我们最关心的是电动机的机械特性。所谓三相异步电动机的机械特性是指在一定条件下，电动机的转速 n 与转矩 T_{em} 之间的关系 $n=f(T_{em})$。三相异步电动机的转速 n 与转差率 s 之间存在一定关系：$s=\dfrac{n_1-n}{n_1}$，所以三相异步电动机的机械特性也往往用 $T_{em}=f(s)$ 的形式表示。

5.1.1 机械特性表达式

由三相异步电动机的等效电路图可以得到电磁功率为：

$$P_{em} = m_1 I_2'^2 \frac{R_2'}{s} \tag{5-1}$$

转子电流折算值为：

$$I_2' = \frac{U_1}{\sqrt{\left(R_1 + \dfrac{R_2'}{s}\right)^2 + \left(X_{\sigma 1} + X_a'\right)^2}} \tag{5-2}$$

电磁转矩为：

$$T_{em} = \frac{P_{em}}{\Omega_1} = \frac{m_1 I_2'^2 \dfrac{R_2'}{s}}{\dfrac{2\pi f_1}{p}} = \frac{m_1 p U_1^2 \dfrac{R_2'}{s}}{2\pi f_1 \left[\left(R_1 + \dfrac{R_2'}{s}\right)^2 + \left(X_{\sigma 1} + X_{\sigma 2}'\right)^2\right]} \tag{5-3}$$

由此可见，这即是三相异步电动机的机械特性方程。它清楚地表示了电磁转矩、转差率与电动机各参数之间的关系，下面从这个公式出发，分析三相异步电动机的固有机械特性及人为机械特性。

5.1.2 机械特性

1. 固有机械特性

三相异步电动机的固有机械特性是指电动机工作在额定电压和额定频率下，按规定方法接线，定子、转子外接电阻为零时，n（或 s）与 T_{em} 的关系。

对于某一台确定的电动机而言，机械特性方程式表明，此时只有 n（或 s）与 T_{em} 是变量，其余均为确定值。因为机械特性方程式是一个二次方程，故 T_{em} 存在最大值。以 T_{em} 为横轴，n（或 s）为纵轴，绘出如图 5-1 所示的三相异步电动机固有机械特性曲线。

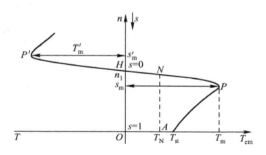

图 5-1   三相异步电动机固有机械特性曲线

由图可见整个机械特性可以分成两个部分：

（1）*H-P* 部分   即 $s_m > s > 0$ 范围内。在这一部分，随着电磁转矩 T_{em} 的增加，转速降低。根据电力系统稳定运行的条件，这部分为稳定运行工作部分，电动机应工作在这一范围内。此时机械特性曲线近似为一条直线。

（2）*P-A* 部分   即 $1 > s > s_m$ 范围内。这一部分随着转矩的减小，转速也减小。此区域称为不稳定运行区域，三相异步电动机一般不能稳定地工作于这一范围。因此，有时也将称这一部分为非工作部分。

为了进一步描述三相异步电动机机械特性的特点，下面重点研究几个反映电动机工作的特殊点。

（1）理想空载点 *H*：此时 $n = n_1$，$s = 0$。因转子电流 $I_2 = 0$，定子电流 $I_1 = I_0$，所以电磁转矩 $T_{em} = 0$。

（2）最大（临界）转矩点 *P*：对于三相异步电动机而言，通过数学分析知，临界转差率 s_m 为：

$$s_m = \frac{R_2'}{\sqrt{R_1^2 + \left(X_{\sigma 1} + X_{\sigma 2}'\right)^2}} \tag{5-4}$$

进而可求得最大电磁转矩 T_m 为：

$$T_m = \frac{m_1 P U_1^2}{4\pi f_1 \left[\pm R_1 + \sqrt{R_1^2 + \left(X_{\sigma 1} + X_{\sigma 2}'\right)^2} \right]} \tag{5-5}$$

由此可知：

① 三相异步电动机的临界转差率 s_m 与电源电压 U_1 无关，只与电动机自身的参数有关，且与转子电阻 R_2' 成正比，所以改变转子电阻 R_2' 的大小（如在绕线型异步电动机转子电路中串接变阻器）即可改变临界转差率 s_m。

② 三相异步电动机的最大电磁转矩 T_m 与转子电阻 R_2' 无关。因此，电动机转子电阻的大小不会影响电动机的最大转矩，只会影响产生最大转矩时的转差率。

③ 最大电磁转矩 T_m 的大小与电源电压 U_1 的平方成正比，而临界转差率 s_m 却与电源电压无关。最大电磁转矩 T_m 与额定转矩 T_N 之比叫过载能力，即 $\lambda_m = \dfrac{T_m}{T_N}$，$\lambda_m$ 的值在电动机技术数据资料中可查到：一般异步电动机 λ_m 在 1.6～2.5 之间，特殊用途的电动机（如起重、冶金用电动机）λ_m 的值在 3.3～3.4 之间。λ_m 是异步电动机的一个重要参数，反映电动机承受负载波动的能力。

（3）启动点 A：电动机工作在启动点 A 时 $n=0$，$s=1$，$T_{em}=T_{st}$。T_{st} 为电动机的启动转矩或称堵转转矩。电动机的启动转矩必须大于电动机所带负载的转矩，电动机才能启动，因此，堵转转矩的大小是衡量电动机启动性能好坏的技术指标。由机械特性方程式知：

$$T_{st} = \frac{m_1 P U_1^2 R_2'}{2\pi f_1 \left[(R_1 + R_2')^2 + (x_{\sigma1} + x_{\sigma2}')^2 \right]} \tag{5-6}$$

由式（5-6）可知：启动转矩 T_{st} 的大小与电源电压的平方成正比，同时也受转子电阻大小的影响。为了衡量电动机的启动性能，我们用电动机的启动转矩 T_{st} 与额定转矩 T_N 之比来表示，即 $K_m = \dfrac{T_{st}}{T_N}$，$K_m$ 被称之为启动转矩倍数，反映电动机的启动能力。一般 K_m 在 1.8～2.0 之间。

（4）额定点 N：电动机工作在额定点时，$n=n_N$，$s=s_N=\dfrac{n_1-n_N}{n_1}$，$T_{em}=T_N=9\,550\dfrac{P_N}{n_N}$，$n_N$ 由铭牌可知，T_N 可通过铭牌参数计算得到。额定工作点是希望的工作点。

2．人为机械特性

所谓人为机械特性是指：人为地改变电动机的某些参数或电源电压高低而得到的机械特性，人为机械特性的目的是为了获得所需的拖动性能。由上述内容可知，改变电动机转子绕组中电阻的大小或改变电源电压的高低，其机械特性都将发生改变，下面着重讨论这两种常用的人为机械特性。

（1）降低电源电压时的人为机械特性。降低电源电压时，电动机的转矩（包括 T_m 或 T_{st}）将按电压的平方降低，但临界转差率不变。绘出不同电压时某一台电动机的人为特性曲线如图 5-2 所示。由图可见：降压后的机械特性略为变"软"，启动能力和过载能力都下降。如果此时的负载转矩大于电磁转矩则将停止运转；如果此时的负载转矩小于电磁转矩可继续运转，但转速 n 下降，转差率 s 增大，转子电动势 $E_{2s}=sE_2$ 增大，导致电流 I_2'，I_1 增大，使电动机过载，这样长期过载会使电动机的温升将超过允许值，影响电动机的使用寿命，甚至烧毁绕组。

（2）转子电路串对称电阻的人为机械特性。由式（5-4）、式（5-5）、式（5-6）知，在异步电动机转子绕组中串入电阻 R_{pa} 则启动转矩 T_{st} 将发生变化，s_m 也会发生变化，而最大转矩 T_m 不变，人为机械特性曲线如图 5-3 所示。由图可见，在一定范围内增加转子电阻，可以增加电动机的启动转矩 T_{st}，所以起重机械上大多采用绕线式异步电动机。但若是串接某一数值

的电阻使 $T_{st} = T_m$ 后，再继续增大转子电阻，启动转矩将开始减小。

以上三相异步电动机的机械特性性能都是通过特性方程式分析得来的。但方程式较为复杂，而且一般情况下，三相异步电动机的某些数据在产品目录或铭牌上是查不到的，给方程式的定量运算带来不便。通过对方程式的分析，可以得到只反映电动机运行外部机械参数的实用表达式如下：

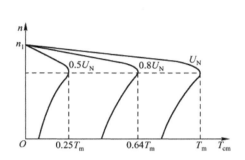

图 5-2　三相异步电动机降低电源
电压时的人为机械特性

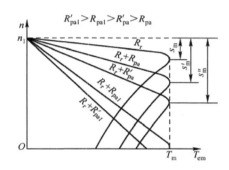

图 5-3　异步电动机转子串对称
电阻时的人为机械特性

$$T_{em} = \frac{2}{\dfrac{s}{s_m} + \dfrac{s_m}{s}} T_m \tag{5-7}$$

其中，

$$\left.\begin{array}{c} T_m = \lambda_m T_N \\[6pt] T_N = 9\,550\dfrac{P_N}{n_N} \\[10pt] s_m = s_N\left(\lambda_m + \sqrt{\lambda_m{}^2 - 1}\right) \end{array}\right\} \tag{5-8}$$

式中数据均是铭牌所给或通过铭牌数据可以计算得到的，能很方便地得到电磁转矩与转差率的对应关系。

例 5-1　一台三相四极笼形异步电动机，技术数据为 $P_N = 5.5\text{kW}$、$U_N = 380\text{V}$、$I_N = 11.2\text{A}$、$n_N = 1\,442\text{r/min}$、$\lambda_m = 2.33$、三角形连接。试求出该电动机固有机械特性曲线上 4 个特殊点的值，并绘制该机械特性曲线。

解： 额定工作点：$n_N = 1\,442\text{r/min}$

$$s_N = \frac{n_1 - n_N}{n_1} = \frac{1\,500 - 1\,442}{1\,500} = 0.039$$

$$T_N = 9\,550\frac{P_N}{n_N} = 9\,550\frac{5.5}{1\,442} = 36.43\text{N}\cdot\text{m}$$

理想空载点：

$$n_1 = 1\,500\ \text{r/min}$$

$$T_1 = 0$$

临界工作点：

$$T_m = \lambda_m T_N = 2.33 \times 36.43 = 84.88 \text{N} \cdot \text{m}$$

$$s_m = s_N \left(\lambda_m + \sqrt{{\lambda_m}^2 - 1} \right) = 0.039 \times \left(2.33 + \sqrt{2.33^2 - 1} \right) = 0.173$$

由 $s_m = \dfrac{n_1 - n_m}{n_1}$ 得 $n_m = (1 - s_m)n_1 = (1 - 0.173) \times 1\,500 = 1241 \text{r} / \text{min}$

启动工作点：启动瞬间 $n=0$，$s=1$，将该值代入 $T_{em} = \dfrac{2}{\dfrac{s}{s_m} + \dfrac{s_m}{s}} T_m$ 中可以求出启动转矩 T_{st}：

$$T_{st} = \frac{2}{\dfrac{1}{s_m} + \dfrac{s_m}{1}} T_m = \frac{2 \times 84.88}{\dfrac{1}{0.173} + \dfrac{0.173}{1}} = 28.5 \text{N} \cdot \text{m}$$

其机械特性曲线如图 5-4 所示。

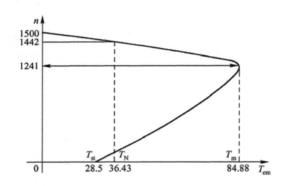

图 5-4　固有机械特性曲线

5.2　三相异步电动机的启动

三相异步电动机的启动过程是指三相异步电动机从接入电源开始转动时起，到达额定转速为止这一段过程。

根据上一节的分析知，三相异步电动机在启动时启动转矩 T_{st} 并不大，但转子绕组中的电流 I_{st} 很大，通常可达额定电流的 4～7 倍，从而使得定子绕组中的电流相应增大为额定电流的 4～7 倍。这么大的启动电流将带来下述不良后果：

（1）启动电流过大使电压损失过大，启动转矩不够使电动机根本无法启动。

（2）使电动机绕组发热，绝缘老化，从而缩短了电动机的使用寿命。

（3）造成过流保护装置误动作、跳闸。

（4）使电网电压产生波动，影响连接在电网上的其他设备的正常运行。

因此，电动机启动时，在保证一定大小的启动转矩的前提下，还要求限制启动电流在允许的范围内。

5.2.1　笼形异步电动机的启动

三相笼形异步电动机的启动有两种方式，第一种是直接启动，即将额定电压直接加在电动机定子绕组上。第二种是降压启动，即在电动机启动时降低定子绕组上的外加电压，从而降低启动电流。待启动结束后，将外加电压升高为额定电压，进入额定运行。两种方法各有优缺点，应视具体情况具体确定。从电动机容量的角度讲，通常认为满足下列条件之一时即可直接启动，否则应采用降压启动。

（1）容量在 10kW 以下。

（2）符合经验公式：

$$\frac{I_{st}}{I_{N}} < \frac{3}{4} + \frac{供电变压器容量(kV \cdot A)}{4 \times 启动电动机功率(kW)}$$

1．三相笼形异步电动机的直接启动

直接启动的优点是所需设备少，启动方法简单，成本低，是小型笼形异步电动机主要采用的启动方法，如图 5-5 所示。

2．三相笼形异步电动机的降压启动

降压启动方式是指在启动过程中降低其定子绕组上的外加电压，启动结束后，再将定子绕组的两端电压恢复到额定值。这种方法虽然能达到降低启动电流的目的，但启动转矩也同时减小很多，故此法一般只适用于电动机的空载或轻载启动，具体方法包括：

（1）定子串电阻或电抗器降压启动。三相笼形异步电动机启动时，在电动机定子电路串入电阻或电抗器，使加到电动机定子绕组端电压降低，减小了电动机上的启动电流。如图 5-6 所示是三相笼形电动机定子绕组串电阻降压启动的原理图，其工作情况为：合上刀开关 Q，在开始启动时，KM_1 主触点闭合，KM_2 主触点断开，电动机经电阻接入电源，电动机在低压状态下开始启动。当电动机的转速接近额定值时，使 KM_1 断开、KM_2 接通，切除了电阻，电源电压直接加在电动机上，启动过程结束。

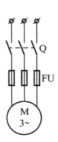

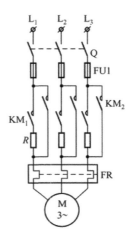

图 5-5　三相笼形异步电动机的直接启动　　　　图 5-6　三相异步电动机定子方串电阻降压启动

这种启动方法不受电动机定子绕组连接形式（Y 或 D）的限制，但由于启动电阻的存在，将使设备体积增大，电能损耗大，目前已较少采用。

（2）Y/D 降压启动。对于正常运行为 D 形接法的三相交流异步电动机，若在启动时将其定子绕组接为 Y 形，则启动时其定子绕组上所加的电压仅为正常运行的 $\frac{1}{\sqrt{3}}$，降低了启动电压。目前生产的 Y 系列功率在 4kW 以上的中小型三相异步电动机，其定子绕组的规定接法一般为 D 形接法，所以在启动时，可以对其采用 Y/D 降压启动方法，即在电动机启动过程中，将定子绕组接成 Y 形接法，启动过程结束后，再接成 D 形接法。如图 5-7 所示是 Y/D 降压启动的原理图，其工作情况如下：

合上开关 QF 后，若要启动电动机，则交流接触器 KM_1 和 KM_2 的主触点同时闭合，KM_1 将电动机的定子绕组接成 Y 形，KM_2 将电源引到电动机定子绕组端，电动机降压启动。当电动机的转速接近于稳定值时，KM_1 先断开而后 KM_3 立即闭合，将电动机定子绕组的 Y 形接法解除转换为 D 形连接，进入额定运行状态。

三相笼形异步电动机的 Y/D 降压启动简单，运行可靠，应用较广泛。但它只适用于正常运转时定子绕组为 D 接的电动机。

（3）定子串自耦变压器降压启动。这种方法是利用自耦变压器将电源电压降低后再加到电动机定子绕组上，达到减小启动电流的目的，如图 5-8 所示。

设自耦变压器的一次侧电压 U_1（即电源电压），电流为 I_1，二次侧电压为 U_2，电流为 I_2，变压比为 k，则 $I_{st2} = \frac{1}{k}I_{st}$。

启动时，经自耦变压器后，加在三相笼形异步电动机定子绕组端的线电压为 U_1/k，此时电动机定子绕组上的启动电压为全压启动时的 $1/k$，即 $\frac{U_1}{U_2} = \frac{I_{st2}}{I_{st1}} = k$。

式中，I_{st2} ——电动机电压为 U_1/k 时的启动电流，即自耦变压器二次侧电流；

I_{st} ——电动机全压启动时的电流；

I_{st1} ——电动机电压为 U_1/k 时电网上流经的电流，即自耦变压器一次侧电流。

所以电动机从电网吸取的电流 $I_{st1} = \frac{I_{st2}}{k} = \frac{1}{k^2}I_{st}$。由于自耦变压器一次侧的电流小于二次侧的电流，故在相同的启动电压下，自耦变压器降压启动比 Y/D 降压启动向电源吸取的电流要小。

图 5-8 的控制原理是：合上 Q 后，令 KM_1 触点先将自耦变压器做星形连接，再由 KM_2 接通电源，电动机定子绕组经自耦变压器实现减压启动。当电动机的转速接近于额定转速时，令 KM_1、KM_2 断开而 KM_3 闭合直接将全电压加在电动机上，启动过程结束，进入全压运行状态。

自耦变压器降压启动的启动性能好，但线路相对较复杂，设备体积大，目前是三相笼形异步电动机常用的一种降压启动方法。

以上对笼形异步电动机的启动方法作了介绍。在确定启动方法时，应根据电网允许的最大启动电流、负载对启动转矩的要求以及启动设备的复杂程度、价格等条件综合考虑。

例5-2 一台Y系列三相笼形异步电动机的技术数据：$P_N = 110kW$、$U_N = 380V$、$\cos\phi_N = 0.89$、$\eta_N = 0.925$、$n_N = 2\,910r/min$、最大转矩倍数$\lambda_m = 2.63$、最大启动电流倍数$K_I = 7$、堵转转矩倍数$T_T = 1.8$、最小启动转矩$T_{min} = 1.2T_N$，三角形连接，电网允许的最大启动电流$I_{max} = 1\,000A$，启动过程中最大负载转矩$T_{Lmax} = 220\,N\cdot m$。试确定启动方法。

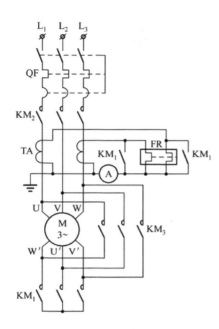

图 5-7　Y/D 降压启动原理图

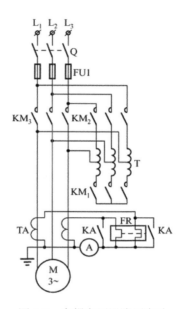

图 5-8　自耦变压器降压启动

解： ① 采用直接启动方法。电动机的额定电流为：

$$I_N = \frac{P_N}{\sqrt{3}U_N\cos\phi_N\eta_N} = \frac{110\times10^3}{\sqrt{3}\times380\times0.89\times0.925} = 203A$$

直接启动时电网供给的最大启动电流为：

$$I'_{st} = K_I I_N = 7\times203 = 1\,421A$$

$I'_{st} > I_{max} = 1\,000A$，不能采用直接启动。

② 采用定子串电抗启动。电动机的额定转矩为：

$$T_N = 9\,550\frac{P_N}{n_N} = 9\,550\times\frac{110}{2\,910} = 361N\cdot m$$

电动机的最小转矩为：

$$T_{min} = 1.2T_N = 1.2\times261 = 433.2N\cdot m$$

为保证启动电流不超过电网的允许值，最大降压倍数为：

$$a = \frac{I_{max}}{I'_{st}} = \frac{1\,000}{1\,421} = 0.704$$

启动过程中电动机产生的最小转矩为：

$$T'_{\min} = a^2 T_{\min} = 0.704^2 \times 433.2 = 214.7 \text{N} \cdot \text{m}$$

$T'_{\min} < T_{L\max}$，不能采用定子串电抗启动。

③ 采用 Y-D 启动。Y-D 启动时降压倍数 $a = 1/\sqrt{3}$，启动过程中电动机产生的最小转矩为：

$$T'_{\min} = a^2 T_{\min} = \left(\frac{1}{\sqrt{3}}\right)^2 \times 433.2 = 144.4 \text{N} \cdot \text{m}$$

$T'_{\min} < T_{L\max}$，不能采用 Y-D 启动。

④ 采用自耦变压器降压启动。为了把电网供给的启动电流降到 1000A，自耦变压器的电压比：

$$k_A \geqslant \sqrt{\frac{I'_{st}}{I_{\max}}} = \sqrt{\frac{1\,421}{1\,000}} = 1.19$$

取自耦变压器的抽头为 80%，则电压比为：

$$k_A = \frac{1}{0.8} = 1.25$$

为了保证启动有足够的加速转矩，取 $K_s=1.2$，则在启动过程中电动机应产生的最小转矩为：

$$T''_{\min} = K_s T_{\min} = 1.2 \times 220 = 264 \text{N} \cdot \text{m}$$

电动机实际产生的最小转矩为：

$$T'_{\min} = a^2 T_{\min} = 0.8^2 \times 433.2 = 277.2 \text{N} \cdot \text{m}$$

最小转矩符合要求，校验通过。

（4）晶闸管减压软启动。软启动器是一种集电动机软启动、软停车、轻载节能和多种保护功能于一体的新颖笼形异步电动机控制装置。

传统笼形异步电动机的启动方式有 Y-D 启动、自耦降压启动、电抗器降压启动、延边三角形降压启动等。这些启动方式都属于有级降压启动，存在着启动转矩基本固定不可调或减小，启动过程中会出现二次冲击电流，对负载机械有冲击转矩，且受电网电压波动的影响。软启动器可以克服上述缺点。软启动器具有无冲击电流、恒流启动、可自由地无级调压至最佳启动电流及轻载时节能等优点。

软启动器是目前最先进、最流行的电动机启动器。它一般采用 16 位单片机进行智能化控制，可无级调压至最佳启动电流，保证电动机在负载要求的启动特性下平滑启动，在轻载时能节约电能，同时对电网几乎没有什么冲击。

软启动器实际上是一个调压器，只改变输出电压，并没有改变频率。这一点与变频器不同。

软启动器本身设有多种保护功能，如限制启动次数和时间，过电流保护，电动机过载、失压、过压保护，断相、接地故障保护等。

软启动器的基本接线如图 5-9 所示（不同厂家的产品，其接线也有所不同）。

工作原理：在软启动器中三相交流电源与被控电动机之间串有三相反并联晶闸管及电子控制电路，如图 5-10 所示。利用晶闸管的电子开关特性，通过软启动器中的单片机控制其触发脉冲、触发角的大小来改变晶闸管的导通程度，从而改变加到定子绕组上的三相电压。异步电动机在定子调压下的主要特点是电动机的转矩近似与定子电压的平方成正比。当晶闸管的导通角从 0° 开始上升时，电动机开始启动。随着导通角的增大，晶闸管的输出电压也逐渐升高，电动机便开始加速，直至晶闸管全导通，电动机在额定电压下工作。电动机的启动时间和启动电流的最大值可根据负荷情况设定。

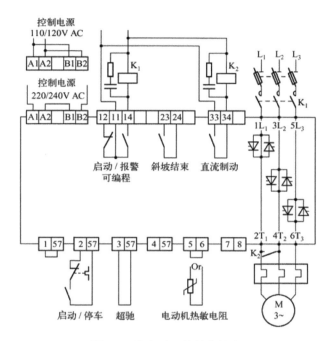

图 5-9　软启动器的基本接线

软启动器可设定的最大启动电流为直接启动电流的 99%，可设定的最大启动转矩为直接启动转矩的 80%，线电流过载倍数为电动机额定电流的 1～5 倍。软启动器可实现连续无级启动。

（5）变频启动。具有变频调速装置的三相笼形转子异步电动机，属于采用减压变频启动的方法。启动时，给三相异步电动机定子绕组加低压低频的交流电，随着转速的上升，逐渐提高电源的电压和频率，直到额定电压和频率。整个启动过程可

图 5-10　晶闸管软启动主电路

自动控制在最佳的运行状态，电动机可以按照设定的启动电流、启动转矩、启动时间以及启动加速度自动运行，是三相异步电动机最理想的启动方法，适合于各种场合。但前提条件是必须有一个专门配套的变频电源。随着电力电子技术的发展，这种启动方法会用得越来越多。

笼形异步电动机几种常用启动方法的比较如表 5-1 所示。

表 5-1　笼形异步电动机各种减压启动方法的比较

启动方法	电阻或电抗减压启动	自耦变压器减压启动	Y/D，减压启动
启动电压	$\dfrac{1}{k}U_{N\Phi}$	$\dfrac{1}{k}U_{N\Phi}$（可调）	$\dfrac{1}{\sqrt{3}}U_N$
启动电流	$\dfrac{1}{k}I_{st}$	$\dfrac{1}{k^2}I_{st}$	$\dfrac{1}{3}I_{st}$
启动转矩	$\dfrac{1}{k^2}T_{st}$	$\dfrac{1}{k^2}T_{st}$	$\dfrac{1}{3}T_{st}$
启动特点	启动时定子绕组经电阻或电抗器减压，启动后将电阻或电抗器切除	启动时定子绕组经自耦变压减压，启动后将自耦变压器切除	启动时将定子绕组接成星形，启动后换接成三角形
优缺点	启动电流较小；启动转矩较小；串接电阻时损耗大，电阻容量限制不能频繁启动	启动电流较小；可灵活选择电压抽头得到合适的启动电流和启动转矩；启动转矩较其他方法要大，故使用较多；设备费用较多，不能频繁启动	启动电流较小；启动设备简单，费用低廉，可频繁启动；启动转矩较其他方法低，一般用在小容量电动机的空载或轻载启动；只用于正常运行为 D 连接的电动机
定型启动设备	QJ1 系列电阻启动器	QJ2、QJ3 系列启动补偿器	QX1、QX2 人力操动 Y/D 启动器　QS 人力操动油浸 Y/D 启动器

5.2.2　绕线形异步电动机的启动

对于大功率重载启动的负载，采用笼形异步电动机一般不能满足启动要求，这时可以采用绕线转子异步电动机转子串电阻或阻抗启动，以限制启动电流和增大启动转矩。三相绕线形异步电动机转子中有三相绕组，可以通过滑环和电刷串接外加电阻或阻抗，在上一节分析转子串电阻的人为机械特性时已知：适当增加转子串接电阻，可以减小启动电流并提高电动机的启动转矩，绕线形异步电动机正是利用了这一特性。

按照绕线形异步电动机启动过程中转子串接装置的不同，有串电阻启动和串频敏电阻器启动两种方法。

1．转子串三相对称电阻分级启动

绕线转子三相异步电动机的主要优点之一，是能够在转子电路中串接外接电阻来改善电动机的启动转矩。在这种启动方式中，由于电阻是常数，所以为了获取较平滑的启动过程，将启动电阻分为几级，在启动过程中逐级切除。

由式（5-4）及式（5-5）已知，三相异步电动机的最大转矩 T_{max} 与转子电阻无关，但临界转差率 s_m 却随转子电阻的增加而成正比的增大，在启动时，如果适当增加转子回路电阻值，一方面减小了启动电流，另一方面可增大启动转矩，从而缩短启动时间，减少了电动机的发热。

绕线转子异步电动机转子串三相对称电阻启动时，一般采用转子串多级启动电阻，然后分级切除启动电阻的方法，以提高平均启动转矩和减小启动电流与启动转矩对系统的冲击。

绕线转子异步电动机转子串电阻启动的原理图及机械特性如图 5-11 所示。启动过程如下：

（1）接触器 KM_1～KM_3 断开，KM 闭合，定子绕组接三相电源，转子绕组串入全部启动电阻（$r_{c1}+r_{c2}+r_{c3}$），电动机加速，启动点在机械特性曲线 3 的 a 点，启动转矩为 T_1，它是启动过程中的最大转矩，称为最大启动转矩（或上切换转矩），通常取 $T_1 < 0.9T_{max}$。

（2）电动机沿机械特性曲线 3 升速，到 b 点电磁转矩 $T=T_2$，这时使接触器 KM_3 闭合，切除第一段启动电阻 r_{c3}。忽略电动机的电磁过渡过程时，电动机的运行点将从 b 点瞬时过渡到机械特性曲线 2 的 c 点。如果启动电阻选择得合适，c 点的电磁转矩正好等于 T_1。b 点的电磁转矩 T_2 称为下切换转矩，T_2 应大于 T_L。T_2 的大小是由 KM_3 接点闭合时刻确定的。

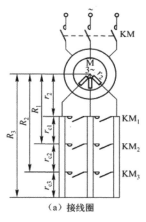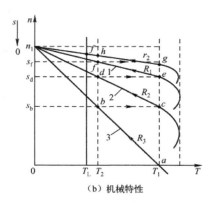

（a）接线圈　　　　　　　　　（b）机械特性

图 5-11　绕线转子异步电动机转子串电阻启动的原理图及机械特性

（3）电动机从 c 点沿机械特性曲线 2 升速到 d 点，$T=T_2$，使接触器 KM_2 闭合，切除第二段启动电阻 r_{c2}。电动机的运行点瞬时过渡到机械特性曲线 1 的 e 点，$T=T_1$。

（4）电动机在机械特性曲线 1 上继续升速到 f 点，$T=T_2$，使接触器 KM_1 闭合，切除第三段启动电阻 r_{c1}，电动机的运行点瞬时过渡到固有机械特性曲线上的 g 点，$T=T_1$。

（5）电动机在固有机械特性上升速直到 j 点，$T=T_L$，达到稳定运行，启动过程结束。

2．转子绕组串频敏变阻器启动

根据上述分析知：要想获得更加平稳的启动特性，必须增加启动级数，这就会使设备复杂化。为此采用了在转子上串频敏变阻器的启动方法。所谓频敏变阻器是由厚钢板叠成铁心并在铁心柱上绕有线圈的电抗器，其结构示意图如图 5-12 所示。它是一个铁损耗很大的三相电抗器，如果忽略绕组的电阻和漏抗时，其一相的等效电路如图 5-13 所示。

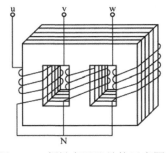　　　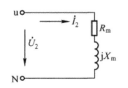　　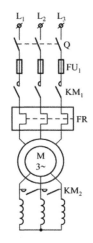

图 5-12　频敏变阻器结构示意图　　图 5-13　频敏变阻器一相等效电路

频敏变阻器启动原理如图 5-14 所示。合上开关 Q，KM_1 闭合，电动机定子绕组接通电源电动机开始启动时，电动机转子转速很低，故转子频率较高，$f_2 \approx f_1$，频敏变阻器的铁损很大，R_m 和 X_m 均很大，且 $R_m > X_m$，因此限制了启动电流，增大了启动转矩。随着电动机转速的升高，转子电流频率下降，于是 R_m、X_m 随 n 减小，这就相当于启动过程中电阻的无级切除。当转速上升到接近于稳定值时，KM_2 闭合将频敏电阻器短接，启动过程结束。

图 5-14　三相绕线形异步电动机串频敏电阻器启动原理图

5.3 三相异步电动机的电气制动

与直流他励电动机相似，三相异步电动机也有能耗制动、反接制动和回馈制动三种电气制动方式。

5.3.1 能耗制动

能耗制动的控制接线如图 5-15 所示。正常工作时，合上 Q，让 KM_1 闭合，电动机处于电动运行状态。制动时，断开 KM_1，电动机脱离三相交流电源。同时迅速将 KM_2 接通，将桥式整流电路输出的直流电源接入定子绕组的某二相中并串入电阻，电机进入能耗制动状态。其制动原理可用图 5-16 说明，当断交流送直流时，在电动机定子绕组内产生一恒定磁场，此时转子导体切割直流磁场，产生感应电流，其方向由右手定则可以判断，如图 5-16 所示。通有电流的转子处在恒定磁场中将受力，其方向由左手定则判断为与原转速方向相反，如图 5-16 所示，故为制动转矩。

能耗制动的机械特性曲线如图 5-17 中曲线 1 所示。当负载为反抗性负载时，将制动到转速为零停车，此时应断开直流电源，停止工作。当负载为位能性负载时，将反向下降，稳定工作在某一转速下，即实现限速下放。通过改变直流电压的高低或所串入电阻的大小可以改变其制动性能，如图 5-17 中曲线 3 或曲线 2 所示。

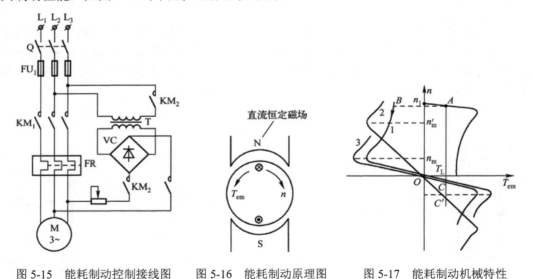

图 5-15 能耗制动控制接线图　　图 5-16 能耗制动原理图　　图 5-17 能耗制动机械特性

5.3.2 反接制动

反接制动有电源两相反接的反接制动和倒拉反接制动两种方式。

1. 电源两相反接的反接制动

如图 5-18 所示，对正在电动运行的电动机，将 KM_1 断开，闭合 KM_2 并串入电阻，则进入反接制动。

制动原理可用图 5-19 所示说明。由于电源两相相序交换，定子绕组中产生的旋转磁场的方向也发生改变，即与原方向相反。而电动机的转子此时在惯性作用下仍向原来方向旋转，转子相对旋转磁场的转向改变，于是转子电路中产生了一个与原方向相反的感应电流，进而产生了一个与原转向相反的转矩，实现制动。

电源两相反接的反接制动的机械特性如图 5-20 所示，为反向串大电阻特性。当负载转矩大于堵转转矩时，将稳定于停车；当负载转矩小于堵转转矩时将稳定于反转状态。

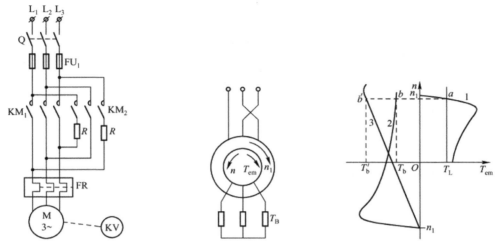

图 5-18　电源两相反接的　　图 5-19　电源两相反向制动原理　　图 5-20　电源两相反向机械特性
　　　　　反接制动接线控制图

2．倒拉反接制动

倒拉反接制动用于绕线形异步电动机拖动位能性负载下放重物时，以获得稳定下放速度，如图 5-21 所示。

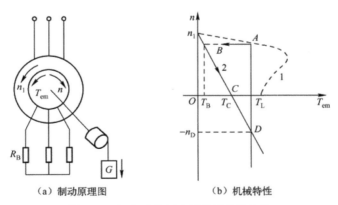

（a）制动原理图　　　　　（b）机械特性

图 5-21　倒拉反接制动原理及机械特性

若原来电动机工作在固有机械特性曲线上的 A 点提升重物，当转子回路串入大电阻 R_B 时，将工作于特性曲线 2 上的 B 点，此时拖动的电磁转矩小于负载转矩，提升转速将沿曲线 2 下降至零，过零后在负载转矩的拖动下，电动机将反向下降，稳定运行于 D 点。改变串入

电阻 R_B 的大小可以控制下降稳定运行速度。此时负载转矩起拖动作用，而电磁转矩起制动作用，故称倒拉反接制动。

5.3.3　回馈制动

若三相异步电动机原工作在电动状态，由于某种原因（如带位能性负载下放或降压调速过渡过程），在转向不变的情况下，转子的转速 n 超过同步转速 n_1 时，电动机便进入回馈制动状态，因为 $n>n_1$，所以 $s=\dfrac{n_1-n}{n_1}<0$，这是回馈制动的特点。因为转差率 $s<0$，所以转子电动势 $E_{2s}=sE_2<0$，转子电流 I_{2s} 反向，电磁转矩反向，为制动转矩。此时原动机带动电动机转子以高于同步转速旋转，电动机将原动机输入的机械功率转成电功率输出回馈电网，成为一台发电机。

三相异步电动用于拖动重物，在重物下降时，在位能负载转矩作用下，转子转速 n 大于同步转速 n_1，如图 5-22 所示。图 5-22（a）所示为转子转速低于同步转速时电动运行状态，图 5-22（b）所示为转子转速超过同步转速后制动运行状态，此时的运行点为图 5-23 中 D 点，下放的速度受到限制，以保证设备和人身的安全。回馈制动时转子回路不允许串入电阻，否则稳定运行速度将非常高，如图 5-23 中的 D' 点。

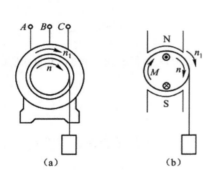

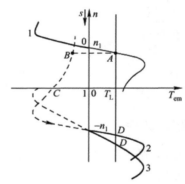

图 5-22　回馈制动原理　　　　　　图 5-23　异步电动机回馈制动机械特性

5.4　三相异步电动机的调速

由

$$n=n_1(1-s)=\frac{60f_1}{p}(1-s)$$

可知，若要改变异步电动机的转速，可以有以下三种方法：

（1）改变电动机的磁极对数 p。

（2）改变电动机的电源频率 f_1。

（3）改变电动机的转差率 s。

下面对各种调速方法的原理及特性进行分析。

5.4.1　变极调速

所谓变极调速，就是通过改变电动机定子绕组的接线，改变电动机的磁极对数，从而达到调速的目的。变极调速方法一般适于笼形异步电动机。因为笼形异步电动机转子绕组本身没有固定的极对数，能自动地与定子绕组相适应。

下面用图 5-24 所示来说明改变定子极数时，只要将一相绕组的半相连线改接即可改变旋转磁场的转速。设电动机的定子每相绕组都由两个完全对称的"半相绕组"所组成，以 U 相为例，并设相电流是从头 U_1 进，尾 U_2 出。当两个"半相绕组"头尾相串联时（称之为顺串），根据"半相绕组"内的电流方向，用右手螺旋法可以确定磁场的方向，并用"×"和"·"表示磁力线方向，如图 5-24（a）所示。很显然，这时电动机所形成的是一个 $2p=4$ 极的磁场；如果将两个"半相绕组"尾尾相串联（称之为反串）或头尾相并联（称之为反并）时，就形成一个 $2p=2$ 极的磁场，分别如图 5-24（b）、图 5-24（c）所示。

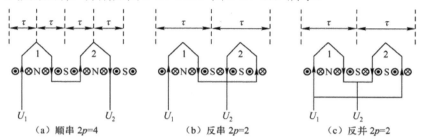

（a）顺串 $2p=4$　　（b）反串 $2p=2$　　（c）反并 $2p=2$

图 5-24　三相笼形异步电动机变极时一相绕组的接法

比较图 5-24 可知，只要将两个"半相绕组"中的任何一个"半相绕组"的电流反向，就可以将极对数增加一倍（顺串）或减少一半（反串或反并）。这就是单绕组倍极比的变极原理，如 2/4 极，4/8 极等。

变极调速的电动机往往被称为多极电动机，其定子绕组的接线方式很多，其中常见的一种是角接/双星接，即 D/YY，如图 5-25 所示。

只要改变一相绕组中一半元件的电流方向即可改变磁极对数。当 T_1、T_2、T_3 外接三相交流电源，而 T_4、T_5、T_6 对外断开时，电动机的定子绕组接法为 D，磁极对数为 $2P$，当 T_4、T_5、T_6 外接三相交流电源，而 T_1、T_2、T_3 连接在一起时，电动机定子绕组的接法为 YY，磁极对数为 p，从而实现调速，其控制电路图如 5-26 所示。

工作情况为：合上刀开关 QS 后，当 KM_3 闭合而 KM_1、KM_2 断开时，电动机定子绕组为 D 接法，磁极对数为 $2p$，电动机低速启动。当 KM_3 断开，而 KM_2、KM_1 闭合时，电动机的定子绕组接成 YY，磁极对数为 p，电动机高速运行。D/YY 接法的调速方式适用于恒功率负载，其机械特性如图 5-27 所示。

由机械特性知，变极调速时电动机的转速几乎是成倍的变化，因此调速的平滑性差，但是稳定性较好，特别是启动转矩大，所以常被用于启动控制。

5.4.2　变频调速

1. 变频调速的原理与性能

变频调速是改变电源频率从而使电动机的同步转速变化达到调速的目的的。在一般情况下，电动机的转差率 s 很小，所以可以近似地认为 $n \propto n_1 \propto f_1$，为使电动机得到充分利用，希望气隙磁通维持不变，从电动势公式 $U_1 \approx E_1 = 4.44 f_1 N_1 k_{W1} \Phi_m$ 知，若要维持 Φ_m 为常数，则 U_1 必须随频率的变化成正比变化，即 $\dfrac{U_1'}{U_1} = \dfrac{f_1'}{f_1} =$ 常数 （"'"表示变频后的量）。另一方面，为保证电动机的稳定运行，希望变频调速时，电动机的过载能力不变。在忽略铁磁饱和的影响并略去定子电阻时，有：

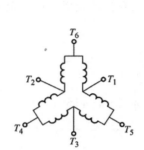
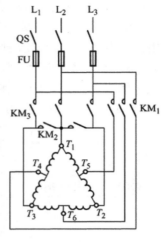
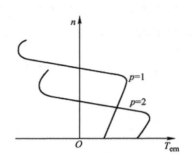

图 5-25　变极调速定子接线图　　图 5-26　D/YY 变极调速控制原理图　　图 5-27　D/YY 变级调速机械特性

$$\lambda_m = C \frac{U_1^{\,2}}{f_1^{\,2} T_{\mathrm{N}}}$$

其中，

$$C = \frac{m_1 p}{8\pi^2 \left(L_1 + L_2' \right)} = 常数$$

所以要求：

$$\frac{U_1^{\,2}}{f_1^{\,2} T_{\mathrm{N}}} = \frac{U_1'^{\,2}}{f_1'^{\,2} T_{\mathrm{N}}'}$$

即：

$$\frac{U_1'}{U_1} = \frac{f_1'}{f_1} \sqrt{\frac{T_{\mathrm{N}}'}{T_{\mathrm{N}}}}$$

（1）对恒定转矩负载而言，因为 $T_{\mathrm{N}} = T_{\mathrm{N}}'$，所以只要满足 $\dfrac{U_1'}{U} = \dfrac{f_1'}{f_1} \sqrt{\dfrac{T_{\mathrm{N}}'}{T_{\mathrm{N}}}} = \dfrac{f_1'}{f_1}$，则既保证了电动机的过载能力，又满足了 Φ_{m} 为常数的要求，这说明变频调速特别适合于恒转矩负载。

（2）对恒定功率负载而言，因为 $P_{\mathrm{N}} = T_{\mathrm{N}}' n' = T_{\mathrm{N}} n = 常数$，即 $\dfrac{T_{\mathrm{N}}'}{T_{\mathrm{N}}} = \dfrac{n}{n_1'} = \dfrac{f_1}{f_1'}$，所以 $\dfrac{U_1'}{U} = \dfrac{f_1'}{f_1} \sqrt{\dfrac{T_{\mathrm{N}}'}{T_{\mathrm{N}}}} = \dfrac{f_1'}{f_1} \sqrt{\dfrac{f_1}{f_1'}} = \sqrt{\dfrac{f_1'}{f_1}}$，说明当 $\dfrac{U_1}{\sqrt{f_1}} = 常数$ 时，则电动机过载能力不变，但 Φ_{m} 将发生变化。当 $\dfrac{U_1}{f} = 常数$ 时，则 Φ_{m} 保持不变，但过载能力发生变化。

变频调速的主要优点是调速范围宽，静差率小，稳定性好，平滑性好，能实现无级调速，可适应各种负载，效率较高，但它需要一套专门的变频电源，控制系统较复杂，成本较高，是交流电动机调速发展的主要方向。

2．变频调速装置简介

要实现异步电动机的变频调速，必须有能够同时改变电压和频率的供电电源。现有的交流供电电源都是恒压恒频的，所以必须通过变频装置才能获得变压变频电源。变频装置可分为间接变频和直接变频两类。间接变频装置先将工频交流电通过整流器变成直流，然后再经过逆变器将直流变成为可控频率的交流，通常称为交–直–交变频装置。直接变频装置则将工频交流一次变换成可控频率的交流，没有中间直流环节，也称为交–交变频装置。目前应用较多的是间接变频装置。

（1）间接变频装置（交–直–交变频装置）。如图 5-28 所示绘出了间接变频装置的主要构成环节。按照不同的控制方式，它又可分为图 5-29 中的（a）、（b）、（c）三种。

图 5-28　间接变频装置（交–直–交变频装置）

图 5-29（a）所示是用可控整流器变压，用逆变器变频的交–直–交变频装置。调压和调频分别在两个环节上进行，两者要在控制电路上协调配合。这种装置结构简单、控制方便，但是，由于输入环节采用可控整流器，当电压和频率调得较低时，电网端的功率因数较低；输出环节多用晶闸管组成的三相六拍逆变器（每周换流 6 次），输出的谐波较大。这是此类变频装置的主要缺点。

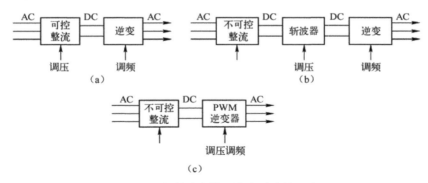

图 5-29　间接变频装置的各种结构形式

图 5-29（b）所示是用不可控整流器整流，斩波器变压、逆变器变频的交–直–交变频装置。整流器采用二极管不控整流器，增设斩波器进行脉宽调压。这样虽然多了一个环节，但输入功率因数高，克服了图 5-29（a）所示的第一个缺点。输出逆变环节不变，仍有谐波较大的问题。

图 5-29（c）所示是用不控整流器整流、脉宽调制（PWM）逆变器同时变压变频的交–直–交变频装置。用不可控整流，则输入端功率因数高；用 PWM 逆变，则谐波可以减少。这样可以克服图 5-29（a）所示装置的两个缺点。

（2）直接变频装置（交–交变频装置）。直接变频装置的结构示于图 5-30，它只用一个变换环节就可以把恒压恒频的交流电源变换成变压变频电源。这种变频装置输出的每一相都是一个两组晶闸管整流装置反并联的可逆线路（如图 5-31 所示）。正、反两组按一定周期相互切换，在负载上就获得交变的输出电压 u_0。u_0 的幅值决定于各组整流装置的控制角，u_0 的频率决定于两组整流装置的切换频率。

图 5-30　直接（交-交）变频装置

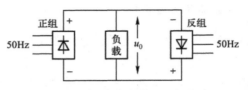

图 5-31　交-交变频装置一相电路

当整流器的控制角和这两组整流装置的切换频率不断变化时，即可得到变压变频的交流电源。

5.4.3　改变转差率调速

改变转差率的方法主要有三种：定子调压调速、转子电路串电阻调速和串级调速。下面分别介绍。

1．定子调压调速

如图 5-32 所示为定子调压的机械特性曲线，由图可知对恒转矩负载而言，其调速范围很窄，实用价值不大，但对于通风机负载而言，其负载转矩 T_L 随转速的变化而变化，如图中虚线所示。可见其调速范围很宽，所以目前大多数的风扇采用此法。

但是这种调速方法在电动机转速较低时，转子电阻上的损耗较大，使电动机发热较严重，所以这种调速方法一般不宜在低速下长时间运行。

2．转子串接电阻调速

该方法仅适用于绕线形异步电动机，其机械特性如图 5-33 所示。图中曲线是一束电源电压不变，而转子电路所串电阻值不同的机械特性曲线。从图中不难看出，当串入电阻越大时，稳定运行速度越低，且稳定性也越差。

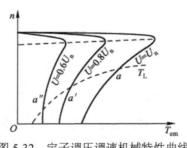

图 5-32　定子调压调速机械特性曲线

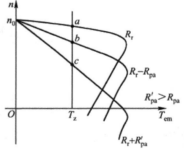

图 5-33　转子电路串接电阻改变
转差率调速的机械特性

转子串电阻调速的优点是方法简单，设备投资不高，工作可靠。但调速范围不大，稳定性较差，平滑性也不是很好，调速的能耗较大。由于方法简单，所以在对调速性能要求不高的地方得到广泛的应用，如运输、起重机械等。

3．串级调速

所谓串级调速就是在绕线异步电动机的转子电路中引入一个附加电动势 E_f 来调节电动机的转速，这种方法仅适于绕线异步电动机。

由异步电动机的等值电路可以求得：

$$I_2' = \frac{sE_2'}{\sqrt{R_2'^2 + (sX_{\sigma2}')^2}}$$

串级调速时：

$$I_2' = \frac{sE_2' \mp E_f}{\sqrt{R_2'^2 + (sX_{\sigma2}')^2}}$$

当附加电动势的相位与转子电动势相位相反时，E_f 为负值，使串电动势后的转子电流 I_{2f}' 小于原来的电流 I_2'，则 $T_{em} < T_L$，$n \downarrow \rightarrow s \uparrow \rightarrow sE_2' \uparrow \rightarrow I_{2f}' \uparrow \rightarrow T_{em} \uparrow$，直到 $T_{em} = T_L$ 时，电动机在新的较低转速下稳定运行，实现降速的调速。

当附加电动势的相位与转子电动势相位相同时，E_f 为正值，使串电动势后的转子电流 I_{2f}' 大于原来的电流 I_2'，则 $T_{em} > T_L$，$n \uparrow \rightarrow s \downarrow \rightarrow sE_2' \downarrow \rightarrow I_{2f}' \downarrow \rightarrow T_{em} \downarrow$，直到 $T_{em} = T_L$ 时，电动机在新的较高转速下稳定运行，实现升速的调速。

串级调速的调速性能比较好，但是附加电动势 E_f 的获取比较困难，故长期以来未得到推广。

5.4.4 电磁调速感应电动机

电磁调速感应电动机亦称滑差电动机，从原理上看，它实际上就是一台带有电磁滑差离合器的普通笼形感应电动机，其原理如图 5-34（a）所示。

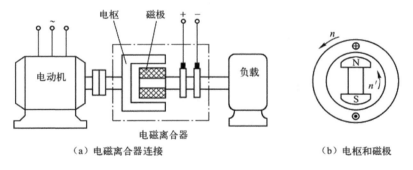

（a）电磁离合器连接　　　　（b）电枢和磁极

图 5-34　电磁离合器原理图

电磁滑差离合器由电枢和磁极两部分组成，两者之间无机械联系，各自能独立旋转。电枢为一由铸钢制成的空心圆柱体，与感应电动机的转子直接连接，由感应电动机带动旋转，称为主动部分。磁极由直流电源励磁，并与生产机械直接连接，称为从动部分。当感应电动机带动离合器电枢以 n 的速度旋转时，若励磁电流等于零，则离合器中无磁场，也无电磁感应现象产生，因此磁极部分不会旋转。当有励磁时，电枢便切割磁场产生涡流，涡流的方向如图 5-34（b）所示，电枢中涡流的路径如图 5-35 所示。

电枢中的涡流与磁极磁场相互作用产生电磁力和电磁转矩。电枢受到的力 F 的方向可用左手定则判定，由于 F 所产生的电磁转矩的方向与电枢的转向相反，因此对电枢而言，F 产生的是个制动力矩，需要依靠感应电动机的输出力矩克服此制动力矩，从而维持电枢的转动。

根据作用力与反作用力大小相等、方向相反的道理，离合器磁极所受到的力 F' 的方向与

F 相反，由 F' 所产生的电磁转矩驱使磁极转子并带动生产机械沿电枢转向以 n' 的速度旋转，显然 $n'<n$。电磁滑差离合器的工作原理和感应电动机的相似，电磁力矩的大小决定于磁极磁场的强弱和电枢与磁极之间的转差。因此当负载转矩一定时，若改变励磁电流的大小，则为使电磁力矩不变，磁极的转速必将发生变化，这就达到了调速的目的。

电磁离合器的具体结构形式有很多种，目前我国生产较多的是电枢为圆筒形铁芯（也称为杯形铁芯），磁极为爪形磁极。磁极铁芯分成相同的两部分。如图 5-36 所示为其中的一个部分。两部分互相交叉地安装在轴上，励磁线圈安装在两部分铁芯中间，每部分铁芯是一个极性，每一个爪就是一个极。

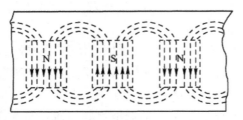

图 5-35　滑差离合器电枢内涡流的路径

图 5-36　爪形磁极铁芯

电磁调速感应电动机的型号为 JZT，在结构上分为组合式和整体式两种。前者用于 1～7 号机座，外型上明显地可以看出拖动电动机与离合器两大部分；后者用于 8～9 号机座，这时拖动电动机与离合器安装在一个机座内。

如图 5-37 所示为组合式结构的电磁调速感应电动机。其中测速发电机用来构成一个反馈系统以保证机械特性的硬度。

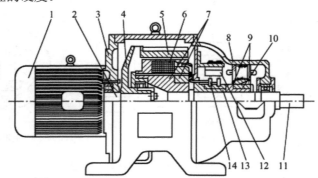

1—电动机；2—主动轴；3—法兰端盖；4—电枢；5—工作气隙；6—励磁线圈；7—磁极；
8—测速机定子；9—测速机磁极；10—永久磁铁；11—输出轴；12—刷架；13—电刷；14—集电环

图 5-37　电磁调速感应电动机

电磁调速感应电动机，最适用于恒转矩负载，它调速范围广（可达 10:1），而且调速平滑，可以实现无级调速且结构简单，操作方便。但因为离合器是利用电枢中的涡流与磁场相互作用而工作的，因此损耗较大、效率较低，尤其在低速时尤为严重，所以它不宜在低速下长期工作。

本 章 小 结

三相异步电动机的机械特性是指电动机的转速 n 与电磁转矩 T_{em} 之间的关系。由于转速 n 与转差率 s 有一定的对应关系，所以机械特性也常用 $T_{em}=f(s)$ 的形式表示。三相异步电动机的电磁转矩表达式有三种形式，即物理表达式，参数表达式和实用表达式。物理表达式反映了异步电动机电磁转矩产生的物理本质。参数表达式反映了电磁转矩与电源参数及电动机参数之间的关系，利用该式可以方便地分析参数变化对电磁转矩的影响和对各种人为特性的影响。实用表达式简单、便于记忆，是工程计算中常采用的形式。

电动机的最大转矩和启动转矩是反映电动机过载能力和启动性能的两个重要指标，最大转矩和启动转矩越大，则电动机的过载能力越强，启动性能越好。

三相异步电动机的机械特性是一条非线性曲线，以最大转矩（或临界转差率）为分界点，其线性段为稳定运行区，而非线性段为不稳定运行区。固有机械特性的线性段属于硬特性，额定工作点的转速略低于同步转速。人为机械特性曲线的形状可用参数表达式分析得出，分析时关键要抓住最大转矩、临界转差率及启动转矩这三个量随参数的变化规律。

小容量的三相异步电动机可以采用直接启动，容量较大的笼形电动机可以采用降压启动。降压启动分为定子串接电阻或电抗降压启动、Y/D 降压启动和自耦变压器降压启动。随着技术的发展，软启动、变频启动等高性能启动方法逐步得到应用。

笼形异步电动机各种启动方法的比较见表 5-1 所示。

绕线转子异步电动机可采用转子串接电阻或频敏变阻器启动，其启动转矩大、启动电流小，它适用于中、大型异步电动机的重载启动。

三相异步电动机有三种制动状态：能耗制动、反接制动（电源两相反接和倒拉反转）和回馈制动。这三种制动状态的机械特性曲线、能量转换关系及用途、特点等均与直流电动机制动状态类似。

各种制动方法的比较如表 5-2 所示。

表 5-2　三相异步电动机各种制动方法的比较

	能耗制动	反接制动		回馈制动
		定子两相反接	倒拉反转	
方法（条件）	断开交流电源的同时，在定子两相中通入直流电流	突然改变定子电源相序，使定子旋转磁场方向改变	定子按提升方向接通电源，转子串入较大电阻，电机被重物拖着反转	在某一转矩作用下，使电动机转速超过同步转速
能量关系	吸收系统储存的动能并转换成电能，消耗在转子电路电阻上	吸收系统储存的动能，作为轴上输入的机械功率并转换成电能后，连同定子传递给转子的电磁功率一起，全部消耗在转子电路电阻上	轴上输入机械功率并转换成电功率，由定子回馈到电网
优点	制动平稳、便于实现准确停车	制动强烈，停车迅速	能使位能负载在 $n<n_1$ 下稳定下放	能向电网回馈电能，比较经济
缺点	制动较慢，需要一套直流电源	能量损耗大，控制较复杂，不易实现准确停车	能量损耗大	在 $n<n_1$ 时不能实现回馈制动
应用场合	要求平稳、准确停车的场合；限制位能负载的下降速度	要求迅速停车和需要反转的场合	限制位能负载的下放速度，并在 $n<n_1$ 的情况下采用	限制位能负载的下放速度，并在 $n>n_1$ 的情况下采用

三相异步电动机的调速方法有变极调速、变频调速和变转差率调速，其中变转差率调速包括绕线转子异步电动机的转子串接电阻调速、串级调速和降压调速。变极调速是通过改变定子绕组接线方式来改变电机极数，从而实现电机转速的变化。变频调速是现代交流调速技术的主要方向，它的调速性能好。绕线转子电动机的转子串接电阻调速方法简单，易于实现，调速指标不是很好，但仍得到较多应用。串级调速克服了转子串接电阻调速的缺点，但设备复杂。异步电动机的降压调速主要用于风机类负载的场合或高转差率的电动机上。

各种调速方法的比较如表 5-3 所示。

表 5-3　三相异步电动机调速方案比较

调速方法 调速指标	改变同步转速 n_1		调节转差率 s			采用转差离合器（笼形电动机本身转速不调节）
	改变极对数（笼形）	改变电源频率（笼形）	转子串电阻（绕线转子）	串级（绕线转子）	改变定子电压（高转差笼形）	
调速方向	上、下	上、下	下调	上、下	下调	下调
调速范围	不广	宽广	不广	宽广	较广	较广
调速平滑性	差	好	差	好	好	好
调速相对稳定	好	好	差	好	较好	较好
适合的负载类型	恒转矩 Y/YY；恒功率 D/YY	恒转矩（f_N以下）；恒功率（f_N以上）	恒转矩	恒转矩恒功率	恒转矩通风机型	恒转矩通风机型
电能损耗	小	小	低速时大	小	低速时大	低速时大
设备投资	少	多	少	多	较多	较多

习　题　5

一、填空题

5.1　三相异步电动机固有机械特性是在_____、_____、_____条件下的特性。

5.2　固有机械特性曲线上的四个特殊点是_____、_____、_____、_____。

5.3　常用的人为机械特性曲线是_____和_____。

5.4　常用的降压启动方法有_____、_____、_____等。

5.5　降压启动在启动电流_____的同时_____什么也减小了。

5.6　绕线式异步电动机启动方法有_____和_____两种，其中控制简单的是_____方法。

5.7　能耗制动实现时应断开定子的_____电源，在_____加上_____电源，同时串_____。

5.8　电源两相反接反接制动的制动能源来自于_____和_____，其制动力较能耗制动更_____。

5.9　最常见的出现回馈制动的情况是_____和_____。

5.10　变极调速的调速范围_____，调速的平滑性_____，最突出的优点是_____，所以常被用于_____。

5.11　变频调速的优点有_____、_____、_____、_____、_____。

二、判断题（在括号内打"√"或打"×"）

5.12　转子串电阻人为机械特性的同步转速比固有机械特性的同步转速低。

5.13　定子串电阻降压启动由于可以减小启动电流，所以得到广泛应用。

5.14　转子串电阻启动既可以减小启动电流，又可以增大启动转矩。

5.15　转子串频敏变阻器启动适用于只有启动要求，而对调速要求不高的场所。

5.16　能耗制动可以用于限制反抗性负载的快速停车。

5.17　反接制动一般只用于小型电动机，且不常用于停车制动的场合。（　　）

5.18　反接制动准确平稳。（　　）

5.19　能耗制动制动力大，制动迅速。（　　）

5.20　回馈制动广泛应用于机床设备。（　　）

三、选择题（将正确答案的序号填入括号内）

5.21　下列选项中不满足三相异步电动机直接启动条件的是（　　）。

　　A．电动机容量在 7.5 kW 以下

B. 满足经验公式 $\dfrac{I_{st}}{I_n} < \dfrac{3}{4} + \dfrac{S_T}{4P_N}$

C. 电动机在启动瞬间造成的电网电压波动小于 20%

5.22　Y-D 降压启动适用于正常运行时为（　　）连接的电动机。

  A. D   B. Y   C. Y 和 D

5.23　功率消耗较大的启动方法是（　　）。

  A. Y-D 降压启动   B. 自耦变压器降压启动   C. 定子绕组串电阻降压启动

5.24　反抗性负载采用能耗制动停车后，（　　）。

  A. 立即断掉直流电源   B. 断直流电又重新加上交流电   C. 停车后可以不做其他电气操作

5.25　能实现无级调速的调速方法是（　　）。

  A. 变极调速   B. 改变转差率调速   C. 变频调速

5.26　转子串电阻调速适用于（　　）异步电动机。

  A. 笼形   B. 绕线式   C. 滑差

5.27　改变电源电压调速只适用于（　　）负载。

  A. 风机型   B. 恒转矩   C. 起重机械

5.28　下列方法中属于改变转差率调速的是（　　）调速。

  A. 改变电源电压   B. 变频   C. 变磁极对数

四、简答题

5.29　增加三相异步电动机的转子电阻对电动机的机械特性有什么影响？

5.30　三相异步电动机 Y-D 降压启动的特点是什么？适用于什么场合？

5.31　三相异步电动机自耦变压器降压启动的特点是什么？适用于什么场合？

5.32　简述绕线式异步电动机转子串频敏变阻器启动的工作原理。

5.33　三相笼型异步电动机有哪几种调速方法？各有哪些优缺点？

5.34　简述绕线式异步电动机转子串电阻调速的特点。

5.35　变频调速有什么优点？

5.36　简述转差离合器调速的特点。

5.37　简述三相异步电动机反接制动的特点及适用场合。

5.38　什么是负载倒拉反接制动？

5.39　简述能耗制动的工作原理、特点及适用场合。

5.40　回馈制动有什么优点？适用于什么场合？

5.41　三相异步电动机的电磁转矩与电源电压有什么关系？如果电源电压下降 20%，电动机的最大转矩和启动转矩将变为多大？

5.42　笼形异步电动机全压启动时，为何启动电流大，而启动转矩并不大？

五、计算题

5.43　一台绕线形异步电动机，P_N =7.5kW，U_N =380V，I_N =15.7A，n_N =1 460r/min，λ_m =3.0，T_0=0，求：（1）临界转差率 s_m 和最大转矩 T_{max}；（2）写出固有机械特性的实用表达式并绘出固有机械特性。

5.44　一台三相绕线式异步电动机，P_N =75kW，U_N =380V，I_N =148A，n_N =720r/min，η_N =90.5%，$\cos\varphi_N$=0.85，λ_m =2.4，E_{2N} =213V，I_{2N} =220A，求：（1）额定转矩；（2）最大转矩；（3）临界转差率；（4）求出固有机械特性曲线上的四个特殊点，并绘制固有机械特性曲线。

第6章 单相异步电动机

内容提要

单相异步电动机是指用单相交流电源供电的异步电动机。单相异步电动机具有结构简单、成本低廉、噪声小、使用方便、运行可靠等优点，因此广泛用于工业、农业、医疗和家用电器等方面，如电风扇、洗衣机、电冰箱、空调等家用电器等。

单相异步电动机与同容量的三相异步电动机相比较，体积较大，运行性能较差。因此，单相异步电动机一般只制成小容量的电动机，功率从几瓦到几千瓦。单相异步电动机在家用电器中的应用特别广泛，与人们的生活密切相关。

单相异步电动机有多种类型，目前应用较多的有电容分相式单相异步电动机和罩极式电动机，下面重点以电容分相式单相异步电动机为例进行介绍。

6.1 电容分相式单相异步电动机

电容分相式单相异步电动机的结构和工作原理

电容分相式单相异步电动机在结构上与三相笼形异步电动机类似，转子绕组也为一笼形转子。定子上嵌有两个在空间相差 90° 的单相绕组，一个单相绕组用于运行，称为工作绕组；另一个单相绕组用于启动，称为启动绕组，为了能产生旋转磁场，在启动绕组中还串联了一个电容器，其结构如图 6-1 所示。

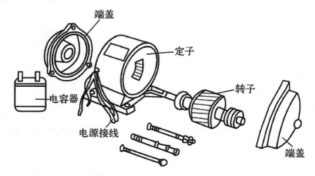

图 6-1 单相异步电动机结构图

电容分相式单相异步电动机的接线如图 6-2 所示。

当在电动机上加单相交流电压 U 时，由于工作绕组为感性负载，故工作绕组流过的电流 i_1 将滞后于电源电压一定角度 θ_A；而启动绕组中串联有电容器后，只要适当选择电容器的容量大小，可以做到使流过启动绕组的电流 i_2 超前电源电压一定角度 θ_B，并且使得 $\theta_A + \theta_B = 90°$，其相位和波形如图 6-3 所示。设这两个绕组中的电流分别为：

$$i_1 = I_m \sin \omega t , \qquad i_2 = I_m \sin(\omega t + 90°)$$

这两个电流所产生的磁场在空间分布的情况，可以根据这两个电流随时间变化而变化的情况得出。在图 6-4 中，假设 1 及 2 分别为两个绕组的首端、1′及 2′分别为两个绕组的末端；规定电流瞬时值为正时，电流从绕组首端流入，以符号"×"作为标记，反之以符号"·"作为标记。

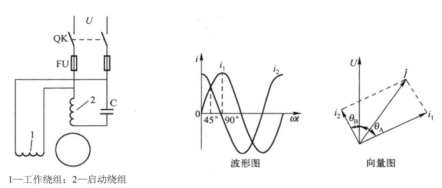

1—工作绕组；2—启动绕组

图 6-2　电容分相式单相异步电动机原理图　　图 6-3　两相电流波形图及向量图

当 $\omega t = 0°$ 时，$i_1 = 0$，$i_2 = I_m$。按规定标出绕组首、末端符号标记，即 2、2′分别用"·"、"×"标记，如图 6-4（a）所示，根据右手螺旋定则，可判断出两个单相电流所产生的合成磁场方向是水平向右的。同理，当 $\omega t = 90°$、$180°$、$270°$、$360°$时，可确定合成磁场方向如图 6-4（b）、（c）、（d）、（e）所示。从图 6-4 看出，当瞬时电流随时间变化一周时，合成磁场在空间顺时针旋转一圈。可见，气隙中的合成磁场是旋转磁场，单相异步电动机获得启动转矩而旋转。

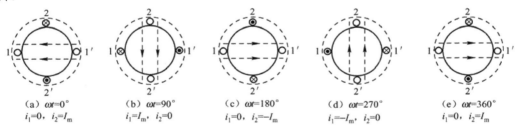

| (a) $\omega t = 0°$ | (b) $\omega t = 90°$ | (c) $\omega t = 180°$ | (d) $\omega t = 270°$ | (e) $\omega t = 360°$ |
| $i_1 = 0$, $i_2 = I_m$ | $i_1 = I_m$, $i_2 = 0$ | $i_1 = 0$, $i_2 = -I_m$ | $i_1 = -I_m$, $i_2 = 0$ | $i_1 = 0$, $i_2 = I_m$ |

图 6-4　电容分相式单相异步电动机旋转磁场的产生

如果定子的两个单相绕组中有一个绕组断开或电容器断开，电容分相式单相异步电动机不会获得启动转矩而旋转。因为，在单相绕组中通入单相变电流时，会产生一个交变的脉振磁场，这个交变的脉振磁场可以分解为两个振幅相等、速率相同、旋转方向相反的旋转磁场，这两个旋转磁场分别在转子中产生的两个电磁转矩大小相等、方向相反，不能使电动机启动。但是，如果用外力使电动机转子向某个方向转动一下，就打破了原有的磁场平衡，如果外力产生的转矩比电动机的阻转矩大，则转子朝外力方向旋转。

电容分相式单相异步电动机起动到稳定运行后，启动绕组可以切除，也可以不切除，分别称为电容启动电动机、电容运转电动机。在启动转矩要求较低的场合，启动绕组常常只串联电阻而不串联电容器，这种单相异步电动机称为电阻分相式单相异步电动机。

6.2 单相异步电动机的种类

单相异步电动机的启动绕组和工作绕组由同一单相交流电源供电，如何把这两个绕组中电流的相位分开是关键。单相异步电动机根据分相的方法不同可分为：单相电阻启动异步电动机，单相电容启动异步电动机，单相电容运行异步电动机，单相电容启动与运行异步电动机，单相罩极电动机等。

1．单相电阻启动异步电动机

图 6-5 是单相电阻启动异步电动机的原理图。单相电阻启动异步电动机的启动绕组匝数少，导线细；工作绕组匝数多，导线粗。两个绕组并连接在同一交流电源时，会流过不同相位的电流，启动绕组电流 I_2 超前于工作绕组电流 I_1 一个电角度，从而产生旋转磁场，获得启动转矩。当转速上升后，自动断开启动绕组，实行单相运行。单相电阻启动异步电动机常用于电冰箱的压缩机电动机中。为了增大启动绕组电流 I_2 与工作绕组电流 I_1 的相位差，启动绕组在绕制时，往往会反绕若干匝数，以便减少有效匝数，达到减小电抗、增大电阻的目的，修理电动机时特别要注意这种情况，否则无法启动。

2．单相电容启动异步电动机

如果在启动绕组中串入一个电容器，就构成了单相电容启动异步电动机，图 6-6 是它的原理线路图。由于电容器的作用，使启动绕组中的电流 I_2 超前于工作绕组电流 I_1 一定的相位差。当电容量合适时，可使相位差接近 $90°$。这样可使电动机在启动时获得最佳的旋转磁场。所以这种单相异步电动机的启动转矩较大，启动电流较小，启动性能最好。适用于各种满载启动的机械，如小型空气压缩机、木工机械等，在部分电冰箱压缩机中也采用。

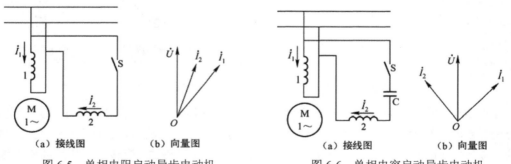

（a）接线图　（b）向量图	（a）接线图　（b）向量图
图 6-5　单相电阻启动异步电动机	图 6-6　单相电容启动异步电动机

上述两种电动机在启动过程接近结束时，离心开关 S 自动断开启动绕组，只留下工作绕组继续通电，工作在单相运行状态。由于启动绕组工作时间短，所以按短时工作制设计，线径较细，不能长期通电工作。

3．单相电容运行异步电动机

将单相电容启动异步电动机中的启动开关去掉，并将启动绕组的导线加粗，由短时工作方式变成长期运行方式，就组成了单相电容运行异步电动机，如图6-7所示。这时的启动绕组和电容器不仅在启动时起作用，运行时也起作用，这样可以提高电动机的功率因数和效率，所以这种电动机的工作性能最好。

单相电容运行异步电动机的电容器容量是根据运行性能确定的，容量较小，所以启动性能不如单相电容启动异步电动机好。但是由于这种电动机不要启动开关，电容量小，结构简单，价格低，工作可靠，运行性能好，所以广泛应用于电风扇、洗衣机等单相用电设备中。

4. 单相电容启动与运行异步电动机

为了使单相异步电动机有好的启动性能，应该在启动绕组中串入一个大容量的电容器；而好的运行性能只需一个小容量电容器。为了兼顾两者，可在启动绕组的回路中串入两个并联的电容器，其中容量较大的电容器串联一个启动开关，图6-8就是单相电容启动与运行异步电动机的接线原理图。启动时，两个电容器同时作用，电容量较大，电动机有较好的启动性能。当转速上升到一定程度时，开关S自动断开，只保留一个小电容器参与运行，确保运行时有较好的性能。由此可见，单相电容启动与运行异步电动机，虽然结构复杂、成本较高，但各种性能是最好的，所以适用于空调、小型空气压缩机等功率较大的设备中。

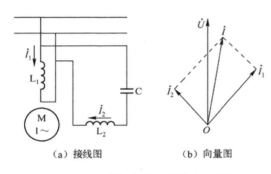

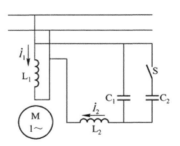

图6-7 单相电容运行异步电动机 　　　图6-8 单相电容启动与运行异步电动机

5. 单相罩极式异步电动机

单相罩极式异步电动机是结构最简单的一种单相异步电动机。按磁极形式不同可分为凸极式和隐极式两种。凸极式按绕组形式又可分为集中绕组和分布绕组两种，转子都采用笼形结构，如图6-9所示。

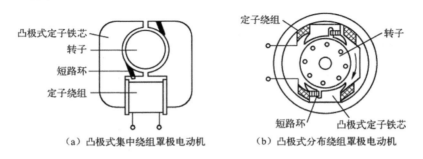

（a）凸极式集中绕组罩极电动机　　　（b）凸极式分布绕组罩极电动机

图6-9 单相罩极式异步电动机结构

单相罩极式异步电动机在每个磁极的 1/4～1/3 处开有小槽，将磁极分成两部分。在极面较小的那部分磁极上套装铜制短路环，就好像把这部分磁极罩起来一样，所以称罩极式电动机。

当罩极式电动机的定子绕组通入单相交流电后，在气隙中会形成一个连续移动的磁场，使笼形转子受力而旋转。在交流电上升过程中，磁通量增加，根据楞次定律，短路环中产生感应电动势和电流，阻止磁通进入短路环，这时的磁通主要集中在磁极的未罩部分，如图 6-10中所示的电流时刻①和磁通方向①所示。交流电达最大值时，电流和磁通量基本不变，短路环中的电动势和电流很小，基本上不起作用，磁通在整个磁极中均匀分布，如图 6-10 中所示的电流时刻②和磁通方向②所示。交流电下降过程中，磁通量减少，根据楞次定律，短路环中的电动势和电流阻止磁通量减少，使每个磁极中的磁通集中在被罩部分，如图 6-10 中所示的电流时刻③和磁通方向③所示。交流电改变方向后，磁通同样由磁极的未罩部分向被罩部分移动。这样转子就跟着磁场移动的方向转动起来。

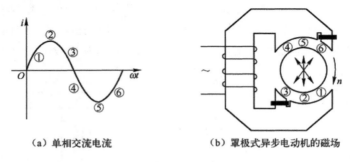

（a）单相交流电流　　　　　（b）罩极式异步电动机的磁场

图 6-10　单相罩极式异步电动机的工作原理

罩极式电动机的主要优点是结构简单，制造方便、成本低，便于自动化流水线生产，主要缺点是启动性能和运行性能都较差；转向只能由未罩部分向被罩部分旋转。主要用于小功率空载启动的场合。如微型电风扇、仪器仪表的风扇、电吹风等。

6.3　单相异步电动机的运行性能

6.3.1　单相异步电动机的反转

要使单相异步电动机反转必须使旋转磁场反转，从两相旋转磁场的原理可以看出，有两种方法可以改变单相异步电动机的转向。

1．将工作绕组或启动绕组的首末端对调

因为单相异步电动机的转向是由工作绕组与启动绕组所产生磁场的相位差来决定的，一般情况下，启动绕组中的电流超前于工作绕组的电流，从而启动绕组产生的磁场也超前于工作绕组，所以旋转磁场是由启动绕组的轴线转向工作绕组的轴线。如果把其中一个绕组反接，等于把这个绕组的磁场相位改变 180°，若原来启动绕组的磁场超前工作绕组 90°，则改接后变成滞后 90°，所以旋转磁场的方向也随之改变，转子跟着反转。这种方法一般用于不需要频繁反转的场合。

2．将电容器从一个绕组改接到另一个绕组

在单相电容运行异步电动机中，若两相绕组做成完全对称，即匝数相等，空间相位相差
90°电角度，则串联电容器的绕组中的电流超前于电压，而
不串联电容器的那相绕组中的电流落后于电压。旋转磁场的
转向由串联电容器的绕组转向不串联电容器的绕组。电容器
的位置改接后，旋转磁场和转子的转向自然跟着改变。用这
种方法来改变转向，由于电路比较简单，所以用于需要频繁
正反转的场合。洗衣机中常用的正、反转控制电路如图 6-11
所示。

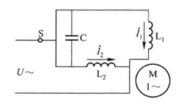

图 6-11　洗衣机正、反转控制电路

单相罩极式电动机和带有离心开关的电动机，一般不能改变转向。

6.3.2　单相异步电动机的调速

单相异步电动机与三相异步电动机一样，转速的调节也比较困难。如果采用变频调速则
设备复杂；成本高。因此，一般只采用简单的降压调速。

1．串电抗器调速

将电抗器与电动机定子绕组串联，利用电流在电抗器上产生的压降，使加到电动机定子
绕组上的电压低于电源电压，从而达到降低电动机转速的目的。因此用串电抗器调速时电动
机的转速只能由额定转速往低调。图 6-12 为吊扇串电抗器调速的电路图，改变电抗器的抽头
连接可得到不同挡次的转速。

2．定子绕组抽头调速

为了节约材料、降低成本，可把调速电抗器与定子绕组做成一体。由单相电容运行异步
电动机组成的台扇和落地扇，普遍采用定子绕组抽头调速的方法。这种电动机的定子铁芯槽
中嵌放有工作绕组 11，启动绕组 12 和调速绕组 13，通过调速开关改变调速绕组与启动绕组
及工作绕组的接线方法，从而改变电动机内部旋转磁场的强弱，实现调速的目的。图 6-13 是
台扇定子绕组抽头调速的原理图。

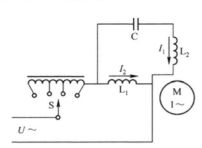　　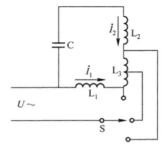

图 6-12　串电抗器调速　　　　　图 6-13　台扇定子绕组抽头调速

这种调速方法的优点是不需要电抗器、节省材料、耗电少。缺点是绕组嵌线和接线比较
复杂，电动机与调速开关之间的连线较多，所以不适合于吊扇。

3．双向晶闸管调速

如果去掉电抗器，又不想增加定子绕组的复杂程度，单相异步电动机还可采用双向晶闸

管调速。调速时，旋转控制线路中的带开关电位器，就能改变双向晶闸管的控制角，使电动机得到不同的电压，达到调速的目的，如图 6-14 所示。具体的线路和原理将在电子技术的内容中介绍。这种调速方法可以实现无级调速，控制简单，效率较高。缺点是电压波形差，存在电磁干扰。目前这种调速方法常用于吊扇上。

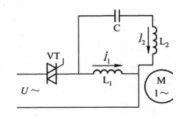

图 6-14　双向晶闸管调速

6.3.3　家电中常用的单相异步电动机

在日常生活中，很多家用电器中均配备有电动机，如洗衣机、电冰箱、电风扇、抽排油烟机等家用电器，除此也广泛应用于电动工具、医用机械和自动化控制系统中。这些设备中的电动机均有一个共同特点：功率不大、使用单相交流电源。

1．家用电风扇中的单相电动机

电风扇的种类很多、规格各异，它的功能由于它的不同场合而不同。但是作为电风扇的主要功能就是送风、吹凉，尽管它的型号很多，原理与结构则基本上是相同，其中电动机是电风扇的心脏部分，其性能指标，基本上就决定了电风扇的质量高低。

电风扇用的电动机可分为交流电动机和直流电动机，一般使用的有单相电容运转异步电动机、罩极式电动机、交直流电动机和直流电动机等，其中单相电容运转异步电动机占绝大多数。

电风扇多采用图 6-12 所示的调速控制方式，利用电抗器降压进行调速，调速电路中串入具有抽头的电抗器，当转速开关 S 处于不同位置时，电抗器的电压降不同，使电动机端电压改变而实现有级调速。

2．电冰箱中的单相电动机

电冰箱要求电动机具有启动转矩大、高功率因数、高效率等性能。图 6-15 为电冰箱电路控制系统图，采用了电阻分相式单相异步电动机。

3．洗衣机中的单相电动机

洗衣机是以电动机为动力，驱动波轮或滚筒等搅拌类的轮盘，形成特殊的水流以除去衣物之污垢。洗衣机的类型很多，按照水流情况分类可分为波轮式、滚桶式和搅拌式。其中大多采用波轮式洗衣机。

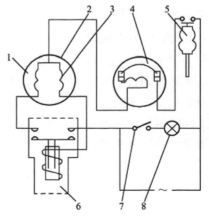

1—自动绕组组成部分；2—压缩机电动机；3—工作绕组；
4—保护继电器；5—温度控制器；6—照明灯；
7—门灯开关；8—启动继电器

图 6-15　电冰箱电路控制系统图

波轮式洗衣机的洗涤用电动机和脱水用电动机均属单相电容运转电动机，该电机额定电压均为 220V，额定转速约在（1360～1400）r / min 之间，输出功率为 90～370W，效率约为 49%～62%。洗衣机用电动机的两相绕组一般都是完全对称的。洗涤时电动机需要自动正、反转工作。

4．电动工具中的应用

分相电动机启动电流倍数为 6～7，启动转矩倍数为 1.2～2，功率因数为 0.4～0.75，它的主要优点是价格低、应用广泛；缺点是启动电流大、启动转矩较小。在工厂中通常用于启动转矩较小的动力设备上，如钻床、研磨机、搅拌机等。

电容启动式电动机电流倍数为 4～5，启动转矩倍数为 1.5～3.5，功率因数为 0.4～0.75，它的主要优点是启动转矩较大；缺点是造价稍高、启动电流较大，主要用于启动转矩要求大的场合，如井泵、冷冻机、压缩机等。

习 题 6

一、填空题

6.1 单相罩极电动机的主要特点是_____、方便、成本低、运行时噪声小、维护方便。罩极电动机的主要缺点是启动性能及运行性能较差，效率和功率因数都较低，方向_____改变。

6.2 如果在单相异步电动机的定子铁芯上仅嵌有一组绕组，那么通入单相正弦交流电时，电动机气隙中仅产生_____磁场，该磁场是没有_____的。

6.3 单相电容运行电动机的结构_____，使用维护方便，堵转电流小，有较高的效率和功率因数；但启动转矩较_____，多用于电风扇、吸尘器等。

6.4 电容启动电动机具有_____的启动转矩（一般为额定转矩的 1.5～3.5 倍），但启动电流相应增大，适用于_____启动的机械，如小型空压机、洗衣机、空调器等。

二、判断题（在括号内打"√"或打"×"）

6.5 气隙磁场为脉动磁场的单相异步电动机能自行启动。（   ）

6.6 单相罩极异步电动机具有结构简单、制造方便等优点，所以广泛应用于洗衣机中。（   ）

6.7 单相电容启动异步电动机启动后，当启动绕组开路时，转子转速会减慢。（   ）

6.8 单相电容运行异步电动机，因其主绕组与副绕组中的电流是同相位的，所以称为单相异步电动机。（   ）

6.9 离心开关是较常用的启动开关，一般安装在电动机端盖边的转子上。（   ）

三、选择题（将正确答案的序号填入括号内）

6.10 目前，国产洗衣机中广泛应用的单相异步电动机大多属于（   ）。

    A．单相罩极异步电动机   B．单相电容启动异步电动机   C．单相电容运行异步电动机

四、简答题

6.11 简述单相电容运行异步电动机的启动原理。

6.12 比较单相电容运行、单相电容启动、单相电阻启动异步电动机的运行特点及使用场合。

6.13 试比较两相、三相交流绕组所产生磁通的相同点和主要区别，他们与直流绕组所产生的磁通又有什么不同？

6.14 若不采取其他措施，单向异步电动机能否自行启动？为什么？

6.15 一台单向电容运转式台式风扇，通电时有振动，但不能转动，如用手正拨或反拨扇叶时，则都会转动且转速较高，这是为什么？

第7章 同步电动机

内容提要

本章简要地介绍了同步电动机的基本结构和基本工作原理。简要地分析了同步电动机的功角特性及 V 形曲线、启动方法、调速方法以及同步电动机的应用。

图 7-1 大型同步电动机外形结构

转子的转速始终与定子旋转磁场的转速相同的交流电机称为同步电机。火力发电厂和水力发电站中的发电机一般都采用三相同步发电机；而同步电动机主要用于大容量、恒转速的电力驱动设备中，如图 7-1 所示。虽然同步电机在工矿企业中的应用没有三相异步电动机那么广泛，但是由于它容量大、用电量大、对电网运行的功率因数有重要影响。作为一名电气技术人员，必须对它的结构特点、性能用途和使用方法有一定的了解。

7.1 同步电机的种类及用途

同步电机按照转子结构不同可分为凸极式和隐极式两大类，如图 7-2 所示。同步电机按照用途不同可分为发电机、电动机和调相机三大类。

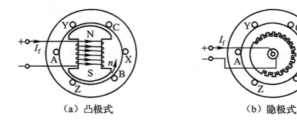

（a）凸极式   （b）隐极式

图 7-2 同步电动机结构示意图

1. 发电机

同步发电机有以下四种。

（1）汽轮发电机。以汽轮机或燃气轮机等高速动力机械作为原动机。通常转速为 3000r/min 或 1500r/min。

（2）水轮发电机。以水轮机作为原动机，发电机体积较大，转速较低，通常转速为（500～1500）r/min。

（3）柴（汽）油发电机。以柴（汽）油机作为原动机，功率较小，发电成本较高，转速（250～3000）r/min，容量从几千瓦到数千千瓦。

（4）中频发电机。频率范围 100～10000Hz，功率 2～1000kW。

2．电动机

若交流电网的频率恒定，则同步电动机的转速也为恒定值，不受负载变动的影响，其机械特性如图 7-3 所示。同步电动机的功率因数可通过改变励磁电流来调节，励磁电流较大时，可以改善电网的功率因数。

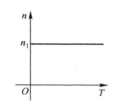

图 7-3　同步电动机的机械特性

3．调相机

同步电动机不带机械负载，专门用于调节功率因数时称为调相机。它通过改变励磁电流来改善电网的功率因数。

7.2　同步电动机的结构

同步电动机的结构分为定子、转子和气隙三大部分。与感应电动机相同，同步电动机的定子端也叫做电枢端，同步电动机的转子端称为励磁端，这种命名的方法主要是沿用了同步发电机的命名方法。需要注意的是，这种命名法与他励直流电动机的命名法正好相反，大家不要混淆。

1．同步电动机的定子

同步电动机的定子部分与三相感应电动机的定子基本相同，由定子铁芯、定子绕组、端盖以及机座组成。定子铁芯由硅钢片叠成，定子（电枢）绕组是三相对称交流绕组，端盖和机座主要用来防止灰尘和固定电动机。

2．同步电动机的转子

同步电动机的转子根据其形状的不同可以分为凸极式转子和隐极式转子两大类。凸极式转子的形状有明显的凸出的磁极，其周围的气隙和磁场不均匀，如图 7-2 所示。转子铁芯主要由磁极、磁轭、绕组及转轴组成。直流的励磁电流通过电刷和滑环送入励磁（转子）绕组，使转子中产生稳定磁场。除励磁绕组外，凸极式同步电动机还装有阻尼绕组，类似于感应电动机的笼型绕组，用以减少转子转速的振荡，有时也作为启动绕组使用。隐极式同步电动机的转子铁芯一般采用高强度导磁性能好的合金钢制成，整个转子形成一个类似齿轮的形状，没有凸出的磁极，在转子圆周所开的小槽中嵌放绕组，如图 7-2 所示。

一般来讲，同步电动机的转子大多做成凸极式的，少数高速电动机才做成隐极式的；而由汽轮机驱动的同步发电机则大多都做成隐极式的转子。

3．同步电动机的励磁方式

供给同步电动机转子端直流电的装置称为励磁系统。一般有两种形式：一种叫直流励磁机励磁；一种叫整流励磁。

（1）直流励磁机励磁是采用一台并励或串励直流电动机，然后使两台电动机的轴相互对接，从而构成了一个内环系统的励磁方式。由于构成了一个闭环控制，这种励磁方式一般都有自动调节的功能。

（2）整流励磁是将电网或其他的交流电源经过整流以后，送入电动机励磁绕组的。整流方式有可控整流方式，也有不可控整流方式，同样构成一个自动调节的闭环系统。目前无刷励磁系统在很多方面都有使用，有兴趣的读者可以查阅相关资料。

3．同步电动机的铭牌数据

同步电动机的铭牌数据一般如下：

（1）额定容量 S_N（或额定功率 P_N）：额定容量是指电动机的视在功率，包括有功功率和无功功率，单位是 kV·A；额定功率一般为有功功率，单位是 kW，对于电动机来说，这个功率是指机械功率，而对于发电机来讲，这个功率是指输出的有功功率。总之，额定功率必定是指电机的输出功率。

（2）额定电压 U_N：是指在电动机正常运行时加在电动机定子端口上的三相线电压，单位为 V 或 kV。

（3）额定电流 I_N：是指在电动机正常运行时，流过电动机定子三相对称绕组的线电流，单位为 A。

（4）额定频率 f_N：是指流过定子绕组交流电的频率，我国的标准市电频率为 50Hz。

（5）额定功率因数 $\cos\varphi_N$：是指电动机在正常运行时的功率因数。一般来讲，同步发电机的额定功率因数为 0.8。

（6）额定转速 n_N：是指电动机在正常运行时转子的转速，也就是同步速 n_1，单位为 r/min。

除此之外，还有一些电动机的铭牌上标有：额定效率 η_N、额定励磁电压 U_N、额定励磁电流 I_N 等参数。

7.3 同步电动机的工作原理

同步电机也是一种可逆电机，既可以作为电动机运行，又可以作为发电机运行。

同步电机作为电动机运行时，当定子三相对称绕组通入频率为 f_1 的三相交流电时，将产生旋转磁场，其转速为同步转速 $n_1=60f_1/p$，旋转方向取决于三相电流的相序。转子绕组通入直流励磁电流后，将产生相对于转子静止的恒定磁场。定子与转子具有相同的磁极对数，根据磁极异性相吸原理，定子、转子的磁场之间就会产生电磁转矩，使转子跟随旋转磁场一起同步转动。也就是说，转子转动的速度与旋转磁场的速度相同，即 $n=n_1$，所以称为同步电动机。同步电动机运行中，即使空载时，轴上也存在一定的阻力，因此转子的磁极轴线总要滞后于定子旋转磁场的磁极轴线一个很小的角度 θ，这个角度 θ 称为功率角或功角。可用同步电动机展开表示，如图 7-4 表示。负载增大时，θ 角也变大，电磁转矩随之增大，电动机仍然保持同步工作状态。当然，负载若超

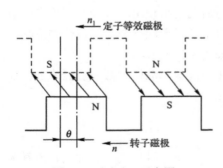

图 7-4　功率角 θ 示意图

过异性磁极的最大吸引力，转子就无法正常运转，出现"失步"现象。

同步电机作为发电机运行时，当励磁绕组通入直流电后，转子立即建立恒定磁场。用原动机驱动转子以同步转速 n_1 旋转时，定子三相对称绕组切割转子磁场而产生三相对称交流感应电动势，其频率为 $f_1=60n_1/p$。将原动机输入的机械能转化为电能，输出到用电器。

7.4 同步电动机的功角、矩角特性

同步电动机接在电网上运行时，当功率角 θ 变化时，电磁功率 P_M 和电磁转矩 T 也随之发生变化。因此，功率角 θ 是同步电动机的一个重要参数。在恒定励磁电流和恒定电网电压时，电磁功率 P_M 和电磁转矩 T 与功率角 θ 的正弦值成正比，把 $P_M=f(\theta)$ 的关系称为同步电动机的功角特性，其数学表达式（隐极式）为：

$$P_M = \frac{3E_0U}{X_C}\sin\theta$$

式中，E_0——定子绕组的感应电动势；

$\quad\quad U$——定子绕组的相电压；

$\quad\quad X_C$——定子绕组的等效电抗，也称同步电抗。

将上式两边同除以角速度 ω，即可得到电磁转矩的表达式为：

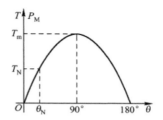

图 7-5 功角特性和矩角特性（隐极式）

$$T = \frac{3E_0U}{\omega X_C}\sin\theta$$

上式称为同步电动机的矩角特性。

功角特性 $P_M=f(\theta)$ 和矩角特性 $T=f(\theta)$ 的曲线如图 7-5 所示。

同步电动机额定运行时，$\theta_N=20°\sim30°$。当 $\theta_N=90°$ 时，$P_M=P_m$，$T=T_m$，均达到了最大值；当 $\theta>90°$ 时，会出现"失步"现象，同步电动机无法正常工作。同步电动机中最大电磁转矩与额定电磁转矩的比值称为过载能力 λ，即：

$$\lambda = \frac{T_m}{T_N} = \frac{1}{\sin\theta_N}$$

由于 $\theta_N=20°\sim30°$，因此 $\lambda=2\sim3$，在过载能力范围内，电动机有足够的能力不致失步。

7.5 同步电动机的 V 形曲线

同步电动机的 V 形曲线是指电网电压、频率恒定，电动机输出功率不变的条件下，定子输入电流 I 与转子励磁电流 I_f 之间的关系曲线，即 $I=f(I_f)$，如图 7-6 所示。

当转子励磁电流 I_f 较小时，定子输入电流 I 中包含大量用于产生磁场的无功分量，功率因数是滞后的，称为欠励状态。当转子励磁电流 I_f 合适时，定子电流 I 全部用于产生电磁功率和电磁转矩，此时功率因数 $\cos\varphi=1$，定子电

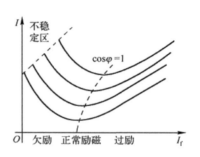

图 7-6 同步电动机的 V 形曲线

流最小，称为正常励磁状态。而励磁电流 I_f 过大时，转子磁场过强，定子电流 I 中包含一些用于削弱磁场的无功分量，因此功率因数是超前的，此时称为过励状态。同步电动机欠励或过励越严重，定子电流越大。

当电动机的负载增大时，在相同的励磁电流条件下，定子电流增大，对应的 V 形曲线向右上方移动。

同步电动机负载不变，减小励磁电流时，由于转子磁场的削弱，对应的功率角 θ 则增大，过载能力降低。这样，在某一负载下，励磁电流减小到一定程度时，θ 角大于 90°，隐极式同步电动机就不能同步运行。

由于电网上的负载大多是感性的，因此，同步电动机工作在过励状态时，可以提高功率因数，这是同步电动机的最大优点。所以为了改善电网的功率因数和提高电机的过载能力，同步电动机的额定功率因数为 1～0.8（超前）。

7.6 同步电动机的启动

同步电动机运行在同步转速的时候才能产生恒定转矩。如果仅定子端通以额定电枢电流，转子中加励磁，定子中的磁场以同步转速进行旋转，此时转子产生的转矩是一个脉振转矩，其均值为零，因此同步电动机不能够自行启动，须另外使用辅助方法才能使电动机启动运转。一般来讲，同步电动机的启动方法大致分为三种：辅助电动机启动、异步启动、变频启动。

1．辅助电动机启动

顾名思义，这种启动方法必须要有另外一台电动机作为启动的辅助电动机才能工作。考虑到电网以及其他一些工程问题，辅助电动机一般采用功率较小的感应电动机。在启动时，辅助电动机首先开始运转，将同步电动机的转速拖动到接近同步转速时，给同步电动机加入励磁并投入电网运行。由于辅助电动机的功率一般较小，故而这种启动方法只适用于空载启动。

2．异步启动

这种启动方法是在同步电动机的结构上做文章。在同步电动机的主极上设置类似感应电动机的笼型绕组，称为启动绕组。在启动时，先将转子端的励磁断开，电枢接额定电网，这时笼型启动绕组自行闭合，启动绕组中产生感应电流以及转矩，相当于一台小型笼型感应电动机，电动机转子就启动运行起来了，这个过程叫做异步启动。当转速接近同步转速时，将励磁电流通入转子绕组，电动机就可以同步运转，这个过程叫做牵入同步。

3．变频启动

由于电力电子技术的不断发展，变频器、变频电源的广泛使用，这种启动方法越来越显示出其优点。变频启动是首先将定子电枢的频率降低，并在转子端加上励磁，这时电动机将会逐渐启动并低速运转，待其进入稳定运行状态后逐渐升高其电枢频率，电动机转速进一步升高，如此反复交替，直至电动机的转速达到同步转速。

变频控制的方法由于将同步电动机的启动、调速以及励磁等诸多问题放在一起解决，显示了其独特的优越性，业已成为当前同步电动机电力拖动的一个主流。

7.7 同步电动机的调速

同步电动机始终以同步转速进行运转，没有转差，也没有转差功率，而同步电动机转子极对数又是固定的，不能有变极调速，因此只能靠变频调速。在进行变频调速时同样考虑恒磁通的问题，所以同步电动机的变频调速也是电压频率协调控制的变压变频调速。

在同步电机的变压变频调速方法中，从控制的方式来看，可分为他控变压变频调速和自控变压变频调速两类。

1. 他控变压变频调速系统

使用独立的变压变频装置给同步电动机供电的调速系统称作他控变压变频调速系统。变压变频装置同感应电动机的变压变频装置相同，分为交-直-交和交-交变频两大类。对于经常在高速运行的电力拖动场合，定子的变压变频方式常用交-直-交电流型变压变频器，其电动机侧变换器（即逆变器）比给感应电动机供电时更简单。对于运行于低速的同步电动机电力拖动系统，定子的变压变频方式常用交-交变压变频器（或称周波变换器），使用这样的调速方式可以省去庞大的机械传动装置。

2. 自控变压变频调速系统

自控变压变频调速是一种闭环调速系统。它利用检测装置，检测出转子磁极位置的信号，并用来控制变压变频装置换相，类似于直流电动机中电刷和换向器的作用，因此也称作无换向器电机调速，或无刷直流电机调速。但它绝不是一台直流电动机。与感应电动机相对应，对同步电动机拖动系统的控制，近年来也采用了向量控制的方法：基于同步电动机的状态空间数学模型，运用现代控制理论、状态估计理论等先进的控制方法，对同步电动机的电力拖动系统进行有效的控制，取得了很多成果，有兴趣的读者可以去查阅相关资料。

7.8 同步电动机应用

直流电动机有优良的控制性能，其机械特性和调速特性均为平行的直线，这是各类交流电动机所没有的特性。此外，直流电动机还有启动转矩大、效率高、调速方便、动态特性好等特点。优良的控制特性使直流电动机在 20 世纪 70 年代前的很长时间里，在有调速、控制要求的场合，几乎成了唯一的选择。但是，直流电动机的结构复杂，其定子上有励磁绕组产生主磁场，对功率较大的直流电动机常常还装有换向极，以改善电机的换向性能。直流电动机的转子上安放电枢绕组和换向器，直流电源通过电刷和换向器将直流电送入电枢绕组并转换成电枢绕组中的交变电流，即进行机械式电流换向。复杂的结构限制了直流电动机体积和重量的进一步减小，尤其是电刷和换向器的滑动接触造成了机械磨损和火花，使直流电动机的故障多、可靠性低、寿命短、保养维护工作量大。换向火花既造成了换向器的电腐蚀，还是一个无线电干扰源，会对周围的电器设备带来有害的影响。电机的容量越大、转速越高，问题就越严重。所以，普通直流电动机的电刷和换向器限制了直流电动机向高速度、大容量的发展。

在交流电网上，人们还广泛使用着交流异步电动机来拖动工作机械。交流异步电动机具有结构简单、工作可靠、寿命长、成本低、保养维护简便的特点。但是，与直流电动机相比，它调速性能差、启动转矩小、过载能力和效率低。其旋转磁场的产生需从电网吸取无功功率，故功率因素低，轻载时尤甚，这增加了线路和电网的损耗。长期以来，在不要求调速的场合，例如风机、水泵、普通机床的驱动中，异步电动机占有主导地位，当然这类拖动中，无形中损失了大量电能。

现代工农业中的驱动电动机常用的有交流异步电动机、有刷直流电动机和永磁同步电动机（包括无刷直流电动机）三大类，它们的综合特性比较见下表所示。

表　交流异步电动机、有刷直流电动机、永磁同步电动机综合性能比较

指标＼类型	机械特性	过载能力	可控性	平稳性	噪声	电磁干扰	维修性	寿命	体积	效率	成本
交流异步电动机	软	小	难	较差	较大	小	易	长	大	低	低
有刷直流电动机	软	大	易	较好	大	严重	难	短	较小	高	较高
永磁同步电动机	硬	大	易	好	小	小	易	长	小	高	较高

习　题　7

7.1　同步电动机主要由哪几个部分组成？

7.2　θ 角的物理意义是什么？

7.3　同步电动机有哪几种调速方法？

7.4　同步电动机的输出转矩是否随直流励磁电流的增大而增大？

7.5　如何使同步电动机获得超前的功率因数？应注意什么问题？

7.6　同步电动机有哪几种启动方法？启动时须注意哪些问题？

第8章　电动机的选择

内容提要

电动机的合理选择是保证电动机安全、可靠、经济运行的最重要环节。电动机的选择包括：电动机的额定功率、电动机的种类、电动机的结构形式、电动机的额定电压、电动机的额定转速等。

电动机额定功率的选择是电动机选择中的主要内容，额定功率选择小了，电动机处于过载下运行，发热量过大，造成电动机损坏或寿命降低，还会造成启动困难。如果额定功率选择过大，不仅增大投资，而且运行的效率和功率因数都会降低，不经济。因此合理选择额定功率具有很现实的意义。

8.1　电动机额定功率的选择

额定功率选择的原则是：所选额定功率要能满足生产机械在拖动的各个环节（启动、调速、制动等）对功率和转矩的要求并在此基础上使电动机得到充分利用。

额定功率选择的方法是：根据生产机械工作时负载（转矩、功率、电流）大小变化特点，预选电动机的额定功率，再根据所选电动机额定功率校验过载能力和启动能力。

电动机额定功率大小是根据电动机工作发热时其温升不超过绝缘材料的允许温升来确定的，其温升变化规律与工作特点有关，同一台电动机在不同工作状态时的额定功率大小是不相同的。

8.1.1　电动机的发热与冷却

1. 电动机的发热

电动机工作时，其内部主要有铁损耗、铜损耗及机械损耗，这些损耗是以发热的形式表现出来的，使电动机发热温度升高。当电动机的负载和转速一定时，其内部的发热量在单位时间内是恒定的。电动机工作时，其内部产生的热量有两方面的作用，一方面由电动机吸收使其本身的温度升高，另一方面向周围环境散热。可以用以下公式表示这一热平衡关系：

发热量=吸热量+散热量

电动机温度的升高，就产生了与周围环境的温度差。我们将电动机本身的温度与标准环境温度（40℃）的差值称为温升，用 τ 表示。当电动机的温度升高到某一数值时，电动机内部所增加的发热量全部向周围环境散发，电动机本身的温度不再升高，即温度达到了稳定值。电动机的温度达到稳定值时的状态称为热稳定状态，对应的温度值称为稳态温度，对应的温升称为稳态温升。

电动机的温升变化过程可以用下列方程式表示:

$$\tau = \tau_{\mathrm{w}} + (\tau_0 - \tau_{\mathrm{w}}) \mathrm{e}^{-t/T} \tag{8-1}$$

式中,　τ_{w}——稳态温升;

τ_0——初始温升,即温升开始变化时的数值;

t——温升变化时间;

T——热时间常数。

热时间常数 T 只与电动机的体积和本身结构有关,它的大小反映了电动机达到热稳定状态前的温升变化速度,即热惯性。T 越小,温升变化越快;T 越大,温升变化越慢。

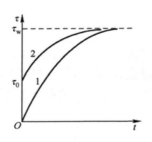

图 8-1　电动机发热过程的温升变化曲线

根据式(8-1)可以做出电动机发热过程的温升变化曲线,如图 8-1 所示。可见,电动机的温升是按指数规律变化的。曲线 1 对应于电动机初始温升为零的情况,即温升从电动机启动时开始升高。曲线 2 对应于电动机初始温升不为零的情况,即温升从电动机的负载增加时开始升高。由图 8-1 看出,发热过程开始时,初始温升较小,即电动机与周围环境的温度差较小,向周围环境散发的热量较少,电动机内部产生的热量大部分被电动机吸收,使电动机的温升增加较快。初始温升越小,温升增加得越快。随着温升的增加,电动机与周围环境的温度差逐步增大,向周围环境散发的热量随之逐步增加,使电动机的温升增加速度逐步减慢。如此一直到使电动机的温升达到稳定值,发热过程结束。

在构成电动机的所有材料中,绝缘材料的耐热性能是最差的,而绝缘材料又是电动机中最重要的材料之一。电动机工作时,如果绝缘材料因温度过高而损坏,那么电动机的绕组中将出现匝间或相间短路现象,使电动机不能正常运行,甚至被烧毁。各种绝缘材料的耐热性能不尽相同。为使电动机能达到正常的使用年限(约为 20 年),规定了各种绝缘材料的工作温度不能超过某一数值,即不能超过允许的最高工作温度值。通常将各种绝缘材料对应的允许最高工作温度值用绝缘材料等级来表示,电动机有 A,E,B,F,H 5 级,见表 8-1 所示。

表 8-1　电动机绝缘材料等级

等级	绝 缘 材 料	允许最高温度(℃)
A	用普通绝缘漆浸渍处理的棉纱、丝、纸及普通漆包线的绝缘漆	105
E	环氧树脂、聚酯薄膜、青壳纸、三醋酸纤维薄膜、高强度漆包线的绝缘漆	120
B	云母、玻璃纤维、石棉(用有机胶粘合或浸渍)	130
F	云母、玻璃纤维、石棉(用合成胶粘合或浸渍)	155
H	云母、玻璃纤维、石棉(用硅有机树脂粘合或浸渍)	180

电动机工作时,如果其内部温度超过绝缘材料允许的最高工作温度值时,绝缘材料的老化速度将加快。超过的温度差值越大,绝缘材料的老化速度越快。当电动机的温度太高时,绝缘材料将被烧坏。

2．电动机的冷却

当初始温升大于稳态温升时的温升变化过程，就是电动机的冷却过程。根据式（8-1）可以做出电动机冷却过程的温升变化曲线，如图 8-2 所示。曲线 1 对应于电动机稳态温升为零的情况，即温升从电动机脱离电源时开始降低，直至降到零。曲线 2 对应于电动机稳态温升下降到某一稳态温升值的情况，即温升从电动机负载减小时开始降低，直至降到负载减小后所对应的稳态温升值。由图 8-2 看出，冷却开始时，初始温升较大，即电动机与周围环境的温度差较大，向周围环境散发的热量较多，使电动机的温升降低较快。随着温升的降低，电动机与周围环境的温度差逐步减小，向周围环境散发的热量随之逐步减少，使电动机的温升下降速度逐步减慢。如此一直到使电动机的温升达到稳态值，冷却过程结束。

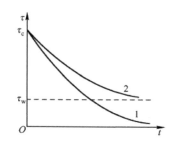

图 8-2　电动机冷却过程的温升变化曲线

8.1.2　电动机的工作制

为了在不同情况下方便用户选择电动机功率并使所选的电动机得到充分利用，根据电动机工作时的发热特点，把电动机分成连续、短时、周期断续三种工作制。

1．连续工作制

连续工作制是指电动机带额定负载运行时，运行时间 t_L 很长，电动机的温升可以达到稳态温升的工作方式。连续工作制电动机在铭牌上标注 S_1 或一般不在铭牌上标明工作制，连续工作制的电动机在生产实际中的使用最广泛。

2．短时工作制

短时工作制是指电动机带额定负载运行时，运行时间 t_L 很短，使电动机的温升达不到稳态温升；停机时间 t_0 很长，使电动机的温升可以降到零的工作方式。短时工作制的电动机铭牌上的标注为 S_2，我国规定的短时工作制电动机的标准运行时间有 15min, 30min, 60min, 90min 四种定额。拖动闸门的电动机常采用短时工作制电动机。

3．周期断续工作制

周期断续工作制是指电动机带额定负载运行时，运行时间 t_L 很短，电动机的温升达不到稳态温升；停止时间 t_0 也很短，电动机的温升降不到零，工作周期小于 10min 的工作方式。工作时间占工作周期的百分比称为负载持续率，用 $FC\%$ 表示：

$$FC\% = \frac{t_L}{t_L + t_0} \times 100\% \tag{8-2}$$

我国规定的周期断续工作制电动机的标准负载持续率有 15%、25%、40%、60% 四种定额。周期断续工作制的电动机铭牌上的标注为 S_3。要求频繁启动、制动的电动机常采用周期断续工作制电动机，如拖动电梯、起重机的电动机等。

如图 8-3 所示是三种工作制电动机的温升变化曲线。

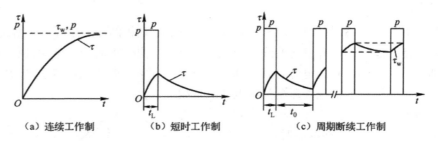

图 8-3　电动机三种工作制的温升变化曲线

8.1.3　电动机额定功率的选择

电动机额定功率的选择是根据实际的生产机械负载图计算出负载功率 P_L，然后根据 P_L 预选电动机，最后校验预选电动机的过载能力和启动能力。

1.　负载功率的确定

由于实际的生产机械负载大多是随时间周期变化的负载，现以此类负载为例说明。

（1）静负载功率的确定。对直线运动的生产机械，有：

$$P_L = \frac{F_L v}{\eta} \times 10^{-3} \qquad (8\text{-}3)$$

式中，F_L——生产机械的静负载力；

　　　v——生产机械的线速度。

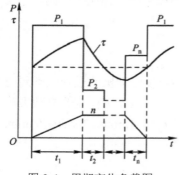

图 8-4　周期变化负载图

对旋转运动的生产机械，有：

$$P_L = \frac{T_L n}{9\,550\eta} \qquad (8\text{-}4)$$

式中，T_L——静负载转矩；

　　　n——转速。

（2）周期变化负载的平均功率。图 8-4 是一个周期内变动的生产机械负载图，据此图得出变化负载的平均功率为：

$$P_{LPj} = \frac{P_1 t_1 + P_2 t_2 + \cdots + P_n t_n}{t_1 + t_2 + \cdots + t_n} \qquad (8\text{-}5)$$

式中，P_1，P_2，$\cdots$，P_n——各段静负载功率；

　　　t_1，t_2，$\cdots$，t_n——各段负载的持续时间。

2.　电动机额定功率的预选

电动机吸收电源的功率既要转换为机械功率供给负载，又要消耗在电动机内部。电动机内部有不变损耗和可变损耗。不变损耗不随负载电流的变化而变化，可变损耗与负载电流有关、与负载电流平方成正比。负载电流增大时，可变损耗要增大，电动机的额定功率也要相应地选大些。式（8-5）没有反映出启、制动时因负载电流增加而要求预选电动机额定功率增大的问题。实际预选电动机额定功率时，应先将 P_{LPj} 扩大 1.1～1.6 倍，再行预选。使：

$$P_N \geqslant (1.1 \sim 1.6) P_{LPj} \qquad (8\text{-}6)$$

系数 1.1～1.6 的取值由实际启动、制动时间占整个工作周期的比重来决定。所占比重大时，系数可适当取得大一些。

各种工作制电动机的发热校验的方法基本相同，有以下 4 种，现以连续工作制电动机为例加以说明。

（1）平均损耗法。首先，根据预选电动机的效率曲线，计算出电动机带各段负载时对应的损耗功率 p_1，p_2，…，p_n，然后计算平均损耗功率 p_{LPj}。

$$p_{LPj} = \frac{p_1 t_1 + p_2 t_2 + \cdots + p_n t_n}{t_1 + t_2 + \cdots + t_n} \qquad (8\text{-}7)$$

只要电动机带负载时的实际平均损耗功率 p_{LPj} 小于或等于其额定损耗 p_N，即 $p_{LPj} \leqslant p_N$，则电动机运行时实际达到的稳态温升 τ_w 不会超过其额定温升 τ_N，即 $\tau_w \leqslant \tau_N$，电动机的发热条件得到充分利用。

（2）等效电流法。假定不变损耗和电阻均为常数，则电动机带各段负载时的损耗与其对应的电动机电流平方成正比，由式（8-7）得等效电流：

$$I_{dx} = \sqrt{\frac{I_1^2 t_1 + I_2^2 t_2 + \cdots + I_n^2 t_n}{t_1 + t_2 + \cdots + t_n}} \qquad (8\text{-}8)$$

只要 $I_{dx} \leqslant I_N$，则电动机的发热校验通过。

注意： 深槽和双笼转子异步机不能采用等效电流法进行发热校验，因为其不变损耗和电阻在启、制动期间不是常数。

（3）等效转矩法。假定不变损耗、电阻、主磁通及异步电动机的功率因数为常数时，则电动机带各段负载时的电动机电流与其对应的电磁转矩 T_1，T_2，…，T_n 成正比，由式（8-8）得等效转矩：

$$T_{dx} = \sqrt{\frac{T_1^2 t_1 + T_2^2 t_2 + \cdots + T_n^2 t_n}{t_1 + t_2 + \cdots + t_n}} \qquad (8\text{-}9)$$

只要 $T_{dx} \leqslant T_N$，则电动机的发热校验通过。

注意： 串励直流电动机、复励直流电动机不能用等效转矩法进行发热校验，因为其负载变化时的主磁通不为常数。经常启、制动的异步电动机也不能用等效转矩法进行发热校验，因为其启、制动时的功率因数不为常数。

（4）等效功率法。假定不变损耗、电阻、主磁通、异步电动机的功率因数、转速为常数时，则电动机带各段负载时的转矩与其对应的输出功率 P_1，P_2，…，P_n 成正比，由式（8-9）得等效功率：

$$P_{dx} = \sqrt{\frac{P_1^2 t_1 + P_2^2 t_2 + \cdots + P_n^2 t_n}{t_1 + t_2 + \cdots + t_n}} \qquad (8\text{-}10)$$

只要 $P_{dx} \leqslant P_N$，则电动机的发热校验通过。

注意： 需要频繁启动、制动时，一般不用等效功率法进行发热校验；只有次数很少的启、制动时，应先把启、制动各段对应的功率修正为 $P_i' = \dfrac{n_N}{n} P_i$，再进行发热校验，其中，$n$ 为各启、制动阶段平均转速，且 $n < n_N$。

对自冷式连续工作制电动机，因启、制动及停车时的速度变化而使散热条件变差，以致电动机的发热量增加。应将式（8-5）～式（8-10）的分母中的启、制动时间乘以启、制动冷却恶化系数 α，停车时间乘以停车冷却恶化系数 β，然后再进行发热校验。对直流电动机，取 $\alpha = 0.75$、$\beta = 0.5$，对交流电动机，取 $\alpha = 0.5$、$\beta = 0.25$。

3. 电动机额定功率的修正

电动机的额定功率 P_N，是指电动机在标准环境温度（40℃）、在规定的工作制和定额下，能够连续输出的最大机械功率，以保证其使用寿命。

如果所有的实际情况与规定条件相同，只要电动机的额定功率 P_N 大于负载的实际功率 P_L，就会使电动机运行时实际达到的稳态温升 τ_w 约等于额定温升 τ_N，既能使电动机的发热条件得到充分利用，又能使电动机达到规定的使用年限。但是，实际情况与规定的条件往往不尽相同。在保证电动机能达到规定的使用年限的前提下，如果实际环境温度与标准环境温度不同、实际工作制与规定的工作方式不同、实际的短时定额与规定的短时定额不同、实际的断续定额与规定的断续定额不同，那么在选择电动机的额定功率 P_N 时，可先对电动机的额定功率 P_N 进行修正，使电动机的额定功率 P_N 小于或大于实际负载功率 P_L。这样选择电动机，不会因额定功率 P_N 选得过大而使电动机的发热条件得不到充分利用，也不会因额定功率 P_N 选得过小而导致电动机过载运行而缩短使用年限、甚至损坏。

连续工作制的电动机按连续工作制工作时，实际环境温度 θ 不等于 40℃ 时，电动机额定功率 P_N 的修正值：

$$P_N' = P_N \sqrt{1 + \frac{40 - \theta}{\tau_N}(k+1)} \geqslant P_L \qquad (8\text{-}11)$$

式中，τ_N ——额定温升；

k ——损耗比，即不变损耗与可变损耗之比。

通过式（8-11）即可计算电动机在实际环温 θ 时的额定功率 P_N'，显然 $\theta > 40$℃ 时，$P_N' < P_N$；$\theta < 40$℃ 时，$P_N' > P_N$。

根据理论计算和实践，在周围环境温度不同时，电动机的额定功率可按表 8-2 相应增减。

表 8-2　不同环境温度下，电动机额定功率的修正

环境温度（℃）	30	35	40	45	50	55
电机增减的百分数	+8%	+5%	0	−5%	−12.5%	−25%

连续工作制的电动机按短时工作方式运行时，电动机额定功率 P_N 的修正值 P_N' 为：

$$P_N' = P_N \sqrt{\frac{1 + k\,\mathrm{e}^{-t_L/T}}{1 - \mathrm{e}^{-t_L/T}}} \geqslant P_L$$

连续工作制的电动机按周期断续工作方式运行时，电动机额定功率 P_N 的修正值 P_N' 为：

$$P'_N = P_N \sqrt{\frac{t_L + t_0}{t_L}} \geqslant P_L$$

短时工作制电动机的实际工作时间 t_L 与短时定额 t_N 不同时，电动机额定功率 P_N 的修正值 P'_N 为：

$$P'_N = P_N \sqrt{\frac{t_N}{t_L}} \geqslant P_L$$

周期断续工作制电动机的实际负载持续率 $FC_L\%$ 与断续定额 $FC_N\%$ 不同时，电动机额定功率 P_N 的修正值 P'_N 为：

$$P'_N = P_N \sqrt{\frac{FC_N\%}{FC_L\%}} \geqslant P_L$$

另外，短时工作制电动机与周期断续工作制电动机可以在一定条件下相互替用，短时定额与断续定额的对应关系近似为：30min 相当于是 15%，60min 相当于 25%，90min 相当于 40%。

4．过载能力和启动能力的校验

为适应负载的波动，电动机必须要具有一定的过载能力。在承受短时大负载冲击时，由于热惯性，温升增大并不多，能否稳定运行就取决与过载能力。只要预选电动机的最大转矩 T_m 大于负载图上的最大负载转矩 T_{Lm}，即 $T_m > T_{Lm}$，则过载能力满足要求。

在选择异步电动机时，考虑到电网电压下降时会使转矩成平方的下降，应对异步电动机的最大转矩进行修正，即最大转矩 T_m 乘以 0.85^2 后再进行过载校验，即：

$$0.85^2 T_m > T_{Lm}$$

当所选的电动机为笼形异步电动机时，还需要校验其启动能力是否满足要求。由机械特性知道异步电动机的启动转矩一般不是很大，当生产机械的静负载转矩较大时，造成启动太慢或不能启动，可能损坏电动机。一般要求启动转矩应大于 1.1 倍静负载转矩，即：

$$T_{st} > \lambda_{st} T_N > 1.1 T_L$$

例 8-1 一台自冷式他励直流电动机：$P_N = 60\text{kW}$，$U_N = 220\text{V}$，$I_N = 305\text{A}$，$n_N = 1\,000\text{r/min}$，$\lambda_T = 2$。负载图如图 8-5 所示，对应数据如表 8-3 所示。在环境温度为 40℃时，校验电动机的额定功率。

表 8-3　负载转矩及其持续时间数据

转矩（N·m）	T_1	T_2	T_3	T_4	T_5
	1 150	600	−1 150	−155	1 150
时间（s）	t_1	t_2	t_3	t_4	t_5
	0.14	9.5	0.35	5.5	0.17

解： 由于已知的负载图是转矩负载图，可以考虑应用等效转矩法来进行发热校验。

这里是采用他励直流电动机拖动负载，他励直流电动机的电枢电阻基本不变，主磁通没有人为改变而可以认为基本不变；从负载图看出，其起、制动的时间相对很小，可以认为固定损耗基本不变。由于基本符合等效转矩法的应用条件，可以等效转矩法来进行发热校验。

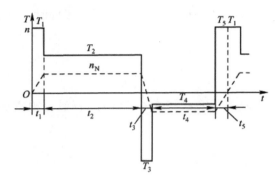

图 8-5　例 8-1 负载图

根据式（8-9），周期变化负载的等效转矩为：

$$T_{dx} = \sqrt{\frac{T_1^2 t_1 + T_2^2 t_2 + T_3^2 t_3 + T_4^2 t_4 + T_5^2 t_5}{\alpha t_1 + t_2 + \alpha t_3 + t_4 + \alpha t_5}}$$

$$= \sqrt{\frac{1150^2 \times 0.14 + 600^2 \times 9.5 + 1150^2 \times 0.35 + 155^2 \times 5.5 + 1150^2 \times 0.17}{0.75 \times 0.14 + 9.5 + 0.75 \times 0.35 + 5.5 + 0.75 \times 0.17}}$$

$$= 534 \, \text{N} \cdot \text{m}$$

电动机的额定转矩为：

$$T_N = 9\,550 \frac{P_N}{n_N} = 9\,550 \times \frac{60}{1\,000} = 573 \, \text{N} \cdot \text{m}$$

因为 $T_N > T_{dx}$，所以发热校验通过。

电动机的最大转矩为：

$$T_m = \lambda_T \, T_N = 2 \times 573 = 1\,146 \, \text{N} \cdot \text{m}$$

负载的最大转矩为：

$$T_{Lm} = 1\,150 \, \text{N} \cdot \text{m}$$

因为 $0.85^2 T_m = 828 < T_{Lm} = 1150$，所以过载校验不能通过，应选择过载能力更大的电动机。

8.2　电动机种类、结构、电压和转速的选择

8.2.1　电动机种类的选择

选择电动机种类应在满足生产机械对拖动性能的要求下，优先选用结构简单、运行可靠、维护方便、价格便宜的电动机。电动机种类选择时应考虑的主要内容有：

（1）电动机的机械特性应与所拖动生产机械的机械特性相匹配。

（2）电动机的调速性能（调速范围、调速的平滑性、经济性）应该满足生产机械的要求。对调速性能的要求在很大程度上决定了电动机的种类、调速方法以及相应的控制方法。

（3）电动机的启动性能应满足生产机械对电动机启动性能的要求，电动机的启动性能主要是启动转矩的大小，同时还应注意电网容量对电动机启动电流的限制。

（4）电源种类：在满足性能的前提下应优先采用交流电动机。

（5）经济性：一是电动机及其相关设备（如：启动设备、调速设备等）的经济性；二是电动机拖动系统运行的经济性，主要是要效率高，节省电能。

目前，各种形式异步电动机在我国应用非常广泛，用电量约占总发电量的60%以上，因此提高异步电动机运行效率所产生的经济效益和社会效益是巨大的。在选用电动机时，以上几个方面都应考虑到并进行综合分析以确定出最终方案。

表8-4中给出了电动机的主要种类、性能特点及典型生产机械应用实例。需要指出的是，表8-4中的电动机主要性能及相应的典型应用基本上是指电动机本身而言的。随着电动机的控制技术的发展，交流电动机拖动系统的运行性能越来越高，使得电动机的一些传统应用领域发生了很大变化，例如原来使用直流电动机调速的一些生产机械，现在则改用可调速的交流电动机系统并具有同样的调速性能。

表 8-4　电动机的主要种类、性能特点及典型应用实例

电动机种类			主要性能特点	典型生产机械举例
交流电动机	三相异步电动机	笼式 普通笼式	机械特性硬、启动转矩不大、调速时需要调速设备	调速性能要求不高的各种机床、水泵、通风机
		笼式 高启动转矩	启动转矩大	带冲击性负载的机械，如剪床、冲床、锻压机；静止负载或惯性负载较大的机械，如：压缩机、粉碎机、小型起重机
		笼式 多速	有几挡转速（2~4速）	要求有级调速的机床、电梯、冷却塔等
		绕线式	机械特性硬（转子串电阻后变软）、启动转矩大、调速方法多、调速性能及启动性能较好	要求有一定调速范围、调速性能较好的生产机械，如桥式起重机；启动、制动频繁且对启动、制动转矩要求高的生产机械，如起重机、矿井提升机、压缩机、不可逆轧钢机
	同步电动机		转速不随负载变化，功率因数可调节	转速恒定的大功率生产机械，如大中型鼓风及排风机、泵、压缩机、连续式轧钢机、球磨机
直流电动机	他励、并励		机械特性硬、启动转矩大、调速范围宽、平滑性好	调速性能要求高的生产机械，如大型机床（车、铣、刨、磨、镗）、高精度车床、可逆轧钢机、造纸机、印刷机
	串励		机械特性软、启动转矩大、过载能力强、调速方便	要求启动转矩大、机械特性软的机械，如电车、电气机车、起重机、吊车、卷扬机、电梯等
	复励		机械特性硬度适中、启动转矩大、调速方便	

8.2.2　电动机结构形式的选择

电动机的安装方式有卧式和立式两种。卧式安装时电动机的转轴处于水平位置，立式安装时转轴则为垂直地面的位置。两种安装方式的电动机使用的轴承不同，一般情况下采用卧式安装。

电动机的工作环境是由生产机械的工作环境决定的。在很多情况下，电动机工作场所的空气中含有不同分量的灰尘和水分，有的还含有腐蚀性气体甚至含有易燃易爆气体；有的电动机则要在水中或其他液体中工作。灰尘会使电动机绕组黏结上污垢而妨碍散热；水分、瓦斯、腐蚀性气体等会使电动机的绝缘材料性能退化，甚至会完全丧失绝缘能力；易燃、易爆气体与电动机内产生的电火花接触时将有发生燃烧、爆炸的危险。因此，为了保证电动机能够在其工作环境中长期安全运行，必须根据实际环境条件合理地选择电动机的防护方式。电动机的外壳防护方式有开启式、防护式、封闭式和防爆式几种。

1. 开启式

开启式电动机的定子两侧与端盖上都有很大的通风口，其散热条件好，价格便宜，但灰尘、水滴、铁屑等杂物容易从通风口进入电动机内部，因此只适用于清洁、干燥的工作环境。

2. 防护式

防护式电动机在机座下面有通风口，散热较好，可防止水滴、铁屑等杂物从与垂直方向成小于 45°角的方向落入电动机内部，但不能防止潮气和灰尘的侵入，因此适用于比较干燥、少尘、无腐蚀性和爆炸性气体的工作环境。

3. 封闭式

封闭式电动机的机座和端盖上均无通风孔，是完全封闭的。这种电动机仅靠机座表面散热，散热条件不好。封闭式电动机又可分为自冷式、自扇冷式、他扇冷式、管道通风式以及密封式等。对前四种，电动机外的潮气、灰尘等不易进入其内部，因此多用于灰尘多、潮湿、易受风雨、有腐蚀性气体、易引起火灾等各种较恶劣的工作环境。密封式电动机能防止外部的气体或液体进入其内部，因此适用于在液体中工作的生产机械，如潜水泵。

4. 防爆式

防爆式电动机是在封闭式结构的基础上制成隔爆形式，机壳有足够的强度，适用于有易燃、易爆气体工作环境，如有瓦斯的煤矿井下、油库、煤气站等。

8.2.3 电动机额定电压的选择

电动机的电压等级、相数、频率都要与供电电源一致。因此，电动机的额定电压应根据其运行场所的供电电网的电压等级来确定。

我国的交流供电电源，低压通常为 380V，高压通常为 3kV，6kV 或 10kV。中等功率（约 200kW）以下的交流电动机，额定电压一般为 380V；大功率的交流电动机，额定电压一般为 3kV 或 6kV；额定功率为 1000kW 以上的电动机，额定电压可以是 10kV。需要说明的是，笼形异步电动机在采用 Y-D 降压启动时，应该选用额定电压为 380V、D 接法的电动机。

直流电动机的额定电压一般为 110V、220V、440V，最常用的电压等级为 220V。直流电动机一般由单独的电源供电，选择额定电压时通常只要考虑与供电电源配合即可。

8.2.4 电动机额定转速的选择

对电动机本身来说，额定功率相同的电动机，额定转速越高，体积就越小，造价就越低，效率也越高，转速较高的异步电动机的功率因数也较高，所以选用额定转速较高的电动机，从电动机角度看是合理的。但是，如果生产机械要求的转速较低，那么选用较高转速的电动机时，就需要增加一套传动比较高、体积较大的减速传动装置。因此，在选择电动机的额定转速时，应综合考虑电动机和生产机械两方面的因素来确定。

（1）对不需要调速的高、中速生产机械（如泵、鼓风机），可选择相应额定转速的电动机，从而省去减速传动机构。

（2）对不需要调速的低速生产机械（如球磨机、粉碎机），可选用相应的低速电动机或者传动比较小的减速机构。

（3）对经常启动、制动和反转的生产机械，选择额定转速时则应主要考虑缩短启、制动时间以提高生产率。启、制动时间的长、短主要取决于电动机的飞轮矩 GD^2 和额定转速 n_N，应选择较小的飞轮矩和额定转速。

（4）对调速性能要求不高的生产机械，可选用多速电动机或者选择额定转速稍高于生产机械的电动机配以减速机构，也可以采用电气调速的电动机拖动系统。在可能的情况下，应优先选用电气调速方案。

（5）对调速性能要求较高的生产机械，应使电动机的最高转速与生产机械的最高转速相适应，直接采用电气调速。

本 章 小 结

电动机在负载增加时会发热，在负载减小时会冷却，电动机的发热和冷却过程可以用温升曲线表示，温升曲线随时间按指数规律变化。从电动机工作时能否达到其额定温升值，可确定电动机的发热条件是否得到充分利用。绝缘材料的等级，反映了电动机工作时允许的最高温度值，超过此温度值运行则会使电动机绝缘材料的老化速度加快，甚至烧坏。

电动机按发热特点的不同分成连续、短时、周期断续三种工作制，可以拖动相应工作方式的负载；也可用连续工作制的电动机拖动短时、周期断续工作方式的负载；短时与周期断续工作制的电动机，在一定条件下也可以替代使用。

电动机的选择包括类型选择、电流种类选择、额定电压选择、额定转速选择、额定功率选择等，其中电动机额定功率的选择依赖于发热条件，是电动机选择的主要问题。选择电动机额定功率分三个步骤，先根据生产机械的负载图计算负载功率，然后预选电动机，最后校验其过载能力和启动能力。

生产实际中的负载大多是周期变化负载，可根据生产机械的负载图及具体限制条件，借助平均损耗法、等效电流法、等效转矩法、等效功率法计算出与实际负载时的发热量等效的等效损耗、等效电流、等效转矩、等效功率并以此作为发热校验的依据。

习 题 **8**

一、填空题

8.1 电动机种类选择时应考虑的主要内容有：_____、_____、_____、_____、_____ 等方面。

8.2 电动机的结构形式有_____、_____、_____、_____等几种。

8.3 电动机额定功率的选择步骤是_____、_____、_____、_____等。

8.4 用于电动机制造上的绝缘材料等级有_____、_____、_____、_____、_____等。

二、判断题（在括号内打"√"或打"×"）

8.5　在满足性能的前提下应优先采用直流电动机。（　　）

8.6　防爆式电动机可以避免电动机爆炸。（　　）

8.7　负载电流越大电动机的稳定温升就越高。（　　）

8.8　电动机的工作制是根据发热特点的不同进行划分的。（　　）

三、选择题（将正确答案的序号填入括号内）

8.9　额定功率相同的电动机，（　　）。

A．额定转速越高，体积就越小

B．额定转速越高，体积就越大

C．体积额定转速没有关系

8.10　200kW 及以下的电动机通常选用（　　）电压等级。

A．6000V　　　　　　　B．3000 V　　　　　　　C．380 V

8.11　电动机在工作时，希望实际工作温度（　　）。

A．略微超过长时允许最高温度

B．小于但接近于长时允许最高温度

C．大约为长时允许最高温度的一半

8.12　同一台电动机（　　）。

A．带长时工作负载能力比带短时工作负载的能力强

B．带长时工作负载能力比带短时工作负载的能力弱

C．带长时工作负载能力比带周期断续工作负载的能力强

四、简答题

8.13　简述短时工作制的工作特点和定额指标。

8.14　简述周期断续工作制的工作特点和定额指标。

8.15　选择电动机时为什么要进行过载能力和启动能力的校验？

8.16　电动机额定功率修正的原因是什么？

第9章　控　制　电　机

内容提要

本章仅对常用的控制电机，从应用的角度介绍其结构原理及特性。

控制电机是在普通旋转电机基础上产生的特殊功能的小型旋转电机。控制电机在控制系统中作为执行元件、检测元件和运算元件。从工作原理上看，控制电机和普通电机没有本质上的差异，但普通电机功率大，侧重于电机的启动、运行和制动等方面的性能指标，而控制电机输出功率较小，侧重于电机控制的精度和响应速度。

控制电机按其功能和用途可分为信号检测和传递类控制电机及动作执行类控制电机两大类。执行电机包括伺服电机、步进电机和直线电机；信号检测和传递电机包括测速发电机、旋转变压器和自整角机等。

9.1　伺服电动机

伺服电动机的作用是将输入的电压信号（即控制电压）转换成轴上的角位移或角速度输出，在自动控制系统中常作为执行元件，所以伺服电动机又称为执行电动机，其最大特点是：有控制电压时转子立即旋转，无控制电压时转子立即停转。转轴转向和转速是由控制电压的方向和大小决定的。伺服电动机分为交流和直流两大类。

9.1.1　交流伺服电动机

1．基本结构

交流伺服电动机主要由定子和转子构成，其外形结构如图如图 9-1 所示。交流伺服电动机的结构同一般异步电动机相似，主要可分为两大部分，即定子部分和转子部分。定子绕组是两相的，一相为励磁绕组 f，一相为控制绕组 K。通常控制相分成两个独立且相同的部分，它们可以串联或并联，供选择两种控制电压用。励磁绕组与控制绕组在空间相差 90° 电角度，如图 9-2 所示。交流伺服电动机就是两相异步电动机。

鼠笼形转子与普通鼠笼式电动机转子相似，在制造时保证了定子内圆和转子外圆的同心度和装配精度，其气隙小且转子细而长，如图 9-3 所示。鼠笼形交流伺服电机优点是利用率高，体积小，机械强度高，可靠性高，制造成本低；缺点是有齿槽粘合现象，影响始动电压的降低，低速运转时不够平滑，有抖动现象。

非磁性杯形转子交流伺服电动机的结构如图 9-4 所示。定子部分由外定子和内定子两部分组成，外定子与鼠笼形转子伺服电动机的定子完全一样，内定子由环形钢片叠成，通常内定子不放绕组，只是代替鼠笼转子的铁芯，作为电机磁路的一部分。在内、外定子之间有细长的空心转子装在转轴上，空心转子作成杯子形状，所以又称为空心杯形转子。

图 9-1　交流伺服电机外形图

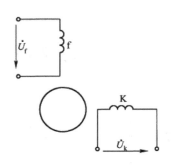

图 9-2　交流伺服电动机原理图

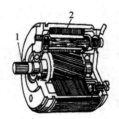

1—定子；2—转子

图 9-3　鼠笼形交流伺服电动机结构

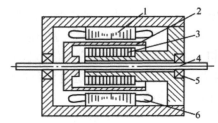

1—外定子铁芯；2—杯形转子；3—内定子铁芯；

4—转轴；5—轴承；6—定子绕组

图 9-4　杯形转子伺服电动机结构图

　　杯形转子与鼠笼转子从外表形状来看是不一样的。但实际上，杯形转子可以看做是鼠笼条数目非常多的、条与条之间彼此紧靠在一起的鼠笼转子，这样，杯形转子只是鼠笼转子的一种特殊形式。在电机中所起的作用也完全相同。

　　非磁性杯型主要特点是将铝或铜制成空心薄壁结构，与鼠笼形转子相比较，非磁性杯形转子优点是转子惯性小，运转平滑，无抖动现象，始动电压低；缺点是内、外定子间气隙较大，励磁电流大，利用率低，体积大，制造成本高。

　　鼠笼形转子伺服电动机优点较多，因此，目前广泛应用的是鼠笼形转子伺服电动机，只有在要求运转非常平稳的某些特殊场合下（如积分电路等）才采用非磁性杯形转子伺服电动机。

2．工作原理

　　交流伺服电动机的工作原理和电容分相式单相异步电动机相似。在没有控制电压时，气隙中只有励磁绕组产生的脉动磁场，转子上没有启动转矩而静止不动。当有控制电压且控制绕组电流和励磁绕组电流相位不相同时，则在气隙中产生一个旋转磁场并产生电磁转矩，使转子沿旋转磁场的方向旋转。但是对伺服电动机要求不仅是在控制电压作用下就能启动，且电压消失后电动机应能立即停转。如果伺服电动机控制电压消失后像一般单相异步电动机那样继续转动，则出现失控现象，这种因失控而自行旋转的现象称为自转。

　　为消除交流伺服电动机的自转现象，采取增大转子电阻 r_2 的措施，这是因为当控制电压消失后，伺服电动机处于单相运行状态，若转子电阻很大，使临界转差率 $s_m>1$，这时正序旋转磁场与转子作用所产生的转矩特性曲线为曲线 1（$T_{em}^+ - s^+$），负序旋转磁场与转子作用所产生的转矩特性曲线为曲线 2（$T_{em}^- - s^-$），合成转矩特性曲线为曲线 3（$T_{em} - s$），如图 9-5 所示。由图中可看出，合成转矩的方向与电机旋转方向相反，是一个制动转矩，这就保证了当控制电压消失后转子仍转动时，电动机将被迅速制动而停下。转子电阻加大后，不仅可以消除自转，还具有扩大调速范围、改善调节特性、提高反应速度等优点。

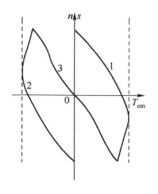

图 9-5　伺服电动机单相运行时的 $T_{em} - s$ 曲线

3．控制方法

可采用下列三种方法来控制伺服电动机的转速高低及旋转方向。

（1）幅值控制：保持控制电压与励磁电压间的相位差不变，仅改变控制电压的幅值。

（2）相位控制：保持控制电压的幅值不变，仅改变控制电压与励磁电压间的相位差。

（3）幅-相控制：同时改变控制电压的幅值和相位。

交流伺服电动机的输出功率一般在 100W 以下。电源频率为 50Hz 时，其电压有 36V, 100V, 220V, 380V 数种。当频率为 400Hz 时，电压有 20V，36V，115V 多种。

交流伺服电动机运行平稳，噪音小，但控制特性为非线性并且因转子电阻大而使损耗大，效率低。与同容量直流伺服电动机相比体积大，质量大，所以只适用于 0.5～100W 的小功率自动控制系统中。

如图 9-6 所示是自动测温系统原理框图。交流伺服电动机在自动测温系统中作为执行元件，由偏差电压 ΔU 控制，用于驱动显示盘指针和电位计的滑动触头。热电偶将被测温度转换为电压信号 U_1，U_1 作为系统的输入信号电压。当被测温度为零时，输入信号电压 $U_1=0$，交流伺服电动机不转动，显示盘指针指 0℃，电位计的输出电压 $U_f=0$，比较电路的输出电压即偏差电压 $\Delta U=U_1-U_f=0$。当被测温度变化时，输入信号电压 U_1 随之变化，使偏差电压 $\Delta U \neq 0$，经调制器调制为交流电压，再由交流放大器进行功率放大后驱动交流伺服电动机的控制绕组，使交流伺服电动机转动从而带动显示盘指针转动、电位计滑动触点移动，电位计的输出电压 U_f 相应变化，使偏差电压 ΔU 逐步减小，至 $\Delta U=U_1-U_f=0$ 时交流伺服电动机停转，显示盘指针停留在相应于输入信号电压 U_1 的刻度上。

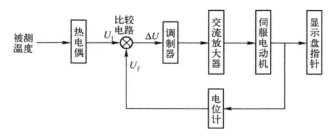

图 9-6　自动测温系统原理框图

9.1.2 直流伺服电动机

1．基本结构

直流伺服电动机的基本结构与普通他励直流电动机相同，其外形见图 9-7 所示。所不同

的是直流伺服电动机的电枢电流很小，换向并不困难，因此都不装换向磁极，并且转子做得细长，气隙较小，磁路不饱和，电枢电阻较大。按励磁方式不同，可分为电磁式和永磁式两种。电磁式直流伺服电动机的磁场由励磁绕组产生，一般用他励式；永磁式直流伺服电动机的磁场由永磁铁产生，无需励磁绕组和励磁电流，可减小体积和损耗。为了适应不同系统的需要，从结构上做了许多改进，又发展了低惯量的无槽电枢、空心杯型电枢、印制绕组电枢和无刷直流伺服电动机等品种。

图 9-7　直流伺服电动机外形图

2．工作原理

传统直流伺服电动机的基本工作原理与普通直流电动机完全相同，依靠电枢电流与气隙磁通的作用产生电磁转矩，使伺服电动机转动。通常采用电枢控制方式，即在保持励磁电压不变的条件下，通过改变电枢电压来调节转速。电枢电压越小，则转速越低；电枢电压为零时，电动机停转。由于电枢电压为零时电枢电流也为零，电动机不产生电磁转矩，不会出现"自转"。

直流伺服电动机在电枢控制方式运行时，特性的线性度好，调速范围大，效率高，启动转矩大，具有比较好的伺服性能。其缺点是电枢电流大，所需控制功率大，电刷和换向器维护工作量大，接触电阻不够稳定，对低速运行的稳定性有一定的影响。

如图 9-8 所示是精密机床工作台精确定位系统原理框图。直流伺服电动机在机床工作台精确定位系统中作为执行元件，由偏差电压 ΔU 控制，用于驱动机床工作台。运算控制电路将机床工作台需要移动到某一位置的信息进行判断和运算后，转换为电压信号 U_1，U_1 作为系统的输入信号电压。当不需要工作台移动时，输入信号电压 $U_1=0$，直流伺服电动机不转动，位置检测装置的输出电压 $U_f=0$，比较电路的输出电压即偏差电压 $\Delta U=U_1-U_f=0$。当需要工作台向前移动到某一位置时，输入信号电压 U_1 是一个相应的正值，使偏差电压 $\Delta U>0$，由直流放大器进行功率放大后驱动直流伺服电动机的控制绕组，使直流伺服电动机转动从而带动工作台移动，位置检测装置的输出电压 U_f 相应变化，使偏差电压 ΔU 逐步减小，

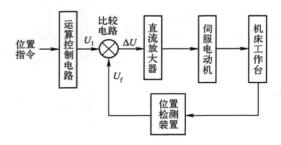

图 9-8　机床工作台精确定位系统原理框图

至$\Delta U=U_1-U_f=0$时直流伺服电动机停转，工作台停留在相应于输入信号电压U_1的指定位置上。如果由于惯性使工作台向前移动到超过指定的位置，使位置检测装置的输出电压$U_f>U_1$，则偏差电压$\Delta U=U_1-U_f<0$，直流伺服电动机反向转动从而带动工作台向后移动。工作台经多次自动的前、后移动后，最终精确地停留在指定位置上。

9.1.3 交、直流伺服电动机的性能比较

在自动控制系统中，交、直流伺服电动机应用都很广泛，在此对这两类伺服电动机的性能加以比较，说明其优缺点，以供选用时参考。

1．机械特性

直流伺服电动机转矩随转速的增加而均匀下降，斜率固定。在不同控制电压下，机械特性曲线是平行的，即机械特性是线性的，且为硬特性，负载转矩的变化对转速的影响很小。

交流伺服电动机的机械特性是非线性的，电容移相控制时非线性更为严重，而且斜率随控制电压的变化而变化，这会给系统的稳定和校正带来困难。其负载转矩变化对转速影响很大，机械特性很软，低速段更软，而且会使阻尼系数减小，时间常数增大，从而降低了系统品质。

2．"自转"现象

直流伺服电动机无"自转"现象。

交流伺服电动机若设计参数选择不当，或制造工艺不良，在单相状态下会产生"自转"而失控。

3．体积、重量和效率

交流伺服电动机的转子电阻相当大，所以损耗大，效率低，电动机的利用程度差。而且交流伺服电动机通常运行在椭圆形旋转磁场下，反向磁场产生的制动转矩使得电动机输出的有效转矩减小，所以当输出功率相同时，交流伺服电动机比直流伺服电动机的体积大，重量大，效率低。故交流伺服电动机只适用于小功率系统，功率较大的控制系统普遍采用直流伺服电动机。

4．结构

直流伺服电动机结构复杂，制造麻烦，运行时电刷和换向器滑动接触，接触电阻不稳定，会影响电动机运行的稳定，又容易出现火花，给运行和维护带来一定困难。

交流伺服电动机结构简单，维护方便，运行可靠，适宜于不易检修的场合使用。

5．控制装置

直流伺服电动机的控制绕组通常由直流放大器供电，直流放大器比交流放大器结构复杂，且有零点漂移现象，影响系统的稳定性和精度。

9.2 测速发电机

测速发电机在自动控制系统中作检测元件，可以将电动机轴上的机械转速转换为电压信号输出。输出电压的大小反映机械转速的高低，输出电压的极性反映电动机的旋转方向。测速发电机有交、直流两种形式。

自动控制系统要求测速发电机的输出电压必须精确、迅速地与转速成正比。

9.2.1 交流异步测速发电机

1．基本结构

交流异步测速发电机是自动控制系统中应用较多的一种交流测速发电机，它的结构与交流伺服电动机相似，外形结构如图9-9所示。它主要由定子、转子组成，根据转子结构的不同分为笼式转子和空心杯转子两种。空心杯转子的应用较多，它由电阻率较大、温度系数较小的非磁性材料制成，以使测速发电机的输出特性线性度好、精度高。杯壁通常只有 0.2～0.3mm 的厚度，转子较轻以使测速发电机的转动惯性较小，如图9-10所示。

图 9-9　交流测速发电机外形图

空心杯转子异步测速发电机的定子分为内、外定子，内定子上嵌有输出绕组，外定子上嵌有励磁绕组并使两绕组在空间位置上有相差 90° 电角度。内外定子的相对位置是可以调节的，可通过转动内定子的位置来调节剩余电压，使剩余电压为最小值。

2．工作原理

异步测速发电机的工作原理可以由图9-11来说明。图9-11中 N_1 是励磁绕组，N_2 是输出绕组。由于转子电阻较大，为分析方便起见，忽略转子漏抗的影响，认为感应电流与感应电动势同相位。

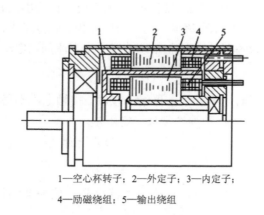

1—空心杯转子；2—外定子；3—内定子；

4—励磁绕组；5—输出绕组

图 9-10　空心杯转子测速发电机结构

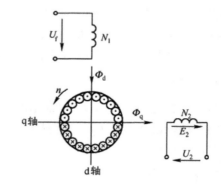

图 9-11　异步测速发电机的原理图

给励磁绕组 N_1 加频率 f 恒定，电压 U_f 恒定的单相交流电，测速发电机的气隙中便会生成一个频率为 f、方向为励磁绕组 N_1 轴线方向（即 d 轴方向）的脉振磁动势及相应的脉振磁通，分别称为励磁磁动势及励磁磁通。

当转子不动时，励磁磁通在转子绕组（空心杯转子实际上是无穷多导条构成的闭合绕组）中感应出变压器电动势，变压器电动势在转子绕组中产生电流，转子电流由 d 轴的一边流入而在另一边流出，转子电流所生成的磁动势及相应的磁通也是脉振的且沿 d 轴方向脉振，分别称为转子直轴磁动势及转子直轴磁通。

励磁磁动势与转子直轴磁动势都是沿 d 轴方向脉振的，两个磁动势合成而产生的磁通也是沿 d 轴方向脉振的，称之为直轴磁通 Φ_d。由于直轴磁通 Φ_d 与输出绕组 N_2 不交链，所以输出绕组没有感应电动势，其输出电压 $U_2=0$。

转子旋转时，转子绕组切割直轴磁通 Φ_d 产生切割电动势 E_q。由于直轴磁通 Φ_d 是脉振的，因此切割电动势 E_q 也是交变的，其频率也就是直轴磁通的频率 f，切割电动势 E_q 在转子绕组中产生频率相同的交变电流 I_q，电流 I_q 由 q 轴的一侧流入而在另一侧流出，电流 I_q 形成的磁动势及相应的磁通是沿 q 轴方向以频率 f 脉振的，分别称为交轴磁动势 F_q 及交轴磁通 Φ_q。交轴磁通与输出绕组 N_2 交链，在输出绕组中感应出频率为 f 的交变电势 E_2。

以频率 f 交变的切割电动势与其转子绕组所切割的直轴磁通 Φ_d、切割速度 n 及由电机本身结构决定的电动势常数 C_e 有关，它的有效值为：

$$E_q = C_e \Phi_d \cdot n$$

以频率 f 交变的输出绕组感应电势，与输出绕组交链的交轴磁通 Φ_q 及输出绕组的匝数 N_2 有关，它的有效值 E_2 为：

$$E_2 = 4.44 f N_2 \Phi_q$$

由此看出，当励磁电压 U_f 及频率 f 恒定时有：

$$E_2 \propto \Phi_q \propto I_q \propto E_q \propto n$$

即 E_2 与 n 成正比关系。可见，异步测速发电机可以将其转速值一一对应地转换成输出电压值。输出电压 U_2 与转速的关系曲线 $U_2 = f(n)$ 称为输出特性，如图 9-12 中直线 2 所示。实际上，由于存在漏阻抗、负载变化等问题，直轴磁通 Φ_d 是变化的，输出电压与转速不是严格的正比关系，输出特性呈现非线性，如图 9-12 中曲线 1 所示。

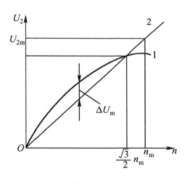

图 9-12　异步测速发电机的输出特性

9.2.2　直流测速发电机

1．基本结构

直流测速发电机在结构上与普通小型直流发电机相同，通常是两极电机，分为他励式和永磁式两种，其外形结构如图 9-13 所示。

他励式测速发电机的磁极由铁芯和励磁绕组构成，在励磁绕组中通入直流电流便可以建立极性恒定的磁场。它的励磁绕组电阻会因电机工作温度的变化而变化，使励磁电流及其生成的磁通随之变化，产生线性误差。

永磁式测速发电机的磁极由永久磁铁构成，不需励磁电源。磁极的热稳定性较好，磁通随电机工作温度的变化而变化的程度很小，但易受机械振动的影响而引发不同程度的退磁。

图 9-13　交流测速发电机外形图

2．工作原理

直流测速发电机的工作原理可由图 9-14 来说明。当励磁电压 U_f 恒定且主磁通 Φ 不变时，测速发电机的电枢与被测机械连轴而随之以转速 n 旋转，电枢导体切割主磁通 Φ 而在其中生成感应电动势 E。电动势 E 的极性决定于测速发电机的转向，电动势 E 的大小与转速成正比，即：

$$E = C_e \Phi n$$

测速发电机空载时，其输出电压 U 为：

$$U = E = C_e \Phi n$$

测速发电机带负载时，电枢绕组中因流过电枢电流 I 而在电枢绕组电阻 r_a 上产生电压降 $I \cdot r_a$，如果忽略电枢反应、工作温度对主磁通 Φ 的影响，忽略电刷与换向器之间的接触压降，则有：

$$U = E - I \cdot r_a = E - \frac{U}{R_L} \cdot r_a$$

得：

$$U = \frac{E}{1 + \dfrac{r_a}{R_L}} = \frac{C_e \Phi}{1 + \dfrac{r_a}{R_L}} \cdot n \tag{9-1}$$

由式（9-1）可见，只要主磁通 Φ、接触电压降、电枢电阻 r_a、负载电阻 R_L 为常数，则输出电压 U 与电机的转速 n 成线性关系。输出电压 U 随电机转速 n 变化而变化的关系曲线 $U = f(n)$，称为输出特性，如图 9-15 所示。负载电阻 R_L 的值越大时，$U = f(n)$ 的斜率越大，测速发电机的灵敏度越高。

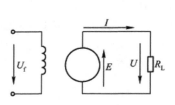

图 9-14　直流测速发电机原理图

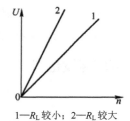

1—R_L 较小；2—R_L 较大

图 9-15　直流测速发电机的输出特性

如图 9-16 所示为直流调速系统原理框图。直流测速发电机在直流调速系统中作为检测元件，用于将直流电动机的转速转换为电压 U_f。给定电位器将指定电动机运转速度的速度给定信号转换为电压信号 U_1，U_1 作为系统的输入信号电压。当需要直流电动机以某一转速正方向旋转时，输入信号电压 U_1 是一个相应的正值，使偏差电压 $\Delta U > 0$，由比例积分调节器进行电压放大、累积后输出控制电压 U_C，使触发电路以相应的控制角去触发可控整流电路的晶闸管，可控整流电路输出相应的电压加到直流电动机的电枢电路两端，直流电动机正方向加速旋转；同时，直流测速发电机的输出电压 U_f 相应增大，使偏差电压 ΔU 逐步减小，至

$\Delta U = U_1 - U_f = 0$ 时直流电动机以指定的速度正方向旋转（注意：由于比例积分调节器对偏差电压ΔU的积分作用，只要历史上有过累积，$\Delta U=0$ 时比例积分调节器的输出电压 $U_C \neq 0$、只是不再变化）。如果由于某种原因使直流电动机的转速偏离指定的转速，直流测速发电机的输出电压 U_f 随之相应变化。例如，直流电动机的转速升高时，直流测速发电机的输出电压 U_f 随之增大致使 $U_f > U_1$，则偏差电压$\Delta U = U_1 - U_f < 0$，比例积分调节器的输出电压 U_C 随之减小，从而使可控整流电路输出的电压、即加到直流电动机的电枢电路两端的电压相应减小，直流电动机的转速下降；随着直流电动机转速下降，直流测速发电机的输出电压 U_f 随之减小，致使偏差电压ΔU逐步减小，至$\Delta U = U_1 - U_f = 0$ 时比例积分调节器的输出电压 U_C 回复原值，直流电动机以原指定的速度正方向旋转。

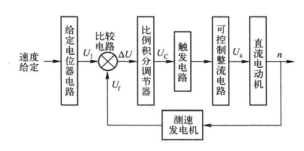

图 9-16　直流调速系统原理框图

9.2.3　直流测速发电机与交流测速发电机的比较

直流测速发电机与交流测速发电机比较，有以下主要特点。

1．直流测速发电机的优点

（1）不存在输出电压相位移问题。
（2）转速为零时，无零位电压。
（3）输出特性曲线的斜率较大，负载电阻较小。

2．直流测速发电机的缺点

（1）由于有电刷和换向器，所以结构比较复杂，维护较麻烦。
（2）电刷的接触电阻不恒定使输出电压有波动。
（3）电刷下的火花对无线电有干扰。

9.3　自整角机

自整角机在自动控制系统中用做角度的传输、指示或变换，通常将两台或多台相同的自整角机组合起来使用。自整角机有力矩式和控制式两种，其用途不同。力矩式自整角机用做远距离转角指示，控制式自整角机可以将转角转换成电信号。

自整角机的结构分成定子和转子两大部分，定子、转子之间的气隙较小。定子、转子铁芯均由高导磁率、低损耗的薄硅钢片叠成，其外形结构如图 9-17 所示，剖面结构如图 9-18

所示。力矩式自整角机的转子多采用两极的凸极结构，对频率较高、规格较大的力矩式自整角机采用隐极结构。控制式自整角机的接收机转子采用隐极结构。通常，定子铁芯槽内嵌有接成星形的三相对称绕组，称之为整步绕组。转子铁芯槽内嵌有单相绕组，称之为励磁绕组。励磁绕组通过滑环和电刷装置与外电路连接。

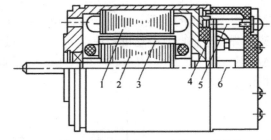

1—定子；2—转子；3—阻尼绕组；4—电刷；5—接线柱；6—滑环

图 9-17　自整角机外形图　　　　　　图 9-18　接触式自整角机结构示意图

9.3.1　力矩式自整角机的工作原理

力矩式自整角机的工作原理可以由图 9-19 来说明。图中，由结构、参数均相同的两台自整角机构成自整角机组，一台用来发送转角信号，称自整角发送机，用 ZLF 表示；另一台用来接收转角信号，称为自整角接收机，用 ZLJ 表示。两台自整角机中的整步绕组均接成星形，三对相序相同的相绕组分别连接成回路。两台自整角机转子中的励磁绕组接在同一个单相交流电源上。

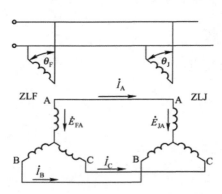

图 9-19　力矩式自整角机的原理图

在励磁绕组中通入单相交流电流时，两台自整角机的气隙中都将生成脉振磁场，其大小随时间按余弦规律变化。脉振磁场使整步绕组的各相绕组生成时间上同相位的感应电动势，电动势的大小取决于整步绕组中各相绕组的轴线与励磁绕组轴线之间的相对位置。当整步绕组中的某一相绕组轴线与其对应的励磁绕组轴线重合时，该相绕组中的感应电动势为最大，用 E_{m} 表示电动势的最大值。

设发送机整步绕组中的 A 相绕组轴线与其对应的励磁绕组轴线的夹角为 θ_{F}，接收机整步绕组中的 A 相绕组轴线与其对应的励磁绕组轴线的夹角为 θ_{J}，如图 9-19 所示。则整步绕组中各相绕组的感应电动势有效值如下。

对发送机有：

$$\left. \begin{array}{l} E_{\mathrm{FA}} = E_{\mathrm{m}} \cos \theta_{\mathrm{F}} \\ E_{\mathrm{FB}} = E_{\mathrm{m}} \cos(\theta_{\mathrm{F}} - 120^{\circ}) \\ E_{\mathrm{FC}} = E_{\mathrm{m}} \cos(\theta_{\mathrm{F}} - 240^{\circ}) \end{array} \right\} \tag{9-2}$$

对接收机有：

$$
\left.\begin{array}{l}
E_{JA} = E_m \cos\theta_J \\
E_{JB} = E_m \cos(\theta_J - 120°) \\
E_{JC} = E_m \cos(\theta_J - 240°)
\end{array}\right\} \tag{9-3}
$$

由于发送机与接收机各连接相的感应电动势在时间上是同相位的，可得各相回路的合成电动势为：

$$
\left.\begin{array}{l}
\Delta E_A = E_{JA} - E_{FA} = E_m(\cos\theta_J - \cos\theta_F) = 2E_m \sin\dfrac{\theta_F + \theta_J}{2}\sin\dfrac{\theta}{2} \\[2mm]
\Delta E_B = E_{JB} - E_{FB} = 2E_m \sin\left(\dfrac{\theta_F + \theta_J}{2} - 120°\right)\sin\dfrac{\theta}{2} \\[2mm]
\Delta E_C = E_{JC} - E_{FC} = 2E_m \sin\left(\dfrac{\theta_F + \theta_J}{2} - 240°\right)\sin\dfrac{\theta}{2}
\end{array}\right\} \tag{9-4}
$$

式中，$\theta = \theta_F - \theta_J$ ——发送机、接收机偏转角之差，称为失调角

当 $\theta_J \neq \theta_F$，即失调角 $\theta \neq 0$ 时，整步绕组中各相回路的合成电动势不为零，使各相回路中产生均衡电流。设整步绕组中的各相阻抗为 Z，则各相回路的均衡电流有效值为：

$$
\left.\begin{array}{l}
I_A = \dfrac{\Delta E_A}{2Z} = \dfrac{E_m}{Z}\sin\dfrac{\theta_F + \theta_J}{2}\sin\dfrac{\theta}{2} \\[2mm]
I_B = \dfrac{\Delta E_B}{2Z} = \dfrac{E_m}{Z}\sin\left(\dfrac{\theta_F + \theta_J}{2} - 120°\right)\sin\dfrac{\theta}{2} \\[2mm]
I_C = \dfrac{\Delta E_C}{2Z} = \dfrac{E_m}{Z}\sin\left(\dfrac{\theta_F + \theta_J}{2} - 240°\right)\sin\dfrac{\theta}{2}
\end{array}\right\} \tag{9-5}
$$

由于 $\theta_J \neq \theta_F$ 时，整步绕组各相回路中存在均衡电流，带电的整步绕组在气隙磁场的作用下产生电磁转矩，电磁转矩作用于整步绕组而试图使定子旋转。由于定子不能旋转，电磁转矩只能反作用于转子而使接收机转子转动（发送机转子的转轴是主令轴，是由外力带动旋转的）接收机转子转动到使 $\theta_J = \theta_F$ 时，均衡电流为零，接收机转子停转。可见，只要发送机转子转过一个角度，接收机的转子就会在接收机本身产生的电磁转矩作用下转过一个相同的角度，从而实现了转角的远距离非机械传动的同步。

实际上，由于存在摩擦转矩，当电磁转矩随失调角减小而减小到等于或小于摩擦转矩时，接收机的转子就停转了，也就是说，均衡电流未下降到零时接收机转子就停转了，说明接收机转子的偏转角与发送机转子的偏转角还有一定的偏差，即仍存在失调角，此时的失调角称为静态误差角。静态误差角越小，力矩式自整角机的精度越高。

图 9-20 表示一液面位置指示器。浮子 1 随着液面的上升或下降，通过绳索带动自整角发送机 3 的转子转动，将液面位置转换成发送机转子的转角。自整角发送机和接收机 4 之间再通过导线可以远距离连接，于是自整角接收机转子就带动指针准确地跟随着发送机转子的转角变化而偏转，从而实现远距离的位置指示。

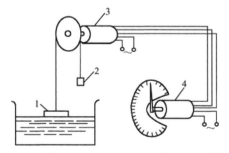

1—浮子；2—平衡锤；3—发送机；4—接收机

图 9-20　液面位置指示器

力矩式自整角机主要用于指令系统中。这类自整角机的特点是本身不能放大力矩，要带动接收轴上的机械负载，必须由自整角机发送机一方的驱动装置供给转矩。力矩式自整角机只适用于接收机轴上负载很轻（如指针、刻盘）、角度转换精度要求不很高的控制系统中。

9.3.2 控制式自整角机的工作原理

控制式自整角机的工作原理可以由图9-21来说明。图中，由结构、参数均相同的两台自整角机构成自整角机组。一台用来发送转角信号，它的励磁绕组接到单相交流电源上，称为自整角发送机，用ZKF表示。另一台用来接收转角信号并将转角信号转换成励磁绕组中的感应电动势输出，称之为自整角接收机，用ZKJ表示。两台自整角机定子中的整步绕组均接成星形，三对相序相同的相绕组分别接成回路。

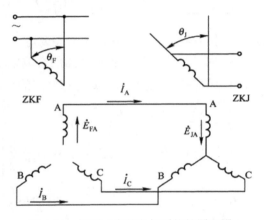

图9-21 控制式自整角机系统的原理图

在自整角发送机的励磁绕组中通入单相交流电流时，两台自整角机的气隙中都将产生脉振磁场，其大小随时间按余弦规律变化。脉振磁场使自整角发送机整步绕组的各相绕组生成时间上同相位的感应电动势，电动势的大小取决于整步绕组中各相绕组的轴线与励磁绕组轴线之间的相对位置。当整步绕组中的某一相绕组轴线与励磁绕组轴线重合时，该相绕组中的感应电动势为最大值，用 E_{Fm} 表示电动势的最大值。

设发送机整步绕组中的 A 相绕组轴线与其对应的励磁绕组轴线的夹角为 θ_{F}，接收机整步绕组中的 A 相绕组轴线与其对应的励磁绕组轴线的夹角为 θ_{J}，如图9-21所示。发送机整步绕组中各相绕组的感应电动势有效值为：

$$\left. \begin{array}{l} E_{\mathrm{FA}} = E_{\mathrm{Fm}} \cos \theta_{\mathrm{F}} \\ E_{\mathrm{FB}} = E_{\mathrm{Fm}} \cos(\theta_{\mathrm{F}} - 120°) \\ E_{\mathrm{FC}} = E_{\mathrm{Fm}} \cos(\theta_{\mathrm{F}} - 240°) \end{array} \right\} \tag{9-6}$$

可以证明：接收机励磁绕组的合成电动势，即输出电动势 E_0 为：

$$E_0 = E_{0\mathrm{m}} \cos \theta$$

式中，$E_{0\mathrm{m}}$——最大输出电动势有效值。

从上式看出，失调角 $\theta = 0$ 时，接收机的输出电动势为最大而不是零，这与人们的控制习惯正好相反，并且与失调角 θ 有余弦关系的输出电动势不能反映发送机转子的偏转方向，故很不实用。实际的控制式自整角机是将接收机转子绕组轴线与发送机转子绕组轴线垂直时的位置作为计算 θ_F 的起始位置。此时，输出电动势表示为：

$$E_0 = E_{0m} \cos\left(\theta - 90°\right) = E_{0m} \sin\theta$$

由于接收机转子不能转动，即 θ_J 是恒定的。控制式自整角机的输出电动势的大小反映了发送机转子的偏转角度，输出电动势的极性反映了发送机转子的偏转方向，从而实现了将转角转换成电信号。

图 9-22 是雷达高低角自动显示系统示意图，图中自整角发送机 6 转轴直接与雷达天线的高低角 α（即俯仰角）耦合，因此雷达天线的高低角 α 就是自整角发送机的转角。控制式自整角接收机 4 转轴与由交流伺服电动机 1 驱动的系统负载（刻度盘 5 或火炮等负载）的轴相连，其转角用 β 表示。接收机转子绕组输出电动势 E_2（有效值）与两轴的差角 γ 即 $\alpha - \beta$ 近似成正比，即：

$$E_2 \approx k(\alpha - \beta) = k\gamma$$

式中，k 为常数。

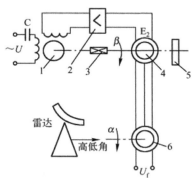

1—交流伺服电动机；2—放大器；3—减速器；

4—自整角接收机；5—刻度盘；6—自整角发送机

图 9-22　雷达高低角自动显示系统原理图

E_2 经放大器放大后送至交流伺服电动机的控制绕组，使交流伺服电动机转动。可见，只要 $\alpha \neq \beta$，即 $\gamma \neq 0$，就有 $E_2 \neq 0$，伺服电动机便要转动，使 γ 减小，直至 $\gamma = 0$。如果 α 不断变化，系统就会使 β 跟着 α 变化，以保持 $\gamma = 0$，这样就达到了转角自动跟踪的目的。只要系统的功率足够大，接收机上便可带动火炮一类阻力矩很大的负载。发送机和接收机之间只需三根连线，便实现了远距离显示和操纵。

控制式自整角机主要应用于自整角机和伺服机构组成的随动系统中。这类自整角机的特点是接收机转轴不直接带负载，即没有力矩输出。而当发送机和接收机转子之间存在角度差（即失调角）时，在接收机上将有与此失调角呈正弦函数关系的电压输出，此电压经放大器放大后，再加到伺服电动机的控制绕组中，使伺服电动机转动，从而使失调角减小，直到失调为零，使接收机上输出电压为零，伺服电动机立即停转。

控制式自整角机的驱动能力取决于系统中的伺服电动机的容量，与自整角机无关。控制式自整角机组成的是闭环系统，因此精度较高。

9.4　旋转变压器

旋转变压器是一种结构和制造工艺都十分精细的控制电机，其精度很高。旋转变压器能够按正弦、余弦、线性等函数关系将转角信号变为电压信号输出，用于自动控制系统中作为运算信号元件。旋转变压器主要有正余弦旋转变压器和线性旋转变压器两种。正余弦旋转变压器主要用于要求坐标变换、三角运算的场合，线性旋转变压器主要用于要求将转角转换成电信号的场合。

9.4.1 基本结构

旋转变压器的结构与绕线转子异步电动机的相似，一般做成两极电机。定子、转子上分别布置着两个在空间上轴线相互垂直的绕组。绕组通常采用正弦绕组，以提高旋转变压器的精度。转子绕组的输出通过集电环和电刷引至接线柱。

旋转变压器是一次（定子绕组）绕组与二次（转子绕组）绕组之间的电磁耦合程度随着转子转角变化而变化的变压器。当一次绕组接单相交流电源励磁，转子转过不同的角度时，定子、转子绕组之间的磁耦合关系随之改变，使旋转变压器的输出电压与转子的转角具有某种函数关系。

旋转变压器外形结构如图 9-23 所示。分为定子和转子两大部分，定子、转子铁芯采用高导磁率的软磁材料或硅钢片叠成。定子、转子铁芯的槽中均嵌有在空间位置上互差 90° 电角度、参数完全相同的两套绕组。定子上的两套绕组表示为 D_1D_2 和 D_3D_4，其有效匝数均为 N_1；转子上的两套绕组表示为 Z_1Z_2 和 Z_3Z_4，其有效匝数为 N_2，如图 9-24 所示。

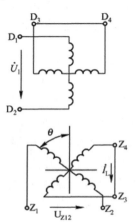

图 9-23　旋转变压器外形图　　　　图 9-24　正余弦旋转变压器结构原理图

9.4.2 正余弦旋转变压器的工作原理

正余弦旋转变压器的转子输出电压与转子转角 θ 呈正弦或余弦关系，它可用于坐标变换、三角运算、单相移相器、角度数字转换、角度数据传输等场合。正余弦旋转变压器的工作原理如图 9-24 所示。

在定子绕组 D_1D_2 施以交流励磁电压 $\dot{U}_1$，则建立磁动势 F 而产生脉振磁场，当转子在原来的基准电气零位逆时针转过 θ 角度时，则图 9-24 中的转子绕组 Z_1Z_2、Z_3Z_4 中所产生的电压分别为：

$$U_{Z12} = k_u U_1 \cos \theta$$
$$U_{Z34} = k_u U_1 \sin \theta$$

由上式，称转子的 Z_1Z_2 绕组为余弦绕组，称 Z_3Z_4 绕组为正弦绕组。

为了使正余弦旋转变压器负载时的输出电压不畸变，仍是转角的正余弦函数，则希望转子正余弦绕组的负载阻抗相等；希望定子上的 D_3D_4 绕组自行短接，以补偿由于负载电流引

起的与磁动势 F 轴线垂直的会引起输出电压畸变的磁动势，因此 D_3D_4 绕组也称补偿绕组。

9.4.3 线性旋转变压器的工作原理

线性旋转变压器使转子的输出电压与转子转角 θ 呈线性关系，即 $U_{Z34} = f(\theta)$ 函数曲线为一直线，故它只能在一定转角范围内用做机械角与电信号的线性变换。若用正余弦旋转变压器的正弦输出绕组做输出，$U_{Z34} = k_u U_1 \sin\theta$，则只能在 θ 很小的范围内，使 $\sin\theta = \theta$ 时，才有 $U_{Z34} \approx \theta$ 的关系。为了扩大线性的角度范围，将图 9-24 接成如图 9-25 所示，即把正余弦旋转变压器的定子绕组 D_1D_2 与转子绕组 Z_1Z_2 串联，成为一次侧（励磁方）。当施以交流电压 $\dot{U}_1$ 后，经推导，转子绕组 Z_3Z_4 所产生电压 U_{Z34} 与转子转角 θ 有如下关系：

$$U_{Z34} = \frac{k_u U_1 \sin\theta}{1 + k_u \cos\theta}$$

当 k_u 取在 $0.56 \sim 0.6$ 之间时，则转子转角 θ 在 $\pm 60°$ 范围内与输出电压 U_{Z34} 呈良好的线性关系。

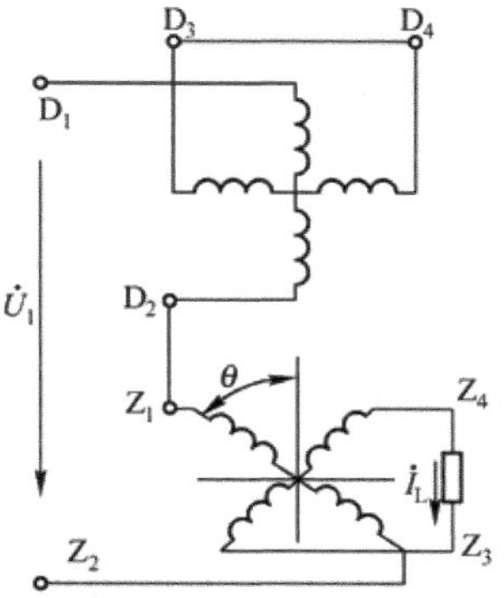

图 9-26 为用一对旋转变压器测量差角的原理图。图中与发送机轴耦合的旋转变压器称为旋变发送机；与接收机轴耦合的旋转变压器称为旋变接收机

图 9-25　线性旋转变压器原理图

或旋变变压器。前已述及，旋转变压器中定子、转子绕组都是两相对称绕组。当用一对旋转变压器测量差角时，为了减小由于电刷接触不良而造成的不可靠性，常把定、转子绕组互换使用，即旋变发送机转子绕组 Z_1Z_2 加交流励磁电压 U_{s1}，绕组 Z_3Z_4 短路，发送机和接收机的定子绕组相对应连接。接收机的转子绕组 Z_3Z_4 做输出绕组，输出一个与两转轴的差角 $\theta = \theta_1 - \theta_2$ 成正弦函数的电动势，当差角较小且用弧度表示时，该电动势近似正比于差角。可见一对旋转变压器可用来测量差角。

用一对旋转变压器测量差角的工作原理和用一对控制式自整角机测量差角的工作原理是一样的。因为这两种电机的气隙磁场都是脉振磁场，虽然定子绕组的相数不同（自整角机的定子绕组为三相，而旋转变压器为两相），但都属于对称绕组，

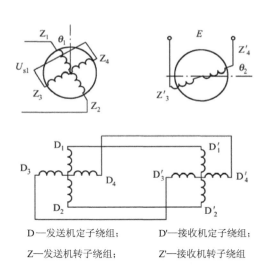

D—发送机定子绕组；　　D'—接收机定子绕组；

Z—发送机转子绕组；　　Z'—接收机转子绕组

图 9-26　用一对旋转变压器测量差角原理图

所以两者内部的电磁关系是相同的。但旋转变压器的精度比自整角机要高很多。

9.5　步进电动机

步进电动机是将电脉冲信号转换成角位移或直线位移的控制电机，在自动控制系统中作执行元件。给步进电动机输入一个电脉冲信号时，它就转过一定的角度或移动一定的距离。由于其输出的角位移或直线位移可以不是连续的，因此称为步进电动机。步进电动机的精度

高、惯性小，不会因电压波动、负载变化、温度变化等原因而改变输出量与输入量之间的固定关系，其控制性能很好。步进电动机广泛用于数控机床、计算机外围设备等控制系统中。

步进电动机的种类很多，主要有反应式、励磁式等。反应式步进电动机的转子上没有绕组，依靠变化的磁阻生成磁阻转矩工作。励磁式步进电动机的转子上有磁极，依靠电磁转矩工作。反应式步进电动机的应用最为广泛，它有两相、三相、多相之分，也有单段、多段之分。我们主要讨论单段式三相反应式步进电动机的结构和工作原理。

9.5.1　结构

单段三相反应式步进电动机的结构分成定子和转子两大部分，外形如图 9-27 所示，结构示意图如图 9-28 所示。定子、转子铁芯由软磁材料或硅钢片叠成凸极结构，定子、转子磁极上均有小齿，定子、转子的齿数相等。定子磁极上套有星形连接的三相控制绕组，每两个相对的磁极为一相，转子上没有绕组。

图 9-27　步进电动机外形图

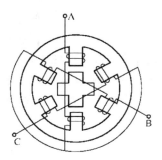
图 9-28　三相反应式步进电动机结构示意图

9.5.2　基本工作原理

单段三相反应式步进电动机的工作原理可以由图 9-29 来说明。由于磁力线总是要通过磁阻最小的路径闭合，因此会在磁力线扭曲时产生切向力而形成磁阻转矩，使转子转动，这就是反应式步进电动机旋转的原理。

（a）A 相通电　　　　　　　（b）B 相通电　　　　　　　（c）C 相通电

图 9-29　反应式步进电动机的工作原理图

现以 A→B→C→A 的通电顺序，使三相绕组轮流通入直流电流，观察转子的运动情况。

当 A 相绕组通电时，气隙中生成以 A-A 为轴线的磁场。在磁阻转矩的作用下，转子转到使 1、3 两转子齿与磁极 A-A 对齐的位置上。如果 A 相绕组不断电，1、3 两转子齿就一直被磁极 A-A 吸引住而不改变其位置，即转子具有自锁能力。

A 相绕组断电、B 绕组通电时，气隙中生成以 B-B 为轴线的磁场。在磁阻转矩的作用下，转子又会转动，使距离磁极 B-B 最近的 2、4 两转子齿转到与磁极 B-B 对齐的位置上。转子转过的角度为：

$$\theta_{\mathrm{b}} = \frac{360^\circ}{NZ_{\mathrm{r}}} = \frac{360^\circ}{3 \times 4} = 30^\circ$$

式中，θ_{b}——步距角，即控制绕组改变一次通电状态后转子转过的角度；

   N——拍数，即通电状态循环一周需要改变的次数；

   Z_{r}——转子齿数。

同理，B 相绕组断电，C 相绕组通电时，会使 3、1 两转子齿与磁极 C-C 对齐，转子又转过 30°。

可见，以 A→B→C→A 的通电顺序使三个控制绕组不断地轮流通电时，步进电动机的转子就会沿 ACB 的方向一步一步地转动。改变控制绕组的通电顺序，如改为 A→C→B→A 的通电顺序，则转子转向相反。

以上通电方式中，通电状态循环一周需要改变三次，每次只有单独一相控制绕组通电，称之为三相单三拍运行方式。由于单独一相控制绕组通电时容易使转子在平衡位置附近来回摆动——振荡，会使运行不稳定，因此实际上很少采用三相单三拍的运行方式。

除此之外，还有三相双三拍运行方式和三相六拍运行方式。三相双三拍运行方式的每个通电状态都有两相控制绕组同时通电，通电状态切换时总有一相绕组不断电，不会产生振荡。图 9-30 是通电顺序为 AB→BC→CA→AB 的三相双三拍运行方式示意图。A、B 两相通电时，两磁场的合成磁场轴线与未通电的 C-C 相绕组轴线重合，转子在磁阻转矩的作用下，转动到使转子齿 2、3 之间的槽轴线与 C-C 相绕组轴线重合的位置上。当 B、C 两相通电时，转子转到使转子齿 3、4 之间的槽轴线与 A-A 相绕组轴线重合的位置，转子转过的角度为 30°。同理，C、A 两相通电时，转子又转过 30°。可见，双三拍运行方式和单三拍运行方式的原理相同，步距角也相同。

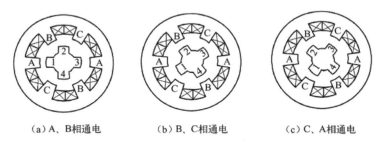

(a) A、B 相通电   (b) B、C 相通电   (c) C、A 相通电

图 9-30 反应式步进电动机的工作原理图

三相六拍运行方式的通电顺序为 A→AB→B→BC→C→CA→A，其原理与单三拍、双三拍运行方式的原理相同。只是其通电状态循环一周需要改变的次数增加了一倍（$N = 6$），其步距角因此减为原来的一半（$\theta_{\mathrm{b}} = 15^\circ$）。

步距角一定时，通电状态的切换频率越高，即脉冲频率越高时，步进电动机的转速越高。脉冲频率一定时，步距角越大、即转子旋转一周所需的脉冲数越少时，步进电动机的转速越高。步进电动机的转速为：

$$n = \frac{60f}{NZ_{\mathrm{r}}}$$

式中，NZ_{r}——转子旋转一周所需的脉冲数；

　　f——脉冲频率。

图 9-29、图 9-30 所示只是步进电动机的模型图，其步距角太大。实际步进电动机的定、转子齿数较多，最小步距角可小至 0.5°。

图 9-31 是数控机床工作台定位系统原理框图。步进电动机在机床工作台定位系统中作为执行元件，由指令脉冲控制，用于驱动机床工作台。运算控制电路将机床工作台需要移动到某一位置的信息进行判断和运算后，转换为指令脉冲，脉冲分配器将指令脉冲按通电方式进行分配后输入脉冲放大器，经脉冲放大器放大到足够的功率后驱动步进电动机转过一个步距角，从而带动工作台移动一定距离。由步进电

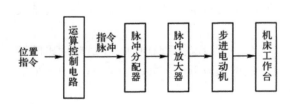

图 9-31　机床工作台定位系统原理框图

动机作为执行元件的数控机床工作台定位系统通常没有设置位置检测装置，工作台最终停留的位置是否指令脉冲指定的位置这一信息不能向系统反馈，系统本身没有位置偏差的调节能力，工作台移动位置的精度基本上由步进电动机及其传动机构的精度来决定。但是，这种系统结构简单，因此可靠性高、成本低，易于调整和维护，在我国获得广泛的应用。

步进电动机是一种离散运动的装置，它和现代数字控制技术有着本质的联系。在目前国内的数字控制系统中，步进电动机的应用十分广泛。随着全数字式交流伺服系统的出现，交流伺服电动机也越来越多地应用于数字控制系统中。为了适应数字控制的发展趋势，运动控制系统中大多采用步进电动机或全数字式交流伺服电动机作为执行电动机。虽然两者在控制方式上相似（脉冲串和方向信号），但在使用性能上存在着以下差异：

（1）交流伺服电动机的控制精度远高于步进电动机。

（2）交流伺服电动机运转非常平稳，即使在低速时也不会出现振动现象，具有共振抑制功能，可补偿机械的刚性不足，并且系统内部具有频率解析机能，可检测出机械的共振点，便于系统调整。步进电动机在低速时易出现低频振动现象，对正常运转非常不利，一般应采用阻尼技术来克服低频振动现象。

（3）交流伺服电动机在额定转速以内为恒转矩输出，在额定转速以上为恒功率输出。步进电动机的输出力矩随转速升高而下降，且在较高转速时会急剧下降，所以其最高工作转速一般在（300～600）r/min。

（4）交流伺服电动机具有较强的过载能力，其最大转矩可达额定转矩的三倍。步进电动机没有过载能力，在选型时往往需要选取较大转矩的电动机，而在正常工作期间又不需要那么大的转矩，出现转矩浪费的现象。

（5）交流伺服系统的速度响应快，步进电动机速度响应相对较慢。

（6）交流伺服系统在许多性能方面都优于步进电动机。但在一些要求不高的场合也经常选用价格低廉，工作可靠的步进电动机作为执行电动机。所以，在控制系统的设计过程中要综合考虑控制要求、成本等多方面的因素，选用适当的控制电动机。

9.6 直线电动机

直线电动机与普通旋转电动机都是实现能量转换的机械，普通旋转电动机将电能转换成旋转运动的机械能，直线电动机将电能转换成直线运动的机械能。直线电动机应用于要求直线运动的某些场合时，可以简化中间传动机构，使运动系统的响应速度、稳定性、精度得以提高。直线电动机在工业、交通运输等行业中的应用日益广泛。

直线电动机可以由直流、同步、异步、步进等旋转电动机演变而成，由异步电动机演变而成的直线异步电动机使用最多。这里，我们只就直线异步电动机的结构和工作原理做一些简单的介绍。

9.6.1 结构

直线异步电动机有平板形、管形等结构型式，图 9-32 为平板形直线电动机外形结构图。平板形直线异步电动机可以看做将普通鼠笼转子三相异步电动机沿径向剖开后展平而成，如图 9-33 所示。对应于旋转电动机定子的一边嵌有三相绕组，称为初级；对应于旋转电动机转子的一边称为次级或滑子。实际平板形直线异步电动机初级长度和滑子长度并不相等，通常是滑子较长。为了抵消初级磁场对滑子的单边磁吸力，平板形直线异步电动机通常采用双边结构，即有两个初级将滑子夹在中间的结构形式。

图 9-32 直线电动机

初级铁芯由硅钢片叠成，其表面的槽中嵌有三相绕组（有些是单相或两相绕组），滑子由整块钢板或铜板制成片状，其中也有嵌入导条的。

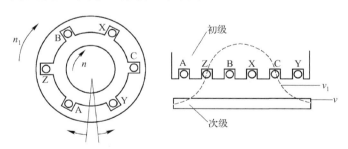

图 9-33 平板形直线电动机结构原理图

9.6.2 基本工作原理

我们知道，在普通鼠笼转子三相异步电动机的定子绕组中通入三相对称电流时，会在气隙中产生转速为 n_1 的旋转磁场，转子导条切割旋转磁场而在其闭合回路中生成电流，带电的转子在磁场作用下产生电磁转矩，使转子沿旋转磁场的转向以转速 n 旋转。改变三相电流的相序时，可以使旋转磁场及转子的旋转方向改变。

在直线异步电动机初级的三相绕组中通入三相对称电流时，其在气隙中产生的磁场也是运动的，只是沿直线方向移动，称之为移行磁场或行波磁场。滑子也会因此而沿移行磁场运动的方向移动，移行磁场及滑子的移动方向也由三相电流的相序决定。

移行磁场的移行速度 v_1 应与旋转磁场沿定子内圆表面运动的线速度相等，为：

$$v_1 = \frac{2\pi n_1}{60} \cdot \frac{D}{2} = \frac{2\pi}{60} \cdot \frac{60f}{p} \cdot \frac{D}{2} = 2\frac{\pi D}{2P} \cdot f = 2\tau f$$

式中，D——旋转电动机定子内圆的直径；

f——电源的频率；

P——极对数；

τ——电机极距。

可见，改变极距或电源频率的数值时，可以改变直线异步电动机移行磁场的移动速度，从而使滑子的移动速度改变。滑子的移动速度 v 可以表示为：

$$v = (1-s)v_1 = 2\tau f(1-s)$$

式中，$s = \dfrac{v_1 - v}{v_1}$ 为直线异步电动机的滑差。

9.6.3 直线电动机在电梯中的应用

直线电机驱动的电梯和传统的电梯相比，具有结构简单，占地面积少、高速、节能、可靠性高及抗震等优点。

直线电机驱动电梯有多种结构型式，比较实用的结构方式是如图 9-34 所示的圆筒型直线感应电动机，钢丝绳将轿厢和对重（平衡块）相连接。在装置中装有筒型直线感应电动机的初级，而次级则呈立柱贯穿于对重，并延伸到整个井道。

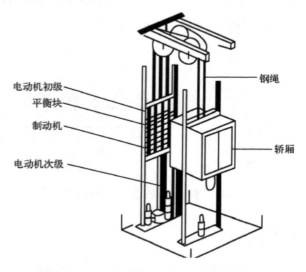

图 9-34　直线感应电动机驱动电梯结构

其总体结构与一般曳引式电梯类似，即也用钢丝绳将轿厢和对重相连接。对重装置中直线感应电动机既是驱动装置，又是对重的一部分。此外，对重装置上还装有制动器和速度检测装置以及其他传感器。采用圆筒型直线感应电动机驱动电梯的优点有：

（1）初次级之间的单边磁拉力间距可以基本消除，初次级之间的气隙易于保持，结构简单。

（2）次级结构简单，升降路线构造亦简单。

圆筒型直线感应电动机的初次级结构如图 9-35 所示。

圆筒型直线感应电动机驱动电梯的整个控制系统构成如图 9-36 所示，它由 4 个控制部分组成：

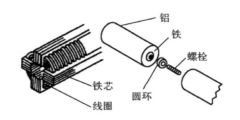

图 9-35　圆筒形直线感应电动机初次级结构

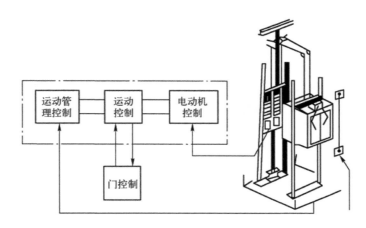

图 9-36　直线感应电动机驱动电梯控制系统

① 运行管理控制部分。电梯的呼叫、登录、层次表示以及电梯的运行管理等。

② 运动控制部分。电梯安全装置的监视，产生到达目标层的指令等。

③ 电动机控制部分。直线电动机的运行速度控制，它通过安装在对重中的速度传感器的反馈信号，在运动控制部分产生速度指令进行跟踪反馈控制。电动机的速度和推力的控制，采用变频器进行控制。

④ 门的控制部分。电梯门的开闭控制。

本 章 小 结

伺服电动机在自动控制系统中作为执行元件，改变其控制电压的大小和极性时，可以相应地改变其转速的大小和旋转的方向。伺服电动机有交流、直流两种形式。交流伺服电动机有幅值、相位、幅相三种控制方式，可以通过加大转子电阻的方法消除"自转"现象。直流伺服电动机通过调节电枢电压来控制转速，无"自转"现象。

测速发电机在自动控制系统中作为测速元件，可以将转速转换成与之成正比关系的电压信号。测速发电机有交流、直流两种形式。交流测速发电机多采用高电阻率的材料制成非磁性薄壁杯形转子，以保持直轴磁通基本不变。实际使用时，应注意使其负载阻抗值相对较大、转速值相对较低，以免出现较大的线性误差。直流测速发电机运行时的电枢反应、温度变化是造成误差的主要原因，使用时应使其转速低于规定的最大值、负载大于规定的最小值并在励磁回路中串入温度系数较小、阻值较大的温度补偿电阻。

自整角机组通常由两台或多台自整角机组成，有力矩式和控制式两种。力矩式自整角机组适用于要求远距离再现转角的场合，控制式自整角机组可以将转角信号做远距离传输后转换成电压信号。

旋转变压器的实质是一台可以旋转的变压器，可以作为坐标变换、三角运算、转角测量的工具。通常采用原边补偿法使其输出电压与转角之间保持正、余弦关系或线性关系。

步进电动机可以将电脉冲信号转换为角位移，其步距角和转速不受电压波动、负载变化、温度变化等因素的影响，精度很高且其误差不会积累，常用于要求较高的自动控制系统中。

直线电动机是由旋转电动机演变而来的。在拖动直线运动的机械时，其传动系统较简单，响应速度、稳定性、精度相对较高。

习 题 9

一、填空题

9.1 测速发电机是一种检测元件，它能将_____变换成_____。

9.2 异步测速发电机在转子不动时类似于一台_____，由于磁通的方向与输出绕组的轴线垂直，因而输出绕组的输出电压等于_____。

9.3 伺服电动机也称_____，它具有一种服从_____的要求而动作的职能。

9.4 交流伺服电动机定子上装有两个绕组，它们在空间上相差_____，一个是由定值交流电压励磁，称为励磁绕组；另一个是由伺服放大器供电而进行控制的，称为_____。

9.5 交流伺服电动机运行时，励磁绕组固定地接到交流电源上，通过改变控制绕组上的_____来控制_____。

9.6 交流伺服电动机的控制方法有_____、_____和_____三种。

9.7 步进电动机也称_____，它是把输入的_____转变为_____的控制电机。

9.8 步进电动机按励磁方式可分为_____、_____和感应子式（混合式）三类。

9.9 步进电动机转动的方向取决于_____

9.10 通常把由一种通电状态转换为另一种通电状态称为一拍，每一拍转子转过的角度叫做_____，其大小与转子齿数 Z_R 和拍数 N 间的关系式为_____。

9.11 直线电动机的种类按形式可分为_____、_____、_____和圆筒形（或称为管形）等。

二、判断题（在括号内打"√"或打"×"）

9.12 空心杯转子伺服电动机的转动惯量较小，响应迅速。

9.13 测速发电机不仅可以作为速度检测元件，还可以作为拖动电动机使用。

9.14 自整角机无须励磁就能将转角信号转换为电压信号。

9.15 旋转变压器可用于坐标变换、三角运算、单相移相器、角度数字转换、角度数据传输等场合。

9.16 步进电动机输入通常为脉冲信号，输出的转角通常是连续的转动。

9.17 直线电动机是将电能转换成直线运动机械能的一种电动机。

三、选择题（将正确答案的序号填入括号内）

9.18 交流伺服电动机的转子电阻较大是为了（   ）。

    A．降低转速   B．避免自转现象   C．减小重量

9.19 测速发电机的输出特性是指（   ）。

    A．输出电流与转速之间的关系

    B．输出电压与转速之间的关系

C．输出功率与转速之间的关系

9.20 自整角发送机与自整角接收机之间（　　）。

A．既有电的联系又有机械上的连接才能实现同步转动

B．只需有电的联系就可以实现同步转动

C．只要有机械上的连接就可以实现同步转动

9.21 旋转变压器将转子转角 θ 转换为正弦或余弦关系的输出电压时，（　　）。

A．两个转子绕组的接线方法相同

B．两个转子绕组的接线方法不同

C．定子、转子绕组的接线方法相同

9.22 三相双三拍运行方式的步进电动机（　　）。

A．每个通电状态都有两相控制绕组同时通电

B．每个通电状态都有三相控制绕组同时通电

C．通电状态是两相控制绕组同时通电和三相控制绕组同时通电的交替工作

四、简答题

9.23 试述直流测速发电机和交流测速发电机的工作原理。

9.24 什么叫做工作特性？直流测速发电机和交流测速发电机分别具有怎样的工作特性？

9.25 测速发电机的主要功能是什么？按用途不同，对其性能分别有什么要求？

9.26 交流伺服电动机是如何通过改变控制绕组上的控制电压来控制转子转动的？

9.27 试述直流伺服电动机的工作原理。

9.28 交流伺服电动机的自转现象指的是什么？怎样消除自转现象？

9.29 什么叫做步进电动机的拍？三相单三拍运行的含义是什么？

9.30 什么是自整角机的失调角？其大小对自整角机有何影响？

参 考 文 献

[1] 孙雨萍. 电机与拖动. 北京：机械工业出版社，2014.

[2] 刘子林. 实用电机拖动维修技术. 北京：北京师范大学出版社，2008.

[3] 叶云汉. 电机与电力拖动项目教程. 北京：科学出版社，2008.

[4] 胡幸鸣. 电机及电力拖动. 北京：机械工业出版社，2008.

[5] 李萍萍. 电机与电力拖动项目教程. 北京：电子工业出版社，2014.

[6] 张红莲. 电机与电力拖动控制系统. 北京：机械工业出版社，2013.

[7] 黄大绪等. 微特电机应用手册. 福建：福建科学技术出版社，2007.

[8] 张晶. 电机与拖动技术. 大连：大连理工大学出版社，2014.

[9] 李晓竹. 电机与拖动. 北京：中国矿业大学出版社，2009.

[10] 孙建忠. 电机与拖动. 北京：机械工业出版社，2013.

[11] 王石莉. 电机与拖动技术基础. 北京：北京航空航天大学出版社，2012.

[12] 张红莲. 电机与电力拖动控制系统. 北京：机械工业出版社，2013.

[13] 许翏. 电机与电气控制技术. 北京：机械工业出版社，2008.

[14] 程周. 电机拖动与电控技术. 北京：电子工业出版社，2013.

[15] 万芳瑛. 电机. 拖动与控制. 北京：北京大学出版社，2013.

[16] 曹承志. 电机、拖动与控制. 北京：机械工业出版社，2014.

[17] 张家生. 电机原理与拖动基础. 北京：北京邮电大学出版社，2013.

[18] 杨天明. 电机与拖动. 北京：高等教育出版社，2013.

[19] 葛芸萍. 电机拖动与控制. 北京：化学工业出版社，2013.

[20] 刘枚. 电机与拖动学习指导及习题解答. 北京：机械工业出版社，2014.

[21] 郭丙君. 电机与拖动基础. 北京：化学工业出版社，2012.